高职高专机械设计与制造专业规划教材

数控车床编程与操作
(第 2 版)

高晓萍　于田霞　刘　深　主　编
宋凤敏　殷镜波　董　科　副主编

清华大学出版社
北　京

内 容 简 介

本书是在广泛吸纳高职院校课程教学改革实践经验的基础上编写的,特点是突出理论、仿真、实操三者之间的联系,将理论教学、数控仿真验证与实践应用有机地融合起来,以求达到相辅相成的教学效果。

本书以零件的结构特征为载体,整个教材采用项目化结构框架进行编写,主要内容包括数控车床概述、FANUC-0i 数控仿真系统对刀操作,FANUC-0i 数控车床对刀操作,用 FANUC-0i 系统数控车床对轴类、盘套类、切槽(切断)、螺纹类、非圆二次曲线类、配合套件等零件进行编程与加工及中、高级数控车工技能培训题样等,并对轴类、内孔和螺纹的加工质量和常见问题进行了分析、处理。通过一个项目,学生可以完成职业能力的一个典型的综合性任务。通过若干个相互关联项目,学生就能够具备数控车床的编程和操作能力。

本书可作为高等职业技术院校和高等专科院校数控类专业及其他机电类专业的数控车床编程与操作课程的教材,也可作为成人高等教育相关专业的教学用书,同时可供从事相关专业的工程技术人员学习与参考。

图书在版编目(CIP)数据

数控车床编程与操作/高晓萍,于田霞,刘深主编. —2 版. —北京:清华大学出版社,2017
(2024.3重印)

(高职高专机械设计与制造专业规划教材)

ISBN 978-7-302-46907-0

Ⅰ. ①数… Ⅱ. ①高… ②于… ③刘… Ⅲ. ①数控机床—车床—程序设计—高等职业教育—教材 ②数控机床—车床—操作—高等职业教育—教材 Ⅳ. ①TG519.1

中国版本图书馆 CIP 数据核字(2017)第 063959 号

责任编辑:陈冬梅 李玉萍
装帧设计:王红强
责任校对:吴春华
责任印制:沈 露

出版发行:清华大学出版社
   网 址:https://www.tup.com.cn,https://www.wqxuetang.com
   地 址:北京清华大学学研大厦 A 座 邮 编:100084
   社 总 机:010-83470000 邮 购:010-62786544
   投稿与读者服务:010-62776969,c-service@tup.tsinghua.edu.cn
   质量反馈:010-62772015,zhiliang@tup.tsinghua.edu.cn
   课件下载:https://www.tup.com.cn,010-62791865
印 装 者:三河市科茂嘉荣印务有限公司
经 销:全国新华书店
开 本:185mm×260mm 印 张:19.25 字 数:468 千字
版 次:2011 年 7 月第 1 版 2017 年 6 月第 2 版 印 次:2024 年 3 月第 7 次印刷
定 价:58.00 元

产品编号:069529-02

第 2 版前言

本书自 2011 年出版以来，受到了读者的肯定和欢迎，为了使教材内容更符合高职机械类专业的教学要求，以及贯彻国家新制定的数控车工标准，现对原书予以修订。

本书以回转体零件的数控车削为主线，参照国家职业标准数控车工》中、高级工的要求组织内容，以 FANUC-0i 系统的数控车床为背景，将车削工艺、FANUC-0i 系统的编程指令、数控车仿真软件的操作、实际数控车床的操作有机结合。在内容的安排上注意循序渐进，从简单形体的零件加工过渡到复杂零件的加工，可操作性强。本书将学和练相结合，尽量做到理论与实训一体化教学。

本书对第 1 版的内容进行了必要的精简，删除了章节中相似性较高的内容，如任务分析部分，增加了机床操作加工中相应的对刀内容。另外，项目四和项目八的内容按照学生循序渐进的学习特性做了修改。

本书由山东水利职业学院高晓萍、于田霞、刘深任主编，宋凤敏、殷镜波、董科任副主编，山东水利职业学院张立文、李学营、郭勋德、宋祥玲任参编，山东水利职业学院张志光任主审。具体分工为：山东水利职业学院殷镜波编写项目一；李学营编写项目二、三；刘深编写项目四；山东水利职业学院张立文编写项目五；山东水利职业学院宋祥玲编写项目六、高晓萍编写项目七；山东水利职业学院于田霞编写项目八；山东水利职业学院郭勋德编写项目九；山东水利职业学院宋凤敏编写项目十；山东水利职业学院董科编写拓展训练、附录 A、附录 B、附录 C 和附录 D；日照金通车辆制造有限公司高级工程师褚德清参与了本书的编写工作。全书由高晓萍和于田霞负责统稿。在本书的编写过程中，参考了数控技术方面的诸多论文、教材和机床使用说明书。特在此对本书出版给予支持、帮助的单位和个人表示诚挚的感谢！

限于编者水平和经验有限，书中难免存在不妥之处，恳切希望广大读者批评指正。

编　者

第 1 版前言

本书的编写是根据教育部教高〔2006〕16 号《关于全面提高高等职业教育教学质量的若干意见》和教育部等六部委下发的有关数控技术应用专业领域技能型紧缺人才培养指导方案的指导思想，在全面总结和广泛吸纳了高职院校本课程教学改革实践经验的基础上编写而成的。全书注重教材的先进性、通用性、实践性，融理论教学、实践操作、企业项目为一体，是职业技术院校数控技术专业、机电一体化专业、模具等机电系列同类专业的实用型教材。教材具有以下特点。

1．采用项目导向任务驱动式编写模式

本书的编写以零件的结构特征为载体，整个教材采用项目化结构，按照职业工作过程来设计教材的每个项目。每个项目都有知识目标、能力目标、学习情景，可以帮助学生理解和掌握其重点和难点。相应的工作任务是以企业真实产品为任务，从任务分析入手，由浅入深地讲授相关基础知识、任务实施、思考题。最后通过扩展任务使学生在完成典型零件任务后还可选择特征类似的产品零件进行加工(学 A 练 B)。通过本教材的学习，学生能学会制定零件的数控车削加工工艺，会编制数控车削加工程序，并会操作数控车床加工相应零件。

2．理论与实践紧密结合

本书倡导先进的教学理念，以技能训练为主线，相关知识为支撑，较好地处理了理论教学与技能训练的关系，加强理论、仿真、实操三者之间的联系，使理论教学、数控仿真验证与实践应用有机融合，达到相辅相成的教学效果。理论知识围绕技能训练展开教学，既利于教师的教，又利于学生的学；在实践教学中，突出现场示范，增强直观性，使学生能够用理论指导实践、在实践中消化理论，从而提高学生的学习兴趣，调动学生学习的主动性和积极性。编程理论阐述简洁明了，机床操作结合典型数控系统，突出实践教学特色。

3．教学案例来自生产实例

大量引用生产实例进行工艺分析与编程，将企业加工技术渗透于专业教学。充分联系生产实践，以职业工作过程中零件的制作方法为建构主线，采用项目式的教学形式，使学生对知识、技能的理解和掌握更加具体化。该教材编写以期缩短学校教育与企业需要的距离，更好地满足企业用人的需要。

4．教材内容广泛全面

本书除了讲述常见的基础知识外，还介绍了用户宏程序编程扩展数控功能。本书内容全面详细，拓展了学生视野，提高了学生的学习兴趣，更好地满足了数控专业对该门课程的高要求。

本书选择了技术先进、目前占市场份额最大的典型数控系统——日本的 FANUC-0i 系统

作为基础，具体内容共分为十个项目，主要包括数控车床概述及基本编程指令、FANUC-0i 数控仿真系统操作、FANUC-0i 数控车床面板操作、用 FANUC-0i 系统数控车床加工轴类零件、用 FANUC-0i 系统数控车床加工盘套类零件、切槽(切断)编程与加工、螺纹零件的编程与加工、非圆二次曲线类零件的车削加工、配合套件的编程与加工及中、高级数控车工技能培训题样等。本书对轴类、内孔和螺纹的加工质量和常见问题进行了分析、处理。每完成一个任务都要进行加工质量分析报告，个人工作过程总结、小组总结等，具体内容见附录 C(零件检测)和附录 D(学习评价)。另外，附录 A(数控车床工中、高级工技能鉴定标准)和附录 B(数控车床工中、高级工技能鉴定样题)可以为学生考证提供帮助。

本书由山东水利职业学院高晓萍、于田霞任主编，张立文、李学营、郭勋德任副主编，山东水利职业学院董科、殷镜波、宋凤敏、宋祥玲参编，山东水利职业学院张志光任主审。具体分工为：山东水利职业学院李学营编写项目一、二、三；山东水利职业学院高晓萍编写项目四；山东水利职业学院张立文编写项目五；山东水利职业学院宋祥玲编写项目六、七；山东水利职业学院于田霞编写项目八、附录 A 和附录 B；山东水利职业学院郭勋德编写项目九；山东水利职业学院宋凤敏编写项目十；山东水利职业学院董科编写拓展训练；山东水利职业学院殷镜波编写附录 C、附录 D；日照金通车辆制造有限公司高级工程师褚德清参与了本书的编写工作。全书由高晓萍和于田霞负责统稿。在本书的编写过程中，参考了数控技术方面的诸多论文、教材和机床使用说明书。特在此对本书出版给予支持、帮助的单位和个人表示诚挚的感谢！

限于编者水平和经验有限，时间仓促，书中难免出现不妥之处，恳切希望广大读者批评指正。

编　者

目　　录

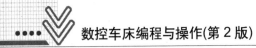

项目一　数控车床概述

数控车床主要用来加工轴类零件的内外圆柱面、圆锥面、螺纹表面、成型回转体面等，对于盘类零件可以进行钻孔、扩孔、绞孔、镗孔等，还可以完成车端面、切槽、倒角等加工。数控车床是目前国内使用极为广泛的一种数控机床，如图 1-1 所示为 FANUC-0i 系统数控车床外观。下面先来认识它的结构、功能特点，再掌握机床坐标系和工件坐标系的建立。

图 1-1　FANUC-0i 数控车床

任务一　数控车床简介

一、数控设备的产生和发展

1. 数控的基本概念

(1) 数控设备。就是采用了数控技术的机械设备，或者说是装备了数控系统的机械设备。数控机床是数控设备的典型代表，其他数控设备还有数控冲剪机、数控压力机、数控弯管机、数控坐标测量机、数控绘图仪、数控雕刻机等。

(2) NC。数字控制，是用数字化信号对机构的运动过程进行控制的一种方法。出现的时间为 1952—1965 年。

(3) CNC。计算机数字控制，由硬件和软件共同完成数控的功能，具有柔性。出现于 1974 年以后。

(4) 数控机床。是指应用数控技术对加工过程进行控制的机床。

(5) 数控加工。运用数控机床对零件进行加工，称为数控加工。

2. 数控机床的产生与常用的数控系统

1948 年，美国帕森(Parsons)公司在研制加工直升机螺旋桨叶片轮廓用检查样板的机床时，首次提出计算机控制机床的设想，在麻省理工学院(MIT)的协助下，于 1952 年研制成功了世界上第一台三坐标直线插补且连续控制的立式数控铣床。1958 年，由清华大学和北京第一机床厂合作研制了我国第一台数控铣床。

我国在数控车床上常用的数控系统有日本 FANUC(发那科)公司的 0T、0iT、3T、5T、6T、10T、11T、0TC、0TD、0TE 等，德国 SIEMENS(西门子)公司的 802S、802C、802D、840D 等，以及美国的 ACRAMATIC 数控系统、西班牙的 FAGOR 数控系统等。

国产普及型数控系统产品有：广州数控设备厂的 GSK980T 系列、华中数控公司的世纪星 21T、北京机床研究所的 1060 系列、无锡数控公司的 8MC/8TC 数控系统、北京凯恩帝数控公司的 KND-500 系列、北京航天数控集团的 CASNUC-901(902)系列、大连大森公司的 R2F6000 型等。

二、认识数控车床

1. 数控车床的用途

数控车床是数字程序控制车床的简称，是一种高精度、高效率的自动化机床，也是目前使用最广泛的数控机床之一，主要用于轴类、盘套类等回转体零件的加工。它是目前国内使用极为广泛的一种数控机床，约占数控机床总数的 25%。数控车床加工零件的尺寸精度可达 IT5～6，表面粗糙度可达 1.6μm 以下。

2. 数控车床的分类

数控车床品种繁多，规格不一，可按如下方法进行分类。

1) 按车床主轴位置分类

(1) 卧式数控车床。

卧式数控车床如图 1-2(a)所示。卧式数控车床用于轴向尺寸较长或小型盘类零件的车削加工。其车床又分为数控水平导轨卧式车床和数控倾斜导轨卧式车床。其倾斜导轨结构可以使车床具有更大的刚性，并易于排除切屑。相对而言，卧式车床因结构形式多、加工功能丰富而应用广泛。

(2) 立式数控车床。

立式数控车床简称为数控立车，如图 1-2(b)所示。其车床主轴垂直于水平面，一个直径很大的圆形工作台，用来装夹工件。这类机床主要用于加工径向尺寸大、轴向尺寸相对较小的大型复杂零件。

(a) 卧式数控车床　　　　　　　(b) 立式数控车床

图 1-2　数控车床

2)　按加工零件的基本类型分类

(1)　卡盘式数控车床。

这类车床没有尾座，适合车削盘类(含短轴类)零件。夹紧方式多为电动或液动控制，卡盘结构多具有可调卡爪或不淬火卡爪(即软卡爪)。

(2)　顶尖式数控车床。

这类车床配有普通尾座或数控尾座，适合车削较长的零件及直径不太大的盘类零件。

3)　按刀架数量分类

(1)　单刀架数控车床。

数控车床一般都配置有各种形式的单刀架，如四工位卧动转位刀架或多工位转塔式自动转位刀架。

(2)　双刀架数控车床。

这类车床的双刀架配置平行分布，也可以是相互垂直分布。

4)　按功能分类

(1)　经济型数控车床。

采用步进电动机和单片机对普通车床的进给系统进行改造后形成的简易型数控车床，成本较低，但自动化程度和功能都比较差，车削加工精度也不高，适用于要求不高的回转类零件的车削加工。

(2)　普通数控车床。

根据车削加工要求在结构上进行专门设计并配备通用数控系统而形成的数控车床，数控系统功能强，自动化程度和加工精度也比较高，适用于一般回转类零件的车削加工。这种数控车床可同时控制两个坐标轴，即 X 轴和 Z 轴。

(3)　车削加工中心。

在普通数控车床的基础上，增加了 C 轴和动力头，更高级的数控车床带有刀库，可控制 X、Z 和 C 三个坐标轴，联动控制轴可以是(X, Z)、(X, C)或(Z, C)。由于增加了 C 轴和铣削动力头，这种数控车床的加工功能大大增强，除可以进行一般车削外，还可以进行径向和轴向铣削、曲面铣削、中心线不在零件回转中心的孔和径向孔的钻削等加工。

数控车削中心和数控车铣中心可在一次装夹中完成更多的加工工序，提高了加工质量和生产效率，特别适用于复杂形状的回转类零件的加工。

(4) FMC 车床。

FMC 是英文 Flexible Manufacturing Cell (柔性加工单元)的缩写。FMC 车床实际上就是一个由数控车床、机器人等构成的系统。它能实现工件搬运、装卸的自动化和加工调整准备的自动化操作。

5) 按进给伺服系统控制方式分类

(1) 开环控制。

开环控制系统是指不带反馈的控制系统。开环控制具有结构简单、系统稳定、容易调试、成本低等优点。但是系统对移动部件的误差没有补偿和校正，所以精度低。一般适用于经济型数控机床和旧机床数控化改造。

开环控制系统如图 1-3 所示。部件的移动速度和位移量是由输入脉冲的频率和脉冲数决定的。

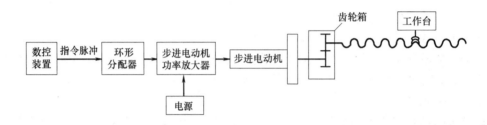

图 1-3　开环控制系统

(2) 半闭环控制。

半闭环控制系统是在开环系统的丝杠上装有角位移测量装置，通过检测丝杠的转角间接地检测移动部件的位移，反馈到数控系统中。由于惯性较大的机床移动部件不包括在检测范围之内，因而称作半闭环控制系统，如图 1-4 所示。系统闭环环路内不包括机械传动环节，可获得稳定的控制特性。机械传动环节的误差，用补偿的办法消除后，可获得满意的精度。中档数控机床广泛采用半闭环数控系统。

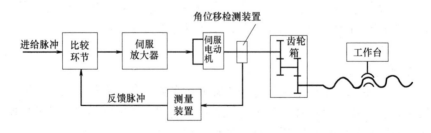

图 1-4　半闭环控制系统

(3) 闭环控制。

闭环控制系统在机床移动部件上直接装有位置检测装置，将测量的结果直接反馈到数控装置中，与输入指令进行比较控制，使移动部件按照实际的要求运动，最终实现精确定位，原理如图 1-5 所示。因为它把机床工作台纳入了位置控制环，故称为闭环控制系统。

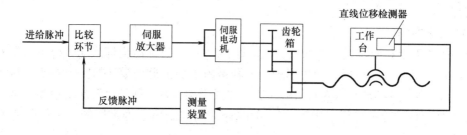

图 1-5　闭环控制系统

该系统定位精度高、调节速度快，但调试困难，系统复杂并且成本高，故适用于精度要求很高的数控机床，如精密数控镗铣床、超精密数控车床等。

3. 数控车床的结构与数控系统的基本功能

1) 数控车床的结构

(1) 如图 1-6 所示，数控车床主要由数控系统和机床机械部件组成，数控系统主要有程序载体输入装置、数控装置、伺服系统、位置反馈系统等；数控车床的机械部件包括主传动系统、进给传动系统以及辅助装置。具体功能如下。

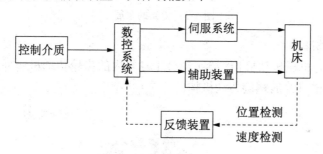

图 1-6　数控车床的结构

① 数控系统，是数控机床的运算和控制系统，完成所有加工数据的处理、计算工作，最终实现对数控机床各功能的指挥工作。

② 伺服系统，由伺服电机和伺服驱动装置组成，是数控机床的执行机构，它把来自数控装置的脉冲信号经驱动单元放大后传给电机，带动机床移动部件的运动，使工作台(或溜板)精确定位或按规定的轨迹做严格的相对运动，加工出符合图纸要求的零件。

③ 反馈装置，用来检测机床实际运动参数，同时反馈给数控装置，纠正指令误差，补偿加工误差。

④ 机床本体，是指数控机床的机械部件和一些配套部件，由床身、主轴箱、刀架、尾座、进给系统、冷却润滑系统等部分组成。数控车床直接用伺服电机通过滚珠丝杠驱动溜板和刀架实现进给运动，因而进给系统的结构大为简化。

(2) 床身和导轨的布局。

FANUC-0i 数控车床属于平床身、平导轨数控车床，它的工艺性好，便于导轨面的加工。由于刀架水平布置，因此，刀架运动精度高。但是由于水平床身的下部空间小，故排屑困难。从结构尺寸上看，刀架水平放置使滑板横向尺寸较长，从而加大了机床宽度方向的结构尺寸。

(3) 刀架布局。

分为排式刀架和回转式刀架两大类,如图 1-7 所示。目前两坐标联动数控车床多采用回转刀架,它在机床上的布局有两种形式。一种是用于加工盘类零件的回转刀架,其回转轴垂直于主轴,如图 1-7(a)所示为常用的 4 工位排式刀架;另一种是用于加工轴类和盘类零件的回转刀架,其回转轴平行于主轴,如图 1-7(b)和 1-7(c)所示为常用的 6 工位和 8 工位转位刀架。

(a) 4 工位排式刀架　　　　　　(b) 6 工位转位刀架　　　　　　(c) 8 工位转位刀架

图 1-7　刀架的布局

(4) 机械传动机构。

如图 1-8 所示为机械传动机构。除了部分主轴箱内的齿轮传动机构外,数控车床仅保留了普通车床的纵、横进给的螺旋传动机构。

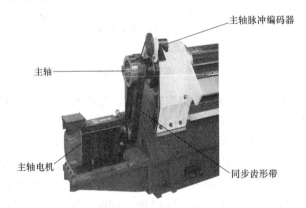

图 1-8　机械传动机构

如图 1-9 所示为螺旋传动机构,数控车床中的螺旋副,是将驱动电动机所输出的旋转运动转换成刀架在纵横方向上直线运动的运动副。

构成螺旋传动机构的部件,一般为滚珠丝杠副,如图 1-10 所示。滚珠丝杠副的摩擦阻力小,可消除轴向间隙及预紧,故传动效率及精度高,运动稳定,动作灵敏。但结构较复杂、制造技术要求高,所以成本也较高。另外,自动调整其间隙大小时,难度亦较大。

图 1-9 螺旋传动机构

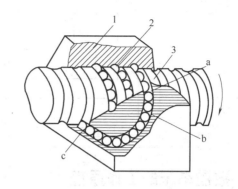

图 1-10 滚珠丝杠副的原理

1—螺母；2—滚珠；3—丝杠；a、c—滚道；b—回路管道

2) 数控系统的主要功能

(1) 两轴联动：联动轴数是指数控系统按加工要求控制同时运动的坐标轴数。该系统可实现 X、Z 两轴联动。

(2) 插补功能：指数控机床能够实现的线形能力。机床的档次越高插补功能越多，说明能够加工的轮廓种类越多，一般系统可实现直线、圆弧插补功能。

(3) 进给功能：可实现快速进给、切削进给、手动连续进给、点动进给、进给倍率修调、自动加减带等功能。

(4) 刀具功能：可实现刀具的自动选择和换刀。

(5) 刀具补偿：可实现刀具在 X、Z 轴方向的尺寸、刀尖半径/刀位等补偿。

(6) 机械误差补偿：可自动补偿机械传动部件因间隙产生的误差。

(7) 程序管理功能：可实现对加工程序的检索、编制、修改、插入、删除、更名、在线编辑及程序的存储等功能。

(8) 图形显示功能：利用监视器(CRT)可监视加工程序段、坐标位置、加工时间等。

(9) 操作功能：可进行单程序段的执行、试运行、机床闭锁、暂停和急停等功能。

(10) 自诊断报警功能：可对软、硬件故障进行自我诊断，用于监视整个加工过程是否正常并及时报警。

(11) 通信功能：该系统配有 RS-232C 接口，为进行高速传输设有缓冲区。

4. 数控车床的主要技术参数和型号

数控车床的主要技术参数有：最大回转直径，最大车削直径，最大车削长度，最大棒料尺寸，主轴转速范围，X、Z 轴行程，X、Z 轴快速移动速度，定位精度，重复定位精度，刀架行程，刀位数，刀具装夹尺寸，主轴形式，主轴电机功率，进给伺服电机功率，尾座行程，卡盘尺寸，机床重量，轮廓尺寸(长×宽×高)等。

数控车床型号举例如下。

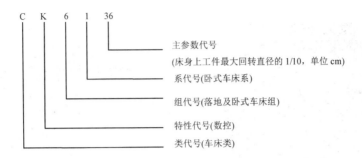

C K 6 1 36

主参数代号
(床身上工件最大回转直径的 1/10，单位 cm)

系代号(卧式车床系)

组代号(落地及卧式车床组)

特性代号(数控)

类代号(车床类)

三、数控车床的工作原理

数控车床的工作原理如图 1-11 所示。首先根据零件图样制订工艺方案，采用手工或计算机进行零件的程序编制，把加工零件所需的机床的各种动作及全部工艺参数变成机床数控装置能接受的信息代码。然后将信息代码通过输入装置(操作面板)的按键，直接输入到数控装置中；另一种方法是利用计算机和数控机床的接口直接进行通信，实现零件程序的输入和输出。进入数控装置的信息，经过一系列处理和运算转变成脉冲信号。有的信号送到机床的伺服系统，通过伺服机构对其进行转换和放大，再经过传动机构驱动机床有关部件；还有的信号送到可编程序控制器中，用以顺序控制机床的其他辅助动作，如实现刀具的自动更换与变速、松夹工件、开关切削液等动作。

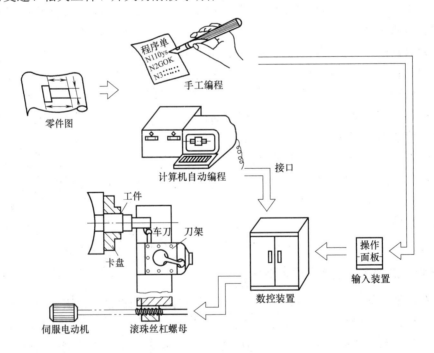

图 1-11　数控车床的工作原理

四、数控车床的特点

数控加工经历了半个多世纪的发展，已成为应用于当代各个制造领域的先进制造技术的基础。数控加工的最大特点：一是可以极大地提高加工质量精度和加工时间误差精度，稳定加工质量，保证加工零件质量的一致性；二是可以极大地改善劳动条件。

具体地说，数控车床与普通车床相比较具有如下优点。

(1) 数控车床一般具有手动加工(用电手轮)、机动加工和控制程序自动加工等功能，加工过程中一般不需要人工干预。普通车床只具有手动加工和机动加工功能，加工过程全部由人工干预。

(2) 数控车床一般具有 CRT 屏幕显示功能，显示加工程序、多种工艺参数、加工时间、刀具运动轨迹以及工件图形等。数控车床一般还具有自动报警显示功能，根据报警信号或报警提示，可以迅速地查找车床故障。而普通车床不具备上述功能。

(3) 数控车床的主传动和进给传动采用直流或交流无级调速伺服电动机，一般没有主轴变速箱和进给变速箱，传动链短。而普通车床主传动和进给传动一般采用三相交流异步电动机，由变速箱实现多级变速以满足工艺要求，机床传动链长。

(4) 数控车床一般具有工件测量系统，加工过程中一般不需要进行工件尺寸的人工测量。而普通车床在加工过程中，必须由人工不断地进行测量，以保证工件的加工精度。

五、数控车床的应用范围

数控车床具有普通车床不具备的许多优点，其应用范围正在不断扩大，但它目前并不能完全代替普通车床，也不能以最经济的方法解决机械加工中的所有问题。

数控车床最适合加工具有以下特点的零件。

(1) 形状结构比较复杂的零件。

(2) 多品种、小批量生产的零件。

(3) 需要频繁改型的零件。

(4) 需要最短周期的急需零件。

(5) 价值昂贵、不允许报废的关键零件。

(6) 批量较大、精度要求高的零件。

由于机械加工劳动力费用的不断增加，数控车床的自动化加工又可减少操作工人(可以实现一人多台)，生产效率高。因此，大批量生产的零件采用数控车床(特别是经济型数控车床)加工，在经济上也是可行的。

任务二　数控机床坐标系

一般来讲，在数控车床上使用的坐标系有两个：一个是机床坐标系；另一个是工件坐标系，也叫程序坐标系。

一、机床坐标系

1. 概念

机床坐标系是用来确定工件坐标系的基本坐标系，是机床本身所固有的坐标系，是机床安装、调试的基础，是机床生产厂家设计时自定的，其位置由机械挡块决定，不能随意改变。不同的机床有不同的坐标系。

2. 机床原点

机床原点也称为机械原点，是机床坐标系的原点，为车床上的一个固定点，在机床装配、调试时就已经确定下来。

车床的机床原点定义为主轴旋转中心线与卡盘后端面的交点。如图1-12所示，O点即为机床原点。

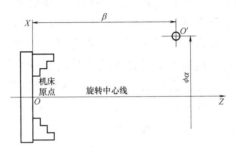

图1-12　机床原点和参考点

3. 参考点

参考点也是机床上的一固定点。该点与机床原点的相对位置如图1-12所示(点O'即为参考点)。其位置由Z向与X向的机械挡块来确定。当机床回参考点后，显示的Z与X的坐标值均为零。当完成回参考点的操作后，则马上显示此时的刀架中心(对刀参考点)在机床坐标系中的坐标值，这相当于在数控系统内部建立了一个以机床原点为坐标原点的机床坐标系。当出现下列情况时，需回参考点操作确定机床坐标系原点。

(1) 机床首次开机，或关机后重新接通电源时。

(2) 解除机床急停状态后。

(3) 解除机床超程报警信号后。

4. 数控机床的坐标系和运动方向

在编程中，要进行正确的数值计算，保证描述机床运动的正确性，必须明确数控机床的坐标轴和运动方向。

(1) 为简化编程和保证程序的通用性，对数控机床的坐标轴和方向命名制定了统一的标准，规定直线进给坐标轴用X、Y、Z表示，常称基本坐标轴。X、Y、Z坐标轴的相互关系用笛卡儿右手直角坐标系定则决定，如图1-13所示。图中大拇指的指向为X轴的正方向，食指指向为Y轴的正方向，中指指向为Z轴的正方向。

(2) 旋转轴$A(B, C)$绕直线轴$X(Y, Z)$旋转，其正方向用右手法则确定，握住拳头，大拇指指向$X(Y, Z)$轴的正方向，则其余四指指向为$A(B, C)$的正方向。

(3) 确定机床工件坐标系方向，一律假定刀具相对于静止的工件运动。

(4) 某一坐标轴的正方向是指刀具远离工件的方向。

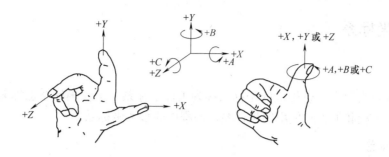

图 1-13 笛卡儿右手直角坐标系

5. 数控车床的坐标系规定

数控车床的坐标系是以径向为 X 轴方向，纵向为 Z 轴方向。指向主轴箱的方向为 Z 轴的负方向，而指向尾座的方向为 Z 轴的正方向。X 轴是以远离工件中心的方向为 X 轴正方向。

如图 1-14 所示，这是常见的数控(NC)车床坐标系。主轴为 Z 轴，刀架平行于 Z 轴运动方向(即纵向)为 Z 轴运动方向，刀架前后运动方向(即横向)为 X 轴运动方向。

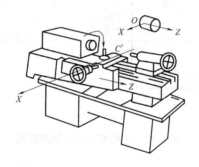

图 1-14 常见的数控车床坐标系

常见的数控车床的刀架(刀塔)安装在靠近操作人员一侧，其坐标系如图 1-15 所示，X 轴往前为负，往后为正。

若刀塔安装在远离操作人员的一侧时，则 X 轴往前为正，往后为负，如图 1-16 所示，这类车床常见的有带卧式刀塔的 NC 车床。

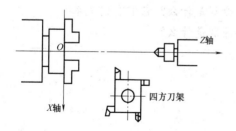

图 1-15 常见的数控车床刀架坐标系

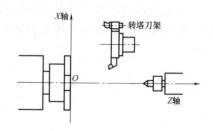

图 1-16 带卧式刀塔的数控车床坐标系

二、工件坐标系

1. 概念

以程序原点为原点,所构成的坐标系称为工件坐标系。工件坐标系也称编程坐标系,是编程人员在编程和加工时使用的坐标系,即程序的参考坐标系。

2. 工件原点

在程序设计时,将工件图尺寸转换成坐标系,在转换成坐标系前即会选定某一点来当作坐标系零点。然后以此零点为基准计算出各点坐标,此零点即称为工件零点,也称程序零点(程序原点)。数控车床的程序原点一般定为零件精加工右端面与轴心线的交点处。工件坐标系的原点就是工件原点,也叫作工件零点。如图 1-17 所示为以工件右端面为工件原点的工件坐标系。

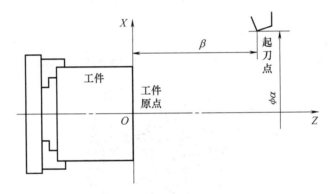

图 1-17　工件原点和工件坐标系

<h1 style="text-align:center">习　　题</h1>

(1) 数控车床和普通车床相比,具有哪些加工特点?

(2) 数控机床由哪几部分组成?

(3) 数控机床伺服系统按控制方式分为几类?各有何特点?

(4) 数控机床的车床坐标原点和机床参考点分别是什么?它们有何关系?

(5) 何谓机床坐标系和工件坐标系?其主要区别是什么?

项目二　FANUC-0i 数控仿真系统对刀操作

知识目标

- 了解数控车床仿真系统操作面板的功能按钮。
- 掌握数控车床仿真系统坐标方向判定方法及回零操作方法。
- 掌握数控车床毛坯和刀具的安装及对刀操作方法。

能力目标

- 熟悉 FANUC-0i 数控车削系统仿真的界面构成。
- 掌握数控车床毛坯和刀具的安装及对刀操作。
- 掌握 FANUC-0i 系统数控车床仿真的基本操作。

学习情景

　　数控机床是一种较为昂贵的机电一体化的新型设备，它具备"高速、高效、高精度"的特点。如果初学时就让学生直接在数控机床上操作，可能会出现撞坏刀具等现象，甚至可能会因操作失误对学生造成人身伤害。应用数控加工仿真系统可以减少一半考生占用数控机床的时间，学生可以将编程与程序校验时间放在计算机上完成，然后通过数据传输将所编程序输入数控机床，对零件进行加工，这样安全性及效率均会大为提高。

　　引入数控加工仿真系统进行技能操作，学生可以轻松对实习过程进行初始化，对未能完成的实习课题进行项目保存，对已完成的实习课题进行调入回顾，而后再进行几次实际操作，就能达到事半功倍的效果，这大大提高了实习效率，降低了实习成本。下面就来学习上海宇龙FANUC-0i数控仿真系统操作。如图 2-1 所示为学生使用数控仿真系统加工零件。

图 2-1　数控仿真实训室

任务一 数控仿真系统运行界面简介

一、安装与进入

1. 安装

(1) 将"数控加工仿真系统"的安装光盘放入光驱。在资源管理器中单击光盘图标，在显示的文件夹目录中双击"数控加工仿真系统 3.x"文件夹，在弹出的下级子目录中根据操作系统选择适当的文件夹(Windows 2000 操作系统选择名为 2000 的文件夹，Windows 98 操作系统选择名为 9x 的文件夹，Windows XP 操作系统选择名为 xp 的文件夹)。

(2) 选择适当的文件夹并打开，在显示的文件名列表中双击 Setup.exe 文件，系统弹出如图 2-2 所示的安装向导界面。

图 2-2　安装向导界面

(3) 系统接着弹出"欢迎"界面，单击"下一个"按钮，如图 2-3 所示。

(4) 在弹出的"软件许可证协议"界面中单击"是"按钮，如图 2-4 所示。

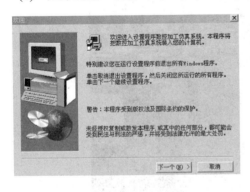

图 2-3　"欢迎"界面

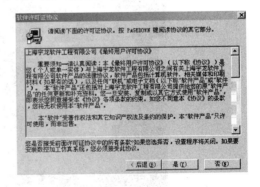

图 2-4　"软件许可证协议"界面

(5) 在弹出的"选择目标位置"界面中，单击"浏览"按钮，选择所需的目标文件夹，默认为"C:\Program Files\数控加工仿真系统"。目标文件夹选择完成后，单击"下一个"按钮，如图 2-5 所示。

　　(6)　此时系统弹出"设置类型"界面，根据需要选择"教师机"或"学生机"，如图 2-6 所示。选择完成后单击"下一个"按钮。这里安装的是"学生机"。

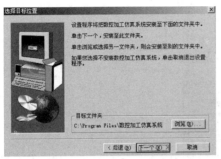

图 2-5　"选择目标位置"界面　　　　　　　图 2-6　"设置类型"界面

　　(7)　接着系统弹出"选择程序文件夹"界面，默认程序文件夹名为"数控加工仿真系统"。该文件夹名可以修改，也可以在"现有的文件夹"列表框中选择。选择程序文件夹后，单击"下一个"按钮，如图 2-7 所示。此时弹出数控加工仿真系统的安装界面，如图 2-8 所示。

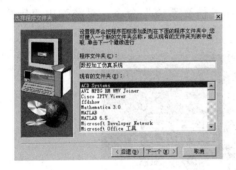

图 2-7　"选择程序文件夹"界面　　　　　　图 2-8　安装界面

　　(8)　安装完成后，系统弹出"设置完成"界面，单击"结束"按钮，完成整个安装过程，如图 2-9 所示。

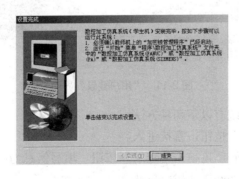

图 2-9　"设置完成"界面

2. 进入

单击"开始"按钮，在弹出的"开始"菜单中选择"程序"|"数控加工仿真系统"|"加密锁管理程序"命令，如图2-10所示。

图2-10 进入步骤

加密锁程序启动后，屏幕右下方工具栏中出现"加密锁"图标，表示加密锁管理程序启动成功。此时重复上面的步骤，选择"数控加工仿真系统"命令，系统弹出"用户登录"界面，如图2-11所示。

图2-11 "用户登录"界面

进入数控加工仿真系统有以下两种方法。

(1) 单击"快速登录"按钮，直接进入。

(2) 输入用户名和密码，再单击"登录"按钮。填写信息为：管理员用户名 manage，口令 system；一般用户名 guest，口令 guest。

二、选择机床和回零操作

1. 选择机床类型

选择"机床"|"选择机床"命令，在弹出的"选择机床"对话框中选择控制系统类型和相应的机床类型并单击"确定"按钮，此时界面如图 2-12 所示。

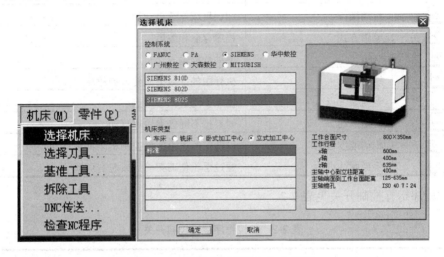

图 2-12　选择控制系统和机床类型

2. FUNAC-0i 车床标准面板

车床面板组成如图 2-13 所示，它由系统操作面板(CRT/MDI 操作面板)和机床操作面板(也称为用户操作面板)组成。图中上方是系统操作面板，下方是机床操作面板。另外，在机床操作面板的右下角还有一个隐藏手轮控制面板。

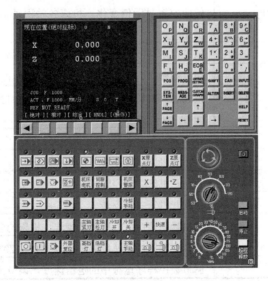

图 2-13　FANUC-0i 车床标准面板

1) 机床操作面板

机床操作面板主要用于控制机床的运动和选择机床运行状态,由操作模式选择按钮、数控程序运行控制开关等多个部分组成。操作模式选择按钮见表2-1。

表2-1　操作模式选择按钮

图　标	名　　称	功　　用
	自动操作	控制机床连续自动加工
	编辑方式	程序存储和编辑
	MDI	手动数据输入
	远程执行	执行由外部数据源传入的程序
	返回参考点	机床手动返回参考点
	快速点动	刀架按不同倍率快速移动
	机动速度进给	以特定的进给速度控制机床某轴移动
	手摇脉冲进给	通过手轮使刀架前后或左右运动

数控程序运行控制开关见表2-2。

表2-2　数控程序运行控制开关

图　标	名　　称	功　　用
	程序的单段运行	每按一次循环启动键,执行一段程序,主要用于测试程序
	程序段任选跳步操作	凡在程序段前有"/"符号的程序段全部跳过不执行
	程序选择性停止	执行至M01时暂停
	进给暂停	在自动操作方式和MDI方式下,按下此键,程序执行被暂停
	机床锁住操作	按下此键,机床处于锁住状态,在手动方式下,各轴移动操作只能使位置显示值变化,机床各轴不动,主轴、冷却、刀架照常工作
	试运行	用于在不切削的情况下实验、检查新输入的工件加工程序的操作
	循环启动键	在自动操作方式和MDI方式下,启动程序
	程序运行开始	模式选择旋转到ATUO和MDI位置时按下有效,其余时间按下无效
	循环停止	自动方式下,遇有M00程序停止
	主轴正转	手动开机床主轴正转
	主轴停转	手动开机床主轴停转
	主轴反转	手动开机床主轴反转
	急停键	发生紧急情况,立即停止操作,机床的全部动作停止
	主轴倍率	调节主轴速度,速度调节范围为0～120%
	进给倍率	调节数控程序运行中的进给速度,调节范围为0～120%

2)　数控系统操作面板

数控系统操作面板由 CRT 显示器和 MDI 键盘两部分组成。CRT 显示器可以显示机床的各种参数和功能，如显示机床参考点坐标、刀具起始点坐标，输入数控系统的指令数据、刀具补偿值的数值、报警信号、自诊断内容等。MDI 键盘由功能键、字母数字键、光标移动和翻页键等组成。主要的功能键见表 2-3。

表 2-3　功能键

图　标	名　称	功　用
POS	位置键	显示现在位置的功能，可显示绝对坐标值、相对坐标值
PROG	程序键	在 EDIT 方式下，可以进行存储器内程序的编程、列表及显示；MDI 数据的输入显示；在自动运转方式下，逐步显示程序内容
OFFSET SETTING	刀偏设置	显示或输入刀具偏置量和磨耗值
SHIFT	上挡键	转换对应字符
CAN	删除键	删除输入域中的字符
INPUT	数据输入键	输入参数或补偿值等数据
SYS-TEM	系统参数页面	设置和更改系统参数
MESS-AGE	信息页面	显示系统信息
CUSTOM GRAPH	图形参数设置页面	用于图形的显示
ALTER	替代键	用于指令更改
INSERT	插入键	输入所编写的数据指令
DELETE	删除键	删除光标所在的代码
RESET	复位键	复置 CNC，解除报警

3. 激活车床

按下"启动"按钮，此时车床电机和伺服控制的指示灯变亮。

检查"急停"按钮是否松开至状态，若未松开，按下"急停"按钮，将其松开。

4. 车床回参考点

检查操作面板上回原点指示灯是否亮，若指示灯亮，则已进入回原点模式；若指示灯不亮，则按下"回原点"按钮，转入回原点模式。

在回原点模式下，先将 X 轴回原点，按下操作面板上的"X 轴选择"按钮，使 X 轴方向移动指示灯变亮，按下"正方向移动"按钮，此时 X 轴将回原点，X 原点灯变亮，CRT 上的 X 坐标变为 390.00。同样，再按下"Z 轴选择"按钮，使指示灯变亮，按

下 ⊞ 按钮， Z轴将回原点，Z原点灯 变亮，此时 CRT 界面如图 2-14 所示。

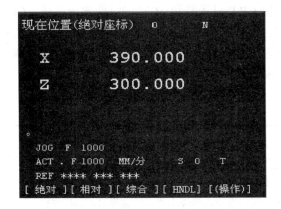

图 2-14　回参考点界面

任务二　数控加工仿真系统对刀操作

数控程序一般按工件坐标系编程，对刀的过程就是建立工件坐标系与机床坐标系之间关系的过程。下面具体说明车床对刀的方法，其中将工件右端面中心点设为工件坐标系原点。将工件上其他点设为工件坐标系原点的方法与对刀方法类似。

一、定义毛坯

选择"零件"|"定义毛坯"菜单命令或在工具条上单击"毛坯"图标 ，系统打开"定义毛坯"对话框，如图 2-15 和图 2-16 所示。

图 2-15　长方形毛坯定义

图 2-16　圆柱形毛坯定义

(1) 名字输入：在"名字"文本框内输入毛坯名，也可使用默认值。

(2) 选择毛坯形状：铣床、加工中心有两种形状的毛坯供选择，即长方形毛坯和圆柱形毛坯，可以在"形状"下拉列表框中选择毛坯形状。车床仅提供圆柱形毛坯。

(3) 选择毛坯材料："材料"下拉列表框中提供了多种供加工的毛坯材料，可根据需要在该下拉列表框中选择毛坯材料。

(4) 参数输入：尺寸文本框用于输入尺寸，单位为毫米。

(5) 保存退出：单击"确定"按钮，保存定义的毛坯并且退出本操作。

(6) 取消退出：单击"取消"按钮，退出本操作。

二、放置零件

选择"零件"|"放置零件"菜单命令或者在工具条中单击"放置零件"图标，系统弹出"选择零件"对话框，如图 2-17 所示。

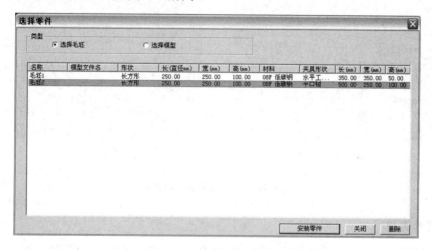

图 2-17　"选择零件"对话框

在列表中单击所需的零件，选中的零件信息加亮显示。单击"安装零件"按钮，系统自动关闭对话框，零件和夹具(如果已经选择了夹具)将被放到机床上。

三、调整零件位置

零件可以在工作台面上移动。毛坯放上工作台后，系统将自动弹出一个小键盘，如图 2-18 所示。通过单击小键盘上的方向按钮，可以实现零件的平移和旋转或车床零件调头。小键盘上的"退出"按钮用于关闭小键盘。选择"零件"|"移动零件"菜单命令，也可以打开小键盘。请在执行其他操作前关闭小键盘。

图 2-18　移动零件小键盘

四、安装刀具

1. 选择刀具

选择"机床"|"选择刀具"菜单命令或者在工具条中单击"刀具"图标 🔧，系统弹出"刀具选择"对话框，后置刀架操作顺序如图 2-19(a)所示。前置刀架如图 2-19(b)所示。

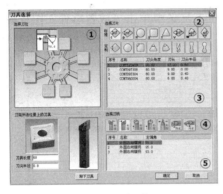 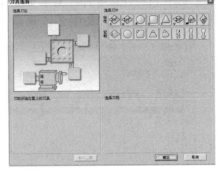

  (a) 后置刀架   (b) 前置刀架

图 2-19   "刀具选择"对话框

2. 安装刀具

系统中数控车床允许同时安装 8 把刀具(后置刀架)或者 4 把刀具(前置刀架)。

首先在"选择刀位"栏中单击所需的刀位，该刀位对应程序中的 T01～T08(T04)；其次在"选择刀片"栏选择刀片类型，然后在刀片列表框中选择刀片；再在"选择刀柄"栏选择刀柄类型，最后在刀柄列表框中选择刀柄。

(1) 变更刀具长度和刀尖半径。

选择车刀完成后，该界面的左下角将显示刀架所选位置上的刀具，其中的"刀具长度"和"刀尖半径"均可以由操作者修改。

(2) 拆除刀具。

在"选择刀位"栏中单击要拆除刀具的刀位，单击"卸下刀具"按钮。确认操作完成后单击"确定"按钮。

3. 对刀

试切法的具体步骤如下。

(1) 切削外径：按下操作面板上的"快速点动"按钮，手动状态指示灯变亮，机床进入手动操作模式。按下控制面板上的"X 轴选择"按钮 X，使 X 轴方向移动指示灯 X 变亮。按下"正向"按钮 + 或"负向"按钮 −，使机床在 X 轴方向移动；同样使机床在 Z 轴方向移动。通过手动方式将机床移到如图 2-20 所示的大致位置。

按下操作面板上的"主轴正转"按钮 或"主轴反转"按钮，使其指示灯变亮，主轴转动。再按下"Z 轴选择"按钮 Z，使 Z 轴方向指示灯 Z 变亮，按下"负向"按钮 −，用所选刀具来试切工件外圆，如图 2-21 所示。然后按"正向"按钮 ⊞，X 方向保持不动，刀具退出。

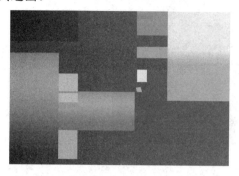

图 2-20　移动机床

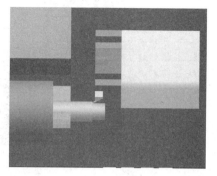

图 2-21　试切外圆

(2) 测量切削位置的直径：按下操作面板上的"主轴停止"按钮 ，使主轴停止转动，选择"测量"菜单命令，弹出如图 2-22(a)所示的对话框，单击试切外圆时所切线段，选中的线段由红色变为黄色。记下对话框下半部分中对应的 X 的值(即直径)，然后进行以下操作：按下系统操作面板上的"刀偏设置"按钮 ；把光标定位在需要设定的坐标系上；光标移到 X；输入直径值；单击菜单软键"[测量]"完成 X 方向对刀，如图 2-22(b)所示。

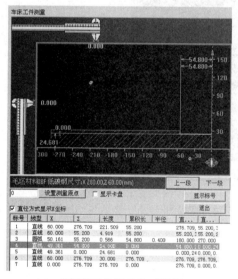

(a)　"车床工件测量"对话框

(b) X 方向对刀完成图

图 2-22　测量切削位置的直径与输入

(3) 切削端面：按下操作面板上的"主轴正转"按钮 或"主轴反转"按钮 ，使其指示灯变亮，主轴转动。将刀具移至如图 2-23(a)所示的位置，按下控制面板上的"X 轴选择" ☒ 按钮，使 X 轴方向移动指示灯 ☒ 变亮。按下"负向"按钮 ⊟，切削工件端面，如图 2-23(b)所示。然后按下"正向"按钮 ⊞，Z 方向保持不动，刀具退出。

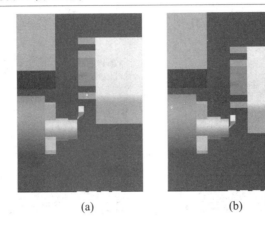

| (a) | (b) |

图 2-23　切削端面视图

按下操作面板上的"主轴停转"按钮，使主轴停止转动；把光标定位在需要设定的坐标系上；在 MDI 键盘面板上按下需要设定的轴 Z 键；输入工件坐标系原点的距离(注意距离有正负号)；按菜单软键"[测量]"，自动计算出坐标值填入，完成 Z 方向对刀，如图 2-24 所示。

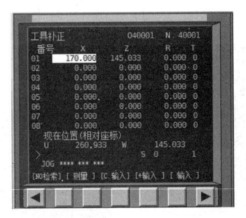

图 2-24　Z 方向对刀完成图

习　　题

(1)　简述 FANUC-0i 系统安装与进入的过程。
(2)　为什么每次启动系统后要进行"回车床参考点"操作？
(3)　简述 X 向对刀过程。
(4)　简述 Z 向对刀过程。

项目三　FANUC-0i 数控车床对刀操作

知识目标

- 了解 FANUC-0i 数控车削系统的界面构成。
- 掌握 FANUC-0i 系统数控车床的基本操作方法。
- 掌握对刀方法。
- 掌握数控车床的操作规程。

能力目标

- 学会分析 FANUC-0i 数控车削系统的界面构成。
- 学会 FANUC-0i 系统数控车床的基本操作，学会对刀。
- 能维护数控车床。

学习情景

用如图 3-1(b)所示数控车床加工图 3-1(c)所示零件，工作步骤为：对零件图(如图 3-1(a) 所示)进行工艺分析并制定加工工艺，编制程序，启动机床加工零件。

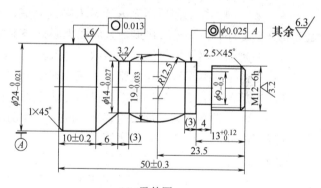

(a) 零件图

技术要求：
1.去毛刺；
2.未注尺寸的公差为GB/T 1804-m

(b) 数控车床

(c) 零件

图 3-1　数控车床及加工的零件图

任务一 FANUC-0i 数控车床操作规程与面板介绍

一、数控车床安规教育与维护保养

严格遵循数控车床的安全操作规程，不仅是保障人身和设备安全的需要，也是保证数控车床能够正常工作、达到技术性能、充分发挥其加工优势的需要；另外，还要具有对数控车床进行维护保养的能力，减少故障率，提高数控车床的利用率。因此，在数控车床的使用和操作中必须严格遵循数控车床的安全操作规程，并能进行数控车床的日常及定期的系统检查、维护保养工作。

1. 安全文明生产及安全操作基本要求

(1) 学生进入实训场地时必须穿好工作服并扎紧袖口，女生须戴好工作帽。

(2) 不允许穿凉鞋和高跟鞋进入实训场地。

(3) 严禁戴手套操作数控车床。

(4) 加工硬脆工件或高速切削时，须戴防护镜。

(5) 学生必须熟悉数控车床性能，掌握操作面板的功用，否则不得动用车床。

(6) 不要移动或损坏安装在机床上的警告标牌。

(7) 不要在机床周围放置障碍物，工作空间应足够大。

(8) 某一项工作如需要两个人或多人共同完成，应注意相互间的协调一致，如装卸卡盘或装夹重工件时，要有人协助，且床面上必须垫木板。

(9) 不允许采用压缩空气清洗机床、电气柜及 NC 单元。

(10) 不得任意拆卸和移动机床上的保险和安全防护装置。

(11) 严禁在卡盘上、顶尖间用敲打的方法进行工件的校直和修正工作。

(12) 工件、刀具和夹具都必须装夹牢固，才能切削加工。

(13) 未经许可，禁止打开电器箱。

(14) 机床加工运行前，必须关好机床防护门。

(15) 工件转动过程中，不准手摸工件或用棉丝擦拭工件，不准用手清除切屑，不准用手强行刹车。

(16) 机床若数天不使用，则应每隔一天对 NC 及 CRT 部分通电 2～3 小时。

(17) 严格遵守岗位责任制，机床由专人使用，他人使用须经机床负责人同意。

2. 加工运行前的准备工作

1) 开机前的准备工作

开机前，清理好现场，机床导轨、防护罩顶部不允许放工具(刀具、量具)等工件及其他杂物，上述物品必须放在指定的工位器具上。

开机前，应按说明书规定给相关部位加油，并检查游标、油量是否畅通有油。

2) 加工运行前的准备工作及应注意的问题

(1) 加工运行前要预热机床，认真检查润滑系统工作是否正常。若机床长时间未使用，必须按说明书要求润滑各手动润滑点。

(2) 使用的刀具应与机床允许的规格相符，有严重破损的刀具要及时更换。

(3) 调整刀具时所用工具不要遗忘在机床内。

(4) 刀具安装好后应进行一、二次试切削。

(5) 检查卡盘夹紧工件的工作状态。

(6) 对需使用顶尖装夹的零件，要检查顶尖孔是否合适，以防发生危险。

(7) 工件伸出车床 100mm 以外时，须在伸出位置设防护物。

(8) 开机后，应遵循回零、手动、点动、自动的原则。

(9) 手动回零时，注意机床各轴位置要距离原点−50mm 以上，机床回零顺序为：首先 $+X$ 轴，其次 $+Z$ 轴。

(10) 使用手轮或快速移动方式从参考点移动各轴位置时，一定要看清机床 X、Z 轴各方向"＋""−"号标牌后再移动。移动时，首先 $-Z$ 轴，其次 $-X$ 轴，应先慢转手轮观察机床移动方向无误后方可加快移动速度。

(11) 机床运行应遵循先低速、后中速、再高速的运行原则。其中，低、中速运行时间不得少于 2～3min，当确定无异常情况后，方能开始工作。

(12) 机床开始加工之前，必须采用程序校验方式，检查所用程序是否与被加工工件相符，并且刀具应离开工件端面 100mm 以上。待确定无误后，方可关好机床安全防护门，开动机床进行零件加工。

3. 工作过程中的安全注意事项

(1) 禁止用手接触刀尖和铁屑，铁屑必须用铁钩子或毛刷来清理。

(2) 禁止用手或其他任何方式接触正在旋转的主轴、工件或其他运动部位。

(3) 装卸工件、调整工件、检测工件、紧固螺钉、更换刀具、清除切屑都必须停车。

(4) 加工过程中不能用棉丝擦拭工件，也不能清扫机床。

(5) 车床运转过程中，操作者不得离开岗位，一旦发现机床异常现象应立即停车。

(6) 在加工过程中，不允许打开机床防护门，以免工件、铁屑、润滑油飞出。

(7) 经常检查轴承温度，过高时应报告指导老师。

(8) 学生必须在操作步骤完全清楚时进行操作，遇到问题立即向指导老师询问，禁止在不知道规程的情况下进行尝试性操作。操作中如机床出现异常，必须立即向指导教师报告。

(9) 车床运转不正常、有异声或异常现象，要立即停车，报告指导老师。

(10) 运行程序加工注意事项如下。

① 对刀应准确无误，刀具补偿号应与程序调用刀具号符合。

② 检查机床各功能按键的位置是否正确。

③ 光标要放在主程序头。

④ 加注适量冷却液。

⑤ 站立位置应合适，启动程序时，右手做按停止按钮准备，程序在运行时手不能离开停止按钮，如有紧急情况应立即按下停止按钮。

(11) 加工过程中认真观察切削及冷却状况，确保机床、刀具的正常运行及工件的质量。

(12) 关机时，要等主轴停转 3min 后方可关机。

4．工作完成后的基本要求

(1) 工作完成后，应清除切屑、擦净车床且在导轨面上加润滑油，并将尾座移至床尾位置，切断机床电源。

(2) 工作完成后，打扫环境卫生，保持清洁状态。

(3) 工作完成后，注意检查或更换磨损坏了的机床导轨上的刮屑板。

(4) 工作完成后，检查润滑油、冷却液的状态，及时添加或更换。

5．维护保养

1) 数控车床日常保养

数控车床日常保养的内容和要求如表 3-1 所示。

表 3-1　数控车床日常保养的内容和要求

保养部位	内容和要求
外观部分	①擦干净机床表面，下班后，所有的加工面抹上机油防锈 ②清除切屑(内、外) ③检查机床内外有无磕、碰、拉伤现象
主轴部分	①液压夹具运转情况 ②主轴运转情况
润滑部分	①各润滑油箱的油量 ②各手动加油点按规定加油，并旋转滤油器
尾座部分	①每周一次移动尾座，清理底面、导轨 ②每周一次拿下顶尖清理
电气部分	①检查三色灯、开关 ②检查操作板上各部分的位置
其他部分	①液压系统无滴油发热现象 ②切削系统工作正常 ③工件排列整齐 ④清理机床周围，达到清洁水平 ⑤认真填写好交接班记录及其他记录

2) 数控车床定期保养

数控车床定期保养的内容和要求如表 3-2 所示。

表 3-2　数控车床定期保养的内容和要求

保养部位	内容和要求
外观部分	清除各部件的切屑、油垢，做到无死角，保持内外清洁，无锈蚀
液压及切削油箱	①清洗滤油器 ②油管畅通、油窗明亮 ③液压站无油垢、灰尘 ④切削液箱内加 5～10mL 防腐剂(夏天 10mL，其他季节 5～6mL)

续表

保养部位	内容和要求
机床本体及清屑器	①卸下刀架尾座的挡屑板，清洗 ②扫清清屑器上的残余铁屑，每 3～6 个月(根据工作量大小)卸下清屑器，清扫机床内部 ③扫清回转装刀架上的全部铁屑

二、面板按钮功能介绍

对于不同型号的数控车床，由于机床的结构以及操作面板、数控系统的差别，操作方法也会有所不同。这里以 FANUC-0i 数控车床为例，FANUC-0i Mate-MD 数控车床的面板按钮如图 3-2 所示。

(a) 面板整体图

(b) 操作模式按钮

图 3-2 FANUC-0i Mate-MD 数控车床的面板

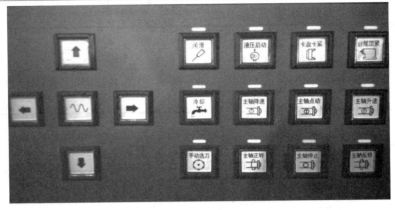

(c) 控制按钮

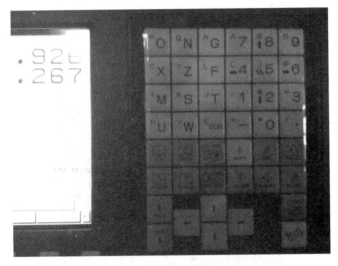

(d) 程序输入按钮

图 3-2　FANUC-0i Mate-MD 数控车床的面板(续)

(1) 启动按钮：按下此按钮，伺服驱动、系统上电，同时按钮内的指示灯亮。

(2) 停止按钮：按下此按钮，伺服驱动，系统断电。

(3) 单段按钮：此按钮在 MDI 方式及自动方式下生效。按一下，按钮内的指示灯亮，单步执行生效。再按一下，指示灯熄灭，单段执行取消。SBK 生效后，程序每执行一行指令都会停止等待，当再次按下循环启动按钮时，程序再执行一行指令，以此类推。

(4) 跳段按钮：按一下，按钮内的指示灯亮，可以执行跳段加工(不执行带有斜杠的程序段)。再按一下，指示灯灭，跳段加工取消。

(5) 空运行：所谓空运行，就是指加工的程序以系统设定的速度运行，而不是以程序给定的速度进行。此按钮在 MDI 方式及自动方式下生效，按一下，按钮内的指示灯亮，空运行生效；再按一下，指示灯灭，空运行取消。在进行空运行时，一定要检查好程序，以防撞刀。

(6) 辅助功能锁：按一下，按钮内的指示灯亮，辅助功能锁住，程序里的 M、S、T 指令不生效；再按一下，指示灯灭，辅助功能锁取消。

(7) 主轴正转按钮：此按钮在手动方式下生效。按一下，按钮内的指示灯亮，主轴正转。

(8) 主轴停转按钮：此按钮在手动方式下生效。按一下，主轴停止运转，同时按钮内的指示灯亮。

(9) 主轴反转按钮：此按钮在手动方式下生效。按一下，按钮内的指示灯亮，主轴反转。

(10) 有条件停止：当程序执行到带有 M01 的指令时，如果 M01 生效了，则程序处于等待状态。当按下循环启动按钮后，程序再继续往下执行。如果 M01 没有生效，程序执行到 M01 时，不做任何动作继续往下执行。按一下，按钮内的指示灯亮，M01 生效；再按一下，指示灯灭，M01 无效。

(11) 液压：此按钮在手动方式下生效。按一下，按钮内的指示灯亮，液压泵启动。再按一下灯灭，液压泵停止。

(12) 循环启动按钮(绿色)：此按钮在 MDI 方式及自动方式下生效。按一下循环启动按钮后，按钮内的指示灯亮，加工程序才开始执行。

(13) 循环停止按钮(红色)：此按钮在 MDI 方式及自动方式下生效。按一下，按钮内的指示灯亮，程序停止执行；再按一下循环启动按钮，程序继续加工。

(14) 刀架电动按钮：短按一下此按钮，刀架转过一个刀号。长按此按钮，则刀架连续换刀。此按钮在手动方式下生效。

(15) 冷却按钮：按一下，按钮内的指示灯亮，冷却接通；再按一下，指示灯灭，冷却关断。在自动方式下，当执行过 M08 冷却打开后，此时按钮指示灯亮。若按下此按钮，则指示灯灭，冷却关断。

(16) X+、X−、Z+、Z−：手动方向按钮。按下不同的方向按钮，机床朝相应的方向移动。

(17) RAPID：此按钮在手动状态下生效。在进行各个轴的手动操作时，同时按下手动方向按钮和快速叠加按钮，机床以设计好的速度进行移动。松开此按钮，机床以手动速度移动。

(18) 程序保护：此锁打开，才可以进行程序的编辑、修改。若有比较重要的程序需要保护，请把此锁关闭，以防误操作造成程序被破坏。

(19) 驱动锁：当该锁锁住时，机床各轴不能进行移动，但是显示器上各轴的坐标在变化，好像机床真的正在运行一样，通常用这种方法来检查程序或进行图形模拟。需要特别注意的是，当驱动锁打开后，要真正运行程序进行加工时，机床务必要重新回参考点。

(20) FEEDRATE OVERIDE：进给倍率开关，用于调整进给速度的倍率，在手动方式、MDI 方式和自动方式均生效。范围为 0%～120%。

(21) PINDLE OVERIDE：主轴倍率开关，用于调整主轴运转的倍率，在手动方式、MDI 方式和自动方式均生效。范围为 50%～120%。

(22) 方式旋转钮：模式有①编辑；②示教；③手动数据输入(MDI)；④在线加工(DNC)；⑤手动；⑥自动；⑦增量；⑧回参考点。机床操作前先旋转此按钮。

任务二　FANUC-0i 数控车床对刀操作

对于不同型号的数控车床，由于机床的结构以及操作面板、数控系统的差别，操作按钮的位置也会有所不同，但 FANUC-0i 系统具有代表性。FANUC-0i 数控车床的操作步骤如下。

1. 系统的启闭

(1) 本机床采用三相四线制交流电源供电，送电操作步骤如下：首先合上电源开关，然后按下系统操作面板上的 NC 启动按钮，数秒钟后 CRT 显示器亮，并显示有关位置和指令信息，数控系统上电后就可以进行操作了。

(2) 系统启闭注意事项：无论何种情况，只要按下 NC 断电按钮，数控系统就会立刻失电关闭；机床通电后，检查各开关、按钮、按键是否正常，机床有无异常现象；检查电压、油压、气压是否正常。

2. 准备工件

1) 加工装夹面

装夹定位面为工件外圆面，所以需将毛坯硬皮去掉大约长 15mm，该长度为装夹长度。

2) 安装毛坯

将刚车削的工件掉头装夹。工件装夹、找正仍需遵守普通车床的要求。圆棒料装夹时，工件要水平安放，右手拿工件稍做转动，左手配合右手旋紧夹盘扳手，将工件夹紧。工件伸出卡盘端面外长度应为加工长度加 10mm 左右，具体安装方法如图 3-3 所示。

图 3-3　安装工件

3. 刀具准备

1) 检查刀具

检查所用刀具螺钉是否夹紧，刀片是否破损。刀具如图 3-4 所示。

2) 安装刀具

按刀具号将刀具装于对应刀位。所用刀具为机夹刀，装夹时让刀杆贴紧刀台，伸出长度在保证加工要求的前提下越短越好，一般为三分之一，如图3-5所示。

图3-4　刀具

图3-5　安装刀具

4．回参考点

按回零按钮，使指示灯变亮，转入回零模式，执行回零操作。

5．机床操作

按一下手动操作方式按钮，指示灯亮，机床进入手动操作方式。在这种方式下，工作程序不能自动运行，但可以实现机床的所有操作功能。各功能操作如下。

1）　X、Z轴点动及点动速率的选择

按Z、-或+键，刀架向Z轴负或正方向移动，抬手则停止移动。按X、-或+键，刀架向X轴负或正方向移动，抬手则停止移动。

刀架的实际移动速率由进给倍率开关的位置决定：10%对应最低速率，150%对应最高速率。

2）　快速点动及快速倍率选择

按下某一方向X(或Z)轴的点动键，同时按下手动快速键，刀架快速移动。放开快速选择键，指示灯灭，刀架移动恢复成点动速度。

快速倍率有4种选择，即1%、25%、50%、100%，用1%、25%、50%、100% 4个键选定。按下其中任意一个，则指示灯亮，该键上的百分数就是当前的快速倍率。

快速倍率对程序快速指令(G00、G27、G28、G30、固定循环的快移段)同样有效，对手动返回参考点的快移行程也有效。

3）　主轴正转、反转、停止、点动

按下主轴正(反)转键，指示灯亮，主轴正(反)转。按下主轴停转键，主轴正转或反转指示灯都灭，主轴停止转动。按下主轴点动键，主轴旋转，抬手则主轴停转。

4）　冷却液启闭

按下冷却液按钮，指示灯亮或灭，冷却液泵通电或断开，冷却液打开或关闭。在自动或MDI方式下，执行指令M08冷却液开，执行指令M09冷却液关。

5) 手动选刀

按下手动选刀按钮，刀架自动松开，然后逆时针方向转位，CRT 显示器的右位数显示当前的刀位号。轻点选刀按钮，可以按一次选一个刀位。按住选刀按钮，直到刀架转到所要的刀位后再释放，就可以一次选到任意刀位。

6) 工件坐标系的建立、对刀及刀具补偿

(1) 手摇脉冲进给方式。

按一下手摇脉冲按钮，按钮指示灯亮，机床处于手摇进给操作方式，操作者可以摇动手摇轮(手摇脉冲发生器)，使刀架前后、左右运动，移动速度由手摇轮 X1、X10、X100 和手摇速度决定，非常适合近距离对刀等操作。手轮操作步骤：按下手摇脉冲按钮→选择脉冲倍率，不能放在零位→选择手摇进给轴。按下 X、Z 轴选择按钮→顺时针方向+或逆时针方向-摇动手摇轮，刀架即可沿相应轴的方向移动。

(2) 手动数据输入方式。

按下手动数据输入方式按钮，指示灯亮，机床处于手动数据输入操作方式。操作者可以通过系统键盘输入一段程序，按循环启动按钮，即可实现自动运行。如在此方式下，进行换二号刀操作，操作步骤为：按手动数据输入方式按钮，进入操作界面→按程序键→通过系统键盘输入 T0202→按循环启动按钮，可自动实现换刀操作。

(3) 工件坐标系的建立。

为了便于描述刀尖的运动位置和运动轨迹，必须在装夹到机床的工件上建立一个工件坐标系，工件坐标系原点通常设在卡盘或工件端面中心。

使用试切法对刀，外圆加工刀具(外圆车刀、切槽刀、螺纹刀)对刀方法的操作步骤如下。

第一，手动选择 1 号刀位。

第二，使用 MDI 方式指定主轴转速，使主轴正转。

第三,用点动方式将刀具快速移动到接近工件位置，换手轮操作。选择增量倍率为 X10，移动工作台使刀具接触工件端面。在 Z 轴不动的情况下，将刀具 X 向移出，如图 3-6 所示。打开刀具偏置界面，在第一号地址对应的试切长度栏输入 0，按 Enter 键，系统自动把计算后的工件 Z 向零点偏置值输入 Z 偏置栏。完成 Z 向当前刀具的对刀操作。

第四，用手轮选择 X100、X10 操作，移动工作台使刀具接触工件外圆，并车一段长为 10mm 的外圆，如图 3-7 所示。在 X 轴不动情况下，将刀具沿 Z 向移出，主轴停，测量工件外径(精确到小数点后两位)，如图 3-8 所示。打开刀补界面，在试切直径栏输入 X 向的测量值，按 Enter 键完成 X 向当前刀具的对刀操作。系统自动把经过计算的 X 向偏置值输入 X 偏置栏中。

图 3-6 切削端面

图 3-7 切削外圆

图 3-8 测量工件外径按钮

第五，将刀具远离工件。手动选择 2 号刀位。重复上述第二～第四步骤完成 2 号刀的对刀操作。

其他刀具分别接近试切过的外圆面和端面，把第一把刀的 X 方向测量值和 Z0 直接输入到 offset 工具补正/形状界面里相应刀具对应的刀补号 X、Z 中，单击测量按钮即可。

习　题

(1) 数控车床加工零件时为什么需要对刀？简述试切法对刀的过程。

(2) 建立工件坐标系的方法有哪些？

(3) 面板上的 M01 按键有什么用处？它和程序指令中的 M00 在应用上有什么区别？

(4) 急停按钮有什么用处？急停后重新启动时，是否能马上投入持续加工状态？一般应进行些什么样的操作处理？

(5) 什么叫 MDI 操作？用 MDI 操作方式能否进行切削加工？

(6) 数控车床的对刀内容包括哪些？以基准车刀的对刀为例，说明具有参考点功能的数控车床的对刀过程是如何进行的？

项目四 用 FANUC-0i 系统数控车床加工轴类零件

知识目标

- 掌握 G00、G01、G90、G02、G03、G71、G70、G73 等指令的用法。
- 掌握刀具半径补偿功能 G41、G42、G40 的用法。
- 掌握辅助功能指令 M00、M03～M05 的用法。
- 掌握刀具指令 T、D 及速度指令 F、S 的用法。
- 能够正确选用切削用量。

能力目标

- 会使用基本指令进行零件程序编制。
- 能够认识和熟练使用量具检测零件。
- 会进行轮廓尺寸精度的测量及尺寸精度分析。
- 能够正确运用仿真软件及数控车床加工轴类零件。
- 能够遵守安全操作规程，按照职业道德及文明生产的要求进行加工。

学习情景

轴类零件是机械加工中经常遇到的典型零件之一，是最适宜车削加工的主要对象，在机器中应用最为广泛，它主要用来支承传动零件、传递运动和扭矩，如机床中的主轴、齿轮轴等。轴类零件的长度大于直径。

车削加工是工件旋转做主运动和车刀做进给运动的切削加工方法，其主要加工对象是回转体零件。基本的车削加工内容有车外圆、车端面、切断和车槽、钻中心孔、钻孔、车孔、铰孔、车螺纹、车圆锥面、车成型面、滚花和攻螺纹等。本项目主要学习带外圆柱面、外圆锥面、圆弧面和成型面的轴类零件的编程与加工，如图 4-1 所示。

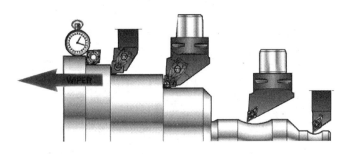

图 4-1 外圆车削

任务一 数控车床的编程基础

一、数控编程与数控系统

输入数控系统中的、使数控机床执行一个确定的加工任务的、具有特定代码和其他符号编码的一系列指令，称为数控程序(NC Program)或零件程序(Part Program)。

生成用数控机床进行零件加工的数控程序的过程，称为数控编程(NC Program)。

程序语法要能被数控系统识别，同时程序语义要能正确地表达加工工艺要求。数控系统的种类繁多，为实现系统兼容，国际标准化组织制定了相应的标准，我国也在国际标准的基础上相应制定了 JB 3208—1999 标准。由于数控技术的高速发展和市场竞争等因素，导致不同系统间存在部分不兼容，如 FANUC-0i 系统编制的程序无法在 SIEMENS 系统上运行。因此编程必须注意具体的数控系统或机床，应该严格按机床编程手册中的规定进行程序编制。但从数控加工内容本质上讲，各数控系统的各项指令都是应实际加工工艺的要求而设定的，因此，本书选择编程功能较强、具有典型代表性的 FANUC-0i 系统为基础，并注意与实践结合，在学习时就能做到触类旁通直至融会贯通。

二、数控程序编制的基本方法

1. 编程方法

数控编程方法有手工编程和自动编程两种。

手工编程是指从零件图样分析工艺处理、计算数据、编写程序单、输入程序到程序校验等各步骤主要由人工完成的编程过程。它适用于点位加工或几何形状不太复杂的零件的加工，以及计算较简单，程序段不多，编程易于实现的场合等。

自动编程即程序编制的大部分或全部工作由计算机完成，可以有效解决复杂零件的加工问题，也是数控编程未来的发展趋势。

手工编程是自动编程的基础，自动编程中许多核心经验都来源于手工编程，二者相辅相成。

2. 编程步骤

拿到一张零件图纸后，首先，应对零件图纸进行分析，确定加工工艺过程，即确定零件的加工方法(如采用的工夹具、装夹定位方法等)，加工路线(如进给路线、对刀点、换刀点等)及工艺参数(如进给速度、主轴转速、切削速度和切削深度等)。其次，应进行数值计算。绝大部分数控系统都带有刀补功能，只需计算轮廓相邻几何元素的交点(或切点)的坐标值，得出各几何元素的起点、终点和圆弧的圆心坐标值即可。最后，根据计算出的刀具运动轨迹坐标值和已确定的加工参数及辅助动作，结合数控系统规定使用的坐标指令代码和程序段格式，逐段编写零件加工程序清单，并输入到 CNC 装置的存储器中。程序编制的一般过程如图 4-2 所示。

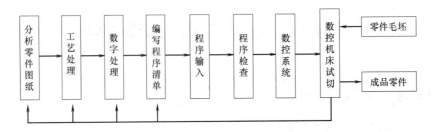

图4-2　程序编制的一般过程

3. 程序的结构

1) 程序的构成

每种数控系统，根据系统本身的特点和编程的需要，都有一定的格式。对于不同的机床，其编程格式也不尽相同。一个完整的程序由程序号、程序内容和程序结束3部分组成，例如：

(1) 程序号。

在数控装置中，程序的记录是通过程序号来辨别的，调用某个程序可通过程序号来调出，编辑程序也要首先调出程序号。程序号由4位数(1～9999)表示。

程序编号方式为"O____　;"。

可以在程序编号的后面用括号标注程序的名字。程序名可用16位字符表示，要求有利于理解。程序编号要单独使用一个程序段。

(2) 程序内容。

程序内容部分是整个程序的核心，主要用来使数控机床自动完成零件的加工。

零件加工程序由若干个程序段组成；每个程序段一般占一行，由段结束符号";"隔开。

(3) 程序结束。

以程序结束指令 M02 或 M30 作为整个程序结束的符号，用来结束零件加工。

2) 程序段的构成

每个程序段由若干个字组成；每个字又由地址码和若干个数字组成，字母、数字、符号统称为字符。

程序段主要是由程序段序号和各种功能指令构成的，格式如下：

```
N   G   X(U)   Z(W)   F   M   S   T   ;
```

其中，N 为程序段序号；G 为准备功能；X(U)、Z(W)为工件坐标系中 X、Z 轴移动终点位置(相对移动量)；F 为进给功能指令；M 为辅助功能指令；S 为主轴功能指令；T 为刀具功能指令。

这种格式的特点如下。

(1) 程序段中的每个指令字均以字母(地址符)开始，其后再跟符号和数字。

(2) 指令字在程序段中的顺序没有严格的规定，可以以任意的顺序书写。

(3) 不需要的指令字或者与上段相同的续效代码可以省略不写。

因此，这种格式具有程序简单、可读性强、易于检查等优点。

三、数控车床编程基本功能指令

在数控编程中，有的编程指令是不常用的，有的只适用于某些特殊的数控机床。这里只介绍 FANUC-0i 数控系统数控车床常用的一些编程指令，对于不常用的编程指令，请参考相应数控机床编程手册。

数控机床的基本功能包括准备功能(G 指令)、辅助功能(M 指令)、进给功能(F 指令)、刀具功能(T 指令)和主轴功能(S 指令)。

1. 准备功能指令(G 指令)

准备功能指令由字符 G 和其后的两位数字组成，从 G00 到 G99 共 100 种。

其主要功能是指定机床的运动方式，为数控系统的插补运算作准备。分为模态指令和非模态指令。

模态指令表示在程序中一经被应用，直到出现同组其他任一 G 指令时才失效。否则该指令继续有效，直到被同组指令取代为止。

非模态指令只在本程序段中有效。

G 指令的有关规定和含义如表 4-1 所示。

表 4-1　G 指令的有关规定和含义

G 代码	组	功　能	G 代码	组	功　能
＊G00		快速定位	G55		选择工件坐标系 2
G01	01	直线插补(切削进给)	G56		选择工件坐标系 3
G02		圆弧插补(顺时针)	G57	14	选择工件坐标系 4
G03		圆弧插补(逆时针)	G58		选择工件坐标系 5
G04	00	暂停指令	G59		选择工件坐标系 6
G20	06	英寸输入	G70		精加工循环
G21		毫米输入	G71		内外径粗车循环
G27		检查参考点返回	G72		台阶粗车循环
G28	00	返回参考点	G73	00	成型重复循环
G29		从参考点返回	G74		Z 向进给钻削
G30		回到第二参考点	G75		X 向切槽
G32	01	切螺纹	G76		螺纹切削循环
＊G40		取消刀具半径补偿	G90		(内外直径)切削循环
G41	07	刀具半径左补偿	G92	01	螺纹切削循环
G42		刀具半径右补偿	G94		(台阶)切削循环
G50		主轴最高转速设置	G96		恒线速度控制
G52	00	设置局部坐标系	＊G97	12	恒线速度控制取消
G53		选择机床坐标系	G98		指定每分钟移动量
＊G54	14	选择工件坐标系 1	＊G99	05	指定每转移动量

注：① 有标记"＊"的指令为开机即已被设定的指令。

　　② 属于"00"组别的 G 代码属非模态指令。

　　③ 一个程序段中可使用若干个不同组群的 G 指令，若使用一个以上同组群的 G 指令则最后一个指令代码有效。

2. 辅助功能指令(M 指令)

1) M 代码

辅助功能指令由字母 M 和其后的两位数字组成,主要用于完成加工操作时的辅助动作,如冷却泵的开、关,主轴的正转、反转,程序结束等。在同一程序段中,若有两个或两个以上辅助功能指令,则读后面的指令。常用的 M 指令见表 4-2。

表 4-2 M 代码的说明

M 代码	功　能	M 代码	功　能
M00	程序暂停	M12	尾顶尖伸出
M01	选择停止	M13	尾顶尖缩回
M02	程序结束	M21	门打开可执行程序
M03	主轴正转	M22	门打开无法执行程序
M04	主轴反转	M30	程序结束并返回到程序开始
M05	主轴停止	M98	调用子程序
M08	冷却液开	M99	子程序取消
M09	冷却液关		

2) 主要辅助功能简介

(1) M00:程序暂停。执行 M00 后,机床的所有动作均被切断,机床处于暂停状态,系统现场保护。按循环启动按钮,系统将继续执行后面的程序段。

(2) M01:选择停止。在机床的操作面板上有一"任选停止"开关,当该开关处于 ON 位置时,若程序中如遇到 M01 代码,其执行过程与 M00 相同;当该开关处于 OFF 位置时,数控系统对 M01 不予理睬。

(3) M02:程序结束。执行 M02 后,主程序结束,切断机床所有动作,并使程序复位。M02 应单独作为一个程序段设定。

(4) M03:主轴正转。此代码启动主轴正转(逆时针,对着主轴端面观察)。

(5) M04:主轴反转。此代码启动主轴反转(顺时针,对着主轴端面观察)。

(6) M05:主轴停止。

(7) M08:切削液开。

(8) M09:切削液关。M00、M01 和 M02 也可以将切削液关掉。

(9) M30:程序结束并返回到程序开始。指令结束后光标返回到程序顶部。

3. F、S、T 功能

1) F 功能

F 功能用来指定进给速度,由字母 F 和其后面的数字组成。

在含有 G99 程序段后面,遇到 F 指令时,则认为 F 所指定的进给速度单位为 mm/r。系统开机状态为 G99,只有输入 G98 指令后,G99 才被取消。而 G98 为每分钟进给,单位为 mm/min。

2)　S 功能

S 功能用来指定主轴转速或速度，由字母 S 和其后的数字组成。

G96 是接通恒线速度控制的指令，当执行 G96 后，S 后面的数值为线速度。例如 G96 S100 表示线速度 100m/min。

G97 是取消 G96 的指令。执行 G97 后，S 后面的数值表示主轴每分钟转数。例如 G97 S800 表示主轴转速为 800r/min，系统开机状态为 G97 指令。

G50 除有坐标系设定功能外，还有主轴最高转速设定功能。例如 G50 S2000 表示主轴转速最高为 2000r/min。用恒线速度控制加工端面锥度和圆弧时，由于 X 坐标值不断变化，当刀具逐渐接近工件的旋转中心时，主轴转速会越来越高，工件有从卡盘飞出的危险，所以为防止事故发生，有时必须限定主轴最高转速。

3)　T 功能

该指令用来控制数控系统进行选刀和换刀，由字母 T 和其后的 4 位数字来指定刀具号和刀具补偿号。为了编程方便，通常使刀具刀位号与刀具补偿号一致，例如 T0202 表示采用 2 号刀具和 2 号刀补。若刀具完成加工，要取消刀具补偿，指令格式为：T□□00，例如，要取消 1 号刀位的刀具的补偿值，指令是：T0100。

4. 绝对编程与增量编程

X 轴和 Z 轴移动量的指令方法有绝对指令和增量指令两种。

绝对指令是用各轴移动到终点的坐标值进行编程的方法，称为绝对编程法。绝对编程时，用 X、Z 表示 X 轴与 Z 轴的坐标值。

增量指令是用各轴的移动量直接编程的方法，称为增量编程法，也称相对值编程。增量编程时，用 U、W 表示在 X 轴和 Z 轴上的移动量。

如图 4-3 所示，从 A 到 B 用增量指令时为 U40.0、W-60.0；用绝对指令时为 X70.0、Z40.0。绝对编程和增量编程可在同一程序中混合使用，这样可以免去编程时一些尺寸值的计算，如 X70.0 W-60.0。

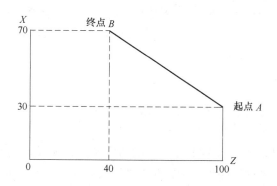

图 4-3　绝对编程与增量编程

5. 直径编程与半径编程

编制轴类工件的加工程序时，因其截面为圆形，所以尺寸有直径指定和半径指定两种方法，采用哪种方法要由系统的参数决定。采用直径编程时，称为直径编程法；采用半径编程时，称为半径编程法。车床出厂时均设定为直径编程，所以在编程时与 X 轴有关的各项尺寸一定要用直径值编程；如果需用半径编程，则要改变系统中相关的几项参数，使系统处于半径编程状态。

任务二　简单台阶轴的数控车削加工

一、任务导入

如图 4-4 所示是零件的图样，毛坯为 $\phi 50$ mm×105 mm 的棒料，材料为 45 钢，需要车削 $\phi 45$ 外圆和端面。

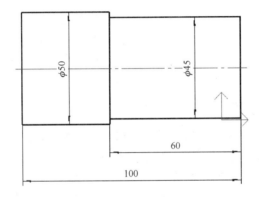

图 4-4　台阶轴

二、相关理论知识

制定工艺是数控车削加工的前期工艺准备工作。工艺制定是否合理，对程序的编制、机床的加工效率和零件的加工精度都有重要的影响。工艺制定的主要内容有分析零件图纸、确定工件在车床上的装夹方式、各表面的加工顺序和刀具的进给路线，以及刀具、夹具和切削用量等。通过对比分析，从中选择最佳方案。

1. 零件图工艺分析

在进行零件图工艺分析时，对于数控车削加工应考虑以下几方面。

1）结构工艺性分析

零件的结构工艺性是指零件对加工方法的适应性，即所设计的零件结构应便于加工成型。在数控车床上加工零件，应根据数控车削的特点，审核零件结构的合理性。如图 4-5(a) 所示零件，需用 3 把不同宽度的切槽刀切槽，如无特殊需要，显然是不合理的。若改成图 4-5(b)所示结构，只需一把刀即可切出 3 个槽，既减少了刀具数量，少占了刀架刀位，又节省了换刀时间。

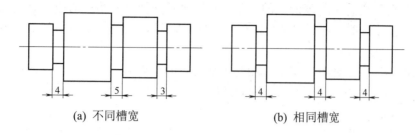

(a) 不同槽宽　　　　　　　　　　(b) 相同槽宽

图 4-5　零件

2)　几何尺寸方面

分析构成工件轮廓图形的各种几何元素的条件是否充足，图纸尺寸的标注方法是否方便编程等。

3)　精度方面分析

分析零件图样尺寸精度的要求，以判断能否利用车削工艺达到，并确定控制尺寸精度的工艺方法。分析零件图样上给定的形状和位置公差后，加工时要按照其要求确定零件的定位基准和测量基准。

4)　材料、表面粗糙度

零件图样上给定的材料与热处理、表面粗糙度的要求，是合理选择数控车床、刀具及确定切削用量的依据。

2. 零件工序划分和装夹方式的确定

在数控车床上加工零件，应按工序集中的原则划分工序，在一次安装下尽量完成大部分甚至全部表面的加工。根据零件的结构形状不同，通常选择外圆、端面或内孔装夹，并力求达到设计基准、工艺基准和编程原点的统一。

1)　按零件加工表面划分

将位置精度要求高的表面安排在一次安装下完成，以免多次安装所产生的安装误差影响位置精度。

2)　按粗、精加工划分

对毛坯余量大和加工精度要求高的零件，应将粗车和精车分开，划分两道或更多的工序。将粗车安排在精度较低、功率较大的数控车床上，将精车安排在精度较高的数控车床上。

3. 零件数控车削加工方案的拟定

1)　拟定工艺路线

(1)　加工方法的选择。每一种表面都有多种加工方法，实际选择时应结合零件的加工精度、表面粗糙度、材料、结构形状、尺寸及生产类型等因素全面考虑。

(2)　加工顺序的安排。零件的加工工序通常包括切削加工工序、热处理工序和辅助工序，合理安排好切削加工、热处理和辅助工序的顺序，并解决好工序间的衔接问题，可以提高零件的加工质量、生产效率，降低加工成本。

在数控车床上加工零件，应按工序集中的原则划分工序。零件车削加工顺序一般遵循下列原则。

①　先粗后精。按照粗车→半精车→精车的顺序进行，逐步提高零件的加工精度。粗

车将在较短的时间内将工件表面上的大部分加工余量切掉。若粗车后所留余量的均匀性满足不了精加工的要求时，则要安排半精车，如图4-6所示。精车时，刀具沿着零件的轮廓一次走刀完成，以保证零件的加工精度。

② 先近后远。是针对加工部位相对于换刀点的距离大小而言的。通常在粗加工时，离换刀点近的部位先加工，离换刀点远的部位后加工，如图4-7所示。

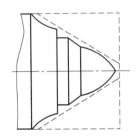

图4-6 先粗后精

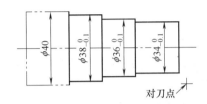

图4-7 先近后远

③ 内外交叉。对既有内表面(内型、腔)，又有外表面的零件，安排加工顺序时，应先粗加工内外表面，然后精加工内外表面。原因是控制内表面的尺寸和形状较困难，刀具刚性相应较差，以及在加工中清除切屑较困难等。

④ 刀具集中。即用一把刀加工完相应各部位，再换另一把刀，加工相应的其他部位，以减少空行程和换刀时间。

⑤ 基面先行。用作精基准的表面应优先加工出来。

2) 确定走刀路线

走刀路线是指刀具从对刀点(或机床固定原点)开始运动起，直至返回该点并结束加工程序所经过的路径，包括切削加工的路径及刀具引入、切出等非切削空行程。

(1) 刀具引入、切出。

尽量使刀具沿轮廓的切线方向引入、切出，以免因切削力突然变化而造成弹性变形，致使光滑连接轮廓上产生划伤、形状突变或滞留刀痕等疵病。

(2) 确定最短的空行程路线。

① 巧用起刀点，确定最短的走刀路线，避免走空刀。

② 巧设换(转)刀点。减少空行程路线。

图4-8(a)将起刀点与对刀点重合在一起：第一刀为$A \to B \to C \to D \to A$；第二刀为$A \to E \to F \to G \to A$；第三刀为$A \to H \to I \to J \to A$。

图4-8(b)将起刀点与对刀点分离：起刀点与对刀点分离的空行程为$A \to B$；第一刀为$B \to C \to D \to E \to B$；第二刀为$B \to F \to G \to H \to B$；第三刀为$B \to I \to J \to K \to B$。

③ 合理安排"回零"路线 (执行"回零"即返回对刀点指令)。

当车削轮廓比较复杂的零件而用手工编程时，为使其计算过程尽量简化，既不出错，又便于校核，编程者有时会将每一刀加工完后的刀具终点通过执行"回零"(即返回对刀点)指令返回到对刀点位置，然后执行后续程序。这样会增加进给路线的距离，从而降低生产效率。因此，在合理安排"回零"路线时，应尽量缩短前一刀终点与后一刀起点间的距离，或者使其为零，即可满足进给路线为最短的要求。另外，在选择返回对刀点指令时，在不发生加工干涉现象的前提下，宜尽量采用X、Z坐标轴双向同时"回零"指令，则该指令功能的"回零"路线将是最短的。

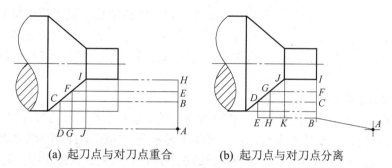

(a) 起刀点与对刀点重合　　　(b) 起刀点与对刀点分离

图 4-8　起刀点和换刀点

(3) 确定最短的切削进给路线。

图 4-9(a)为利用数控系统具有的矩形循环功能而安排的"矩形"循环进给路线。

图 4-9(b)为利用数控系统具有的三角形循环功能而安排的"三角形"循环进给路线。

图 4-9(c)为利用数控系统具有的封闭式复合循环功能控制车刀沿工件轮廓等距线循环的进给路线。

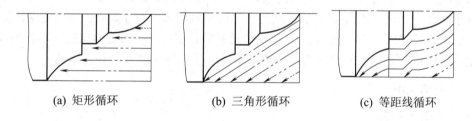

(a) 矩形循环　　　　　(b) 三角形循环　　　　　(c) 等距线循环

图 4-9　进给路线

矩形循环加工的程序段格式较简单，循环进给路线的进给长度总和最短。所以在制订加工方案时，建议采用矩形走刀路线。

(4) 大余量毛坯的阶梯切削路线。

如图 4-10 所示为车削大余量工件的两种加工路线，图 4-10(a)是错误的阶梯切削路线，图 4-10(b)按 1～5 的顺序切削，每次切削所留余量相等，是正确的阶梯切削路线。因为在同样的背吃刀量的条件下，按图 4-10(a)所示的方式加工所剩的余量过多。

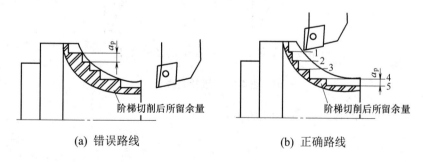

(a) 错误路线　　　　　　　　　(b) 正确路线

图 4-10　车削大余量工件

(5) 完工轮廓的连续切削进给路线。

在安排可以一刀或多刀进行的精加工工序时，其零件的完工轮廓应由最后一刀连续加工而成，这时加工刀具的进、退刀位置要考虑妥当，尽量不要在连续的轮廓中安排切入和切出或换刀和停顿，以免因切削力突然变化而造成弹性变形，使光滑连续轮廓上产生表面划伤、形状突变或滞留刀痕等缺陷。

(6) 特殊的进给路线。

在数控车削加工中，一般情况下，Z 轴方向的进给运动都是沿着负方向进给的，但有时按这种方式安排进给路线并不合理，甚至可能车坏零件。如图 4-11 所示零件加工，当采用尖头车刀加工大圆弧外表面时，有两种不同的进给路线，其结果大不相同。对于图 4-11(a) 所示的第一种进给路线(沿 Z 轴负方向)，因切削时尖头车刀的主偏角为 $100° \sim 105°$，这时切削力在 X 向的分力 F_p 将沿着图 4-11 所示的正 X 向作用，当刀尖运动到圆弧的换象限处，即由负 Z、负 X 向负 Z、正 X 变换时，吃刀抗力 F 马上与传动横拖板的传动力方向相同，若丝杆螺母有传动间隙，就可能使刀尖嵌入零件表面(即"扎刀")，其嵌入量在理论上等于其机械传动间隙量 e。即使该间隙量很小，由于刀尖在 X 方向换向时，横向拖板进给过程的位移量变化也很小，加上处于动摩擦与静摩擦之间呈过渡状态的拖板惯性的影响，仍会导致横向拖板产生严重的爬行现象，从而大大降低零件的表面质量。

对于图 4-11(b)所示的进给方法，因为尖刀运动到圆弧的换象限处，即由正 Z、负 X 向正 Z、正 X 向变换时，吃刀抗力 F_p 与丝杠传动横向拖板的传动力方向相反，不会受丝杆螺母传动间隙的影响而产生嵌刀现象，显然图 4-11(b)所示进给路线是较合理的。

4. 车刀的类型

1) 车刀的种类

常用车刀按刀具材料可分为高速钢车刀和硬质合金车刀两类，其中硬质合金车刀按刀片固定形式，又分焊接式车刀和机械夹固式可转位车刀两种；车刀按用途不同，可分为外圆车刀、端面车刀、切断刀、内孔车刀、圆头车刀和螺纹车刀等。

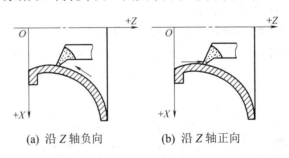

(a) 沿 Z 轴负向　　　　(b) 沿 Z 轴正向

图 4-11　进给路线

(1) 焊接式车刀的种类如图 4-12 所示。

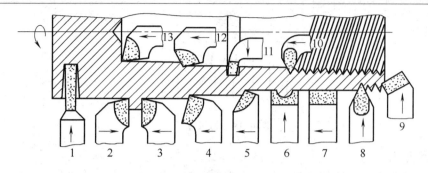

图 4-12　焊接式车刀的种类

1—切断刀；2—90°左偏刀；3—90°右偏刀；4—弯头车刀；5—直头车刀；6—成型车刀；7—宽刃精车刀；8—外螺纹车刀；9—端面车刀；10—内螺纹车刀；11—内槽车刀；12—通孔车刀；13—盲孔车刀

(2) 硬质合金可转位车刀包括 4 个组成部分，即刀杆、刀片、刀垫和夹紧元件。这种车刀不需焊接，刀片用机械夹固方法装夹在刀柄上。这是近几年来国内外发展和广泛应用的刀具之一，在数控车床上经常使用这种刀具。在车削过程中，当一条切削刃磨钝后，无须卸下来去刃磨，只需松开夹紧装置，将刀片转过一个角度，即可重新继续切削，提高刀柄利用率。这种车刀可根据车削内容不同，选用不同形状和角度的刀片，从而组成外圆车刀、端面车刀、切断和车槽刀、内孔车刀和螺纹车刀等，如图 4-13 所示。

(a) 外圆车刀

(b) 切断(槽)车刀

(c) 内孔车刀

(d) 螺纹车刀

图 4-13　车刀类型

2) 常用车刀的刀位点

数控车削用的车刀一般分为 3 类，即尖形车刀、圆弧形车刀和成型车刀。常用车刀的刀位点如图 4-14 所示。

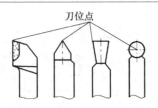

图 4-14 刀位点

(1) 尖形车刀。

以直线形切削刃为特征的车刀一般称为尖形车刀，如 90°内、外圆车刀，左、右端面车刀，切槽(断)车刀及刀尖倒棱很小的各种外圆和内孔车刀。这类车刀加工时，零件的轮廓形状主要由直线形主切削刃位移后得到。

(2) 圆弧形车刀。

圆弧形车刀的特征是：构成主切削刃的刀刃形状为一圆度误差或线轮廓度误差很小的圆弧。该圆弧刃上每一点都是圆弧形车刀的刀尖，因此，刀位点不在圆弧上，而在该圆弧的圆心上，编程时要进行刀具半径补偿。

(3) 成型车刀。

成型车刀俗称样板车刀，其加工零件的轮廓形状完全由车刀刀刃的形状和尺寸决定。数控车削加工中，常见的成型车刀有小半径圆弧车刀、非矩形车槽刀和螺纹车刀等。在数控加工中，应尽量少用或不用成型车刀，当确有必要选用时，则应在工艺准备的文件或加工程序单上进行详细说明。

3) 机夹可转位车刀的选用

为了减少换刀时间和方便对刀，便于实现机械加工的标准化，数控车削加工时，应尽量采用机夹刀和机夹刀片，常采用可转位车刀。

(1) 刀片材质的选择。

车削加工时应用最多的是硬质合金和涂层硬质合金刀片。选择刀片材质的主要依据是被加工工件的材料、被加工表面的精度、表面质量要求、切削载荷的大小以及切削过程有无冲击和振动等。

(2) 可转位车刀的选用。

① 刀片的紧固方式。

在国家标准中，一般紧固方式有上压式(代码为 C)、上压与销孔夹紧(代码 M)、销孔夹紧(代码 P)和螺钉夹紧(代码 S)4 种。各种夹紧方式是为适用于不同的应用范围设计的。

② 刀片外形的选择。

刀片外形与加工的对象、刀具的主偏角、刀尖角和有效刃数等有关。在选用时，应根据加工条件恶劣与否，按重、中、轻切削有针对性地选择。在机床刚性、功率允许的条件下，大余量、粗加工应选用刀尖角较大的刀片，反之，机床刚性和功率小、小余量、精加工时宜选用较小刀尖角的刀片。常见可转位车刀刀片形式可根据加工内容和要求进行选择。

应根据加工轮廓选择刀片形状，如图 4-15 所示。一般外圆车削常用 80°凸三角形、四方形和 80°菱形刀片；仿形加工常用 55°、35°菱形和圆形刀片；在机床刚性、功率允许的条件下，大余量、粗加工应选择刀尖角较大的刀片，反之选择刀尖角较小的刀片。

图 4-15　根据加工轮廓选择刀片形状

90°外圆车刀简称偏刀，按进给方向不同分为左偏刀和右偏刀两种，一般常用右偏刀。右偏刀由右向左进给，用来车削工件的外圆、端面和右台阶。右偏刀的主偏角较大，车削外圆时作用于工件的径向力小，不易出现将工件顶弯的现象。一般用于半精加工。左偏刀由左向右进给，用于车削工件外圆和左台阶，也用于车削外径较大而长度小的零件。

③　刀杆头部形式的选择。

刀杆头部形式按主偏角和直头、弯头分有 15～18 种，各种形式规定了相应的代码，国家标准和刀具样本中都已一一列出，可以根据实际情况选择。

④　刀片后角的选择。

常用的刀片后角有 N(0°)、C(7°)、P(11°)、E(20°)等。一般粗加工、半精加工可用 N 型；半精加工、精加工可用 C、P 型。

⑤　左右手刀柄的选择。

左右手刀柄有 R(右手)、L(左手)、N(左右手)3 种。选择时要考虑车床刀架是前置式还是后置式、主轴的旋转方向以及需要的进给方向等。

⑥　刀尖圆弧半径的选择。

刀尖圆弧半径不仅影响切削效率，而且关系到被加工表面的粗糙度及加工精度。从刀尖圆弧半径与最大进给量关系来看，最大进给量不应超过刀尖圆弧半径尺寸的 80%，否则将恶化切削条件。因此，从断屑可靠出发，通常对于小余量、小进给车削加工应采用小的刀尖圆弧半径，反之宜采用较大的刀尖圆弧半径。

粗加工时，注意以下几点。

第一，为提高刀刃强度，应尽可能选择大刀尖半径的刀片，大刀尖半径可允许大进给。

第二，在有振动倾向时，则选择较小的刀尖半径。

第三，常用刀尖半径为 1.2～1.6mm。

第四，粗车时进给量不能超过表 4-3 给出的最大进给量，作为经验法则，一般进给量可取为刀尖圆弧半径的一半。

表 4-3　不同刀尖半径时最大进给量

刀尖半径/mm	0.4	0.8	1.2	1.6	2.4
最大推荐进给量/(mm/r)	0.25～0.35	0.4～0.7	0.5～1.0	0.7～1.3	1.0～1.8

精加工时,注意以下两点。

第一,精加工的表面质量不仅受刀尖圆弧半径和进给量的影响,而且受工件装夹稳定性、夹具和机床的整体条件等因素的影响。

第二,在有振动倾向时选较小的刀尖半径。

5. 选择切削用量

数控车削加工中的切削用量包括背吃刀量、主轴转速或切削速度、进给速度或进给量。

1) 背吃刀量 a_p 的确定

在车床主体、夹具、刀具和零件这一系统刚性允许的条件下,尽可能选择较大的背吃刀量,以减少走刀次数,提高生产效率。粗加工时,一次进给尽可能切除全部余量,在中等功率机床上,可达 8~10mm。半精加工时,背吃刀量取为 0.5~2mm。精加工时,背吃刀量取为 0.1~0.5mm。

在工艺系统刚性不足或毛坯余量很大、余量不均匀时,粗加工要分几次进给,并且应当把第一、二次进给的背吃刀量尽量取得大一些。切削零件表层有硬皮的铸、锻件或不锈钢等冷硬较严重的材料时,应使切削深度超过硬皮或冷硬层,以避免使切削刃在硬皮或冷硬层上切削。当冲击载荷较大(如断续切削)或工艺系统刚性较差时,应适当减小切削深度。

2) 主轴转速的确定

光车时,主轴转速的确定应根据零件上被加工部位的直径,并按零件和刀具的材料及加工性质等条件所允许的切削速度来确定。主轴转速可用下式计算:

$$n = \frac{1000v_c}{\pi d}$$

式中:n——主轴转速(r/min);

v_c——切削速度(m/min);

d——表面的直径(mm)。

确定主轴转速时,先需要确定其切削速度,而切削速度又与背吃刀量和进给量有关。

(1) 进给量(f)。进给量是指工件每转一周,车刀沿进给方向移动的距离(mm/r),它与背吃刀量有着较密切的关系。粗车时一般取 0.3~0.8mm/r,精车时常取 0.1~0.3mm/r,切断时宜取 0.05~0.2mm/r,跟刀尖半径有关,见表4-3。

(2) 切削速度(v_c)。切削速度又称为线速度,是指车刀切削刃上某一点相对于待加工表面在主运动方向上的瞬时速度。

如何确定加工时的切削速度,除了参考表4-4外,主要根据实践经验进行确定。

3) 进给速度的确定

进给速度 v_f 是数控机床切削用量中的重要参数,主要根据零件的加工精度和表面粗糙度要求以及刀具、工件的材料性质参考切削用量手册选取。最大进给速度受机床刚度和进给系统的性能限制。

进给速度是指在单位时间里,刀具沿进给方向移动的距离(mm/min)。进给速度的大小直接影响表面粗糙度的值和车削效率,因此应在保证表面质量的前提下,选择较高的进给速度,查阅切削用量手册选取。切削用量手册给出的是每转进给量,因此要根据 $v_f = f \times n$ 计算进给速度。

表 4-4 常用切削用量推荐表

零件材料	刀具材料	a_p /mm			
		0.38～0.13	2.4～0.38	4.7～2.4	9.5～4.7
		f /(mm/r)			
		0.13～0.05	0.38～0.13	0.76～0.38	1.3～0.76
		v_c /(mm/min)			
低碳钢	高速钢	—	70～90	45～60	20～40
	硬质合金	215～365	165～215	120～165	90～120
中碳钢	高速钢	—	45～60	30～40	15～20
	硬质合金	130～165	100～130	75～100	5575
灰铸铁	高速钢		35～45	25～35	20～25
	硬质合金	135～185	105～135	75～105	60～75
黄铜青铜	高速钢	—	85～105	70～85	45～70
	硬质合金	215～245	185～215	150～185	120～150
铝合金	高速钢	105～150	70～105	45～70	30～45
	硬质合金	215～300	135～215	90～135	60～90

确定进给速度的原则如下。

(1) 质量保证时可选高(2000mm/min 以下)的进给速度。

(2) 空行程选高进给速度，特别是远距离"回零"时。

(3) 切断、深孔、精车选低进给速度。

(4) 进给速度与主轴转速、切削深度相适应。

在工厂的实际生产过程中，切削用量一般根据经验并通过查表的方式进行选择。常用硬质合金或涂层硬质合金切削不同材料时的切削用量推荐值见表 4-4。

6. 零件的装夹

车削加工前，必须将零件放在机床夹具中定位和夹紧，使零件在整个切削过程中始终保持正确的位置。根据轴类零件的形状、大小、精度、数量的不同，可采用不同的装夹方法。

三爪自定心卡盘的三个卡爪是同步运动的(见图 4-16)，能自动定心，装夹一般不需找正，故装夹零件方便、省时，但夹紧力较小，常用于装夹外形规则的中、小型零件。三爪自定心卡盘有正爪、反爪两种形式，反爪用于装夹直径较大的零件。

7. 编程指令

1) 快速定位指令(G00)

如图 4-17 所示，定位指令命令刀具以点位控制方式从刀具所在点快速移动到目标位置，用于刀具进行加工以前的空行程移动或加工完成的快速退刀，不能进行切削加工。G00 指令使刀具快速运动到指定点，无运动轨迹要求，不需特别规定进给速度。

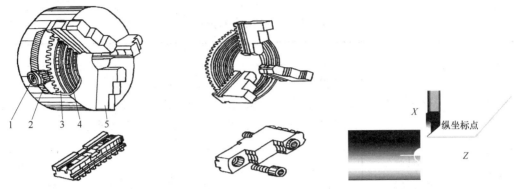

图 4-16　三爪自定心卡盘　　　　　图 4-17　G00 快速定位

1—螺栓；2—小锥齿轮；3—大锥齿轮；4—平面螺纹；5—卡爪

指令格式：G00 X(U)__Z(W)__ ;

说明如下。

(1) 绝对值编程：指令格式"G00 X_Z_;"中，X_Z_表示终点坐标相对工件原点的坐标值，轴向移动方向由 Z 坐标值确定，径向进退刀时在不过轴线情况下都为正值。如两轴同时移动"G00 X70.0 Z20.0"，单轴移动"G00 X70."或"G00Z-20."。

G00 指令一般作为空行程，G00 指令后不需要给定进给速度，进给速度由机床参数和机床面板上的倍率开关设定。

(2) 增量编程时：指令格式"G00 U_ W_;"中，U_ W_表示刀具从当前所在点到终点的距离和方向；U 表示直径方向移动量，即大、小直径量之差，W 表示移动长度，U、W 的移动方向都由正、负号确定。计算 U、W 移动距离的起点坐标值是执行前一程序段移动指令的终点值，也可在同一移动指令里采用混合编程，如"G00 U10. W20."，"G00 U-10. Z20."或"G00 X-10. W20."。

例 4-1　完成如图 4-18 所示的快速进刀指令。

程序：G00 X50.0 Z6.0;

或　G00 U-70.0 W-84.0;

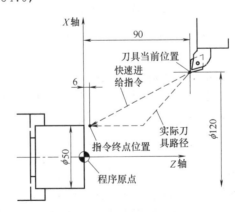

图 4-18　G00 快速进刀示意

注意： 在执行上述程序段时，刀具的实际运动路线不是一条直线，而是一条折线。因此，在使用 G00 指令时，要注意刀具是否与工件和夹具发生干涉，对不适合联动的场合，两轴可分别运动。

2) 直线插补指令(G01)

直线插补指令用于直线或斜线运动。可使数控车床沿 X 轴、Z 轴方向执行单轴运动，也可以沿 X、Z 平面内任意斜率的直线运动。

指令格式：G01　X(U)___ Z(W)___ F___;

其中，X(U)和 Z(W)指定的是在本指令段刀具到达的终点的坐标值。其中也含有绝对编程、增量编程和混合编程 3 种方法。F 指定的是刀具进给速度。G01 指令中必须含有 F 指令。

(1) G01 应用。当应用沿 Z 轴单轴移动时可以加工外圆；当应用沿 X 轴单轴移动时可加工端面、台阶或切直槽，如图 4-19 所示。

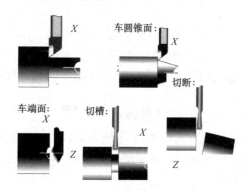

图 4-19　G01 应用

(2) 外圆柱切削。当应用 G01 使 Z 轴单轴移动时，可以加工外圆柱。

例 4-2　完成如图 4-20 所示外圆柱面。

程序：G01 W-80.0 F0.3;

或　　 G01 Z-80.0 F0.3;

(3) 外圆锥切削。当应用 G01 使 X 和 Z 两个轴同时移动时，可加工圆锥面或倒角。

例 4-3　完成如图 4-21 所示外圆锥。

程序：G01　X80.0　Z-80.0　F0.3;

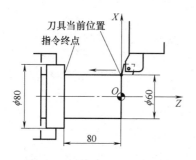

图 4-20　G01 指令切外圆柱面

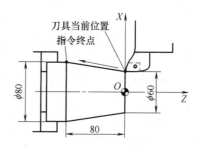

图 4-21　G01 指令切外圆锥

(4) 模态指令与非模态指令。

模态代码的功能在它被执行后会继续维持；模态指令是指该指令一经在程序中指定，在其后面的程序段中一直有效直至出现同组的另一个 G 指令替代它时才失效。

非模态代码仅仅在收到该命令时起作用；非模态指令是指该指令只在出现的本程序段中才有效。

G00 和 G01 都是模态代码。连续执行 G01 时，后面程序段可省略写 G01。如：

```
 G01  X36.0 Z-20.0;
(G01)  X40.0 Z-20.0;
```

(5) 自动回参考点 G28。

指令格式：G28 X(U)__ Z(W)__;

说明：

① G28 指令首先使所有的编程轴都快速定位到中间点，然后从中间点返回到参考点。

② *X*、*Z*：绝对编程，中间点在工件坐标系中的坐标。

③ *U*、*W*：增量编程，中间点相对于起点的位移量。

④ T00(2 位)或 T__00(4 位)指令必须写在 G28 指令的同一程序段或该程序段之前，即回原点之前取消刀补。

3) 外圆切削单一形状固定循环指令(G90)

适用于在零件的内、外圆柱面(圆锥面)上毛坯余量较大或直接从棒料车削零件时进行精车前的粗车，以去除大部分毛坯余量，其运动轨迹如图 4-22 所示。

(1) 切削圆柱面 G90 指令。

指令格式：

```
G00 X(U)__ Z(W)__;循环起点)
G90 X(U)__ Z(W)__(F__);
```

其中 X、Z(U、W)为外径切削终点坐标。

由图 4-22 可知，G90 指令实际上是 G00、G01 指令的综合应用。尽管 G00 和 G01 指令是数控加工编程中的最基本指令，但是在加工轴类零件时，如果用 G00 和 G01 指令编程，会使程序太过烦琐，特别是当毛坯余量较大时，会使加工程序段很长。如果使用 G90 指令，会大大缩短数控加工程序段的数量。

例 4-4 完成如图 4-22 所示外圆柱面。

程序：

```
G00 X85.0 Z2.0;
G90 X50.0 Z-30.0 F0.2;
```

上面的程序段相当于下面 4 个程序段的功能。

```
G00  X50.0;
G01  Z-30.0 F0.2;
G00  X85.0;
G00  Z2.0;
```

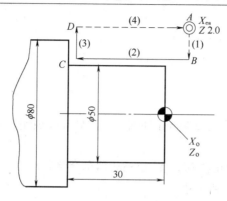

图 4-22　G90 固定循环指令

(2) 圆柱面切削循环举例。

例 4-5　如图 4-23 所示，坐标原点在工件的左端面，分三次用 G90 指令循环加工，循环起点设在离右端面 2mm，X 向大于毛坯 2mm 处。毛坯直径为 50mm，切削长度为 35mm，每次进刀直径量为 10mm。程序如表 4-5 所示。

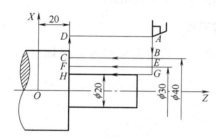

图 4-23　圆柱面切削循环举例

表 4-5　例 4-6 程序

程　序	说　明
O0402;	程序名
N010 T0101;	1 号外圆刀具
N020 S800 M04;	主轴反转，转速 800r/min，X、Z 轴快速定位
N030 M08;	切削液开
N040 G00X52.0 Z57.0;	刀快进循环起点 A
N050 G90X40.0 Z20.0 F0.2;	$A \to B \to C \to D \to A$
N060 X30.0;	$A \to E \to F \to D \to A$
N070 X20.0;	$A \to G \to H \to D \to A$
N080 M05;	主轴停止
N090 M30;	程序结束

三、任务实施

1. 工艺设计

1) 确定工艺方案

采用三爪自定心卡盘夹持 ϕ50mm 外圆,一次装夹完成粗、精加工。

2) 加工工序

(1) 粗车端面及 ϕ45mm 外圆,留 0.5mm 精车余量。

(2) 精车 ϕ45mm 外圆到尺寸。

3) 刀具

零件的粗、精加工均用 90° 外圆车刀完成。

4) 切削用量

粗加工时进给量为 0.3mm/r,主轴转速为 300r/min;精加工时进给量为 0.15mm/r,主轴转速为 600r/min。粗加工一次完成;精加工也一次完成,单边切削量为 0.5mm。

2. 确定工件坐标系和对刀点

以零件右端面与回转轴线交点为工件原点,坐标系如图 4-24 所示。

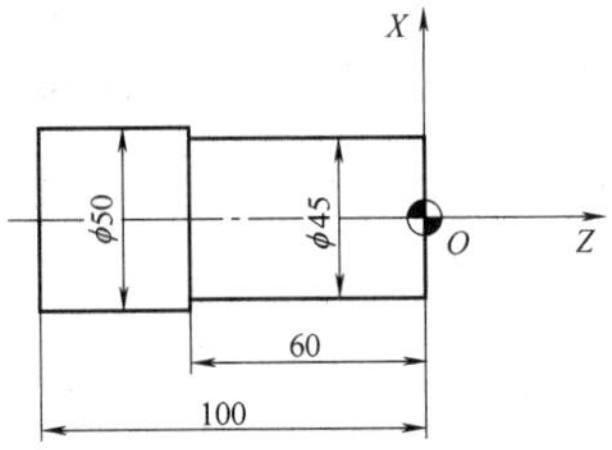

3. 程序编制

程序如表 4-6 所示。

图 4-24 工件坐标系

表 4-6 台阶轴参考程序

程 序	说 明
O0401;	程序名
N010 T0101;	1 号外圆刀具,建立工件坐标系
N020 S300 M04;	主轴反转,转速 300r/min,X、Z 轴快速定位
N030 M08;	切削液开
N040 G00 X55.0 Z0;	快速进刀到端面
N050 G01 X-1.0 F0.3;	切端面
N060 G00 X52.0 Z2.0;	退刀
N070 G90 X46.0 Z-60.0 F0.3;	粗车端面及 ϕ45mm 外圆,留 0.5 mm 精车余量
N080 G00 X45.0 S600;	转速 600r/min,X 轴快速定位
N090 G01 Z-60.0 F0.15;	精车 ϕ45mm 外圆到尺寸
N100 X52.0;	车台阶
N110 G00 Z50.0 M09;	快速退刀,切削液停
N120 M05;	主轴停止
N130 M30;	程序结束

4. 仿真操作

(1) 打开宇龙数控仿真加工软件，选择机床。

(2) 机床回零点。

(3) 选择毛坯、材料、夹具，安装工件。

(4) 安装刀具。

(5) 建立工件坐标系。

(6) 上传 NC 程序和模拟轨迹。

按下操作面板上的编辑键 ⬛，编辑状态指示灯变亮 ⬛，此时已进入编辑状态。按下 MDI 键盘上的程序键 ⬛，CRT 界面转入编辑页面。利用 MDI 键盘输入 "O×" (×为程序号，但不能与已有的程序号重复)，按下插入键 ⬛，CRT 界面上将显示一个空程序，可以通过 MDI 键盘输入程序。输入一段代码后，按下插入键 ⬛，则数据输入域中的内容将显示在 CRT 界面上，用回车换行键 ⬛ 结束一行的输入后换行，如图 4-25 所示。

按下操作面板上的编辑键，编辑状态指示灯变亮 ⬛，此时已进入编辑状态。按菜单软键[操作]，在下级子菜单中按菜单软键[Punch]，在弹出的对话框中输入文件名，选择文件类型和保存路径，单击"保存"按钮，如图 4-26 所示。

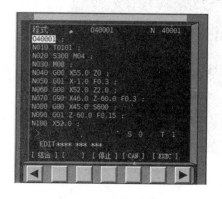

图 4-25　程序输入界面

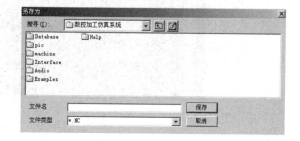

图 4-26　保存界面

按下操作面板上的"自动运行"按钮 ⬛，使其指示灯 ⬛ 变亮，转入自动加工模式，按下 MDI 键盘上的 ⬛ 按钮，点击数字/字母键，输入 "O×" (×为所需要检查运行轨迹的数控程序号)，按 ⬛ 开始搜索，找到后，程序显示在 CRT 界面上。点击 ⬛ 按钮，进入检查运行轨迹模式，点击操作面板上的"循环启动"按钮 ⬛，即可观察数控程序的运行轨迹，如图 2-27 所示。此时也可通过"视图"菜单中的动态旋转、动态缩放、动态平移等方式对三维运行轨迹进行全方位的动态观察。

(7) 自动加工。

按下操作面板上的自动运行按钮 ⬛，使其指示灯变亮 ⬛。

按下操作面板上的循环启动按钮 ⬛，程序开始执行，如图 2-28 所示。

(8) 测量零件。选择"测量"|"坐标测量"菜单命令，如图 2-29 所示。

(9) 保存项目。选择"文件"|"保存项目"菜单命令，找到保存项目路径，单击"保存"按钮。

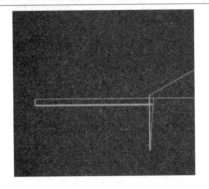

图 4-27　模拟轨迹界面

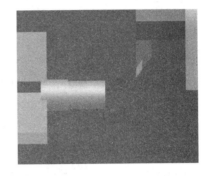

图 4-28　零件加工完成界面

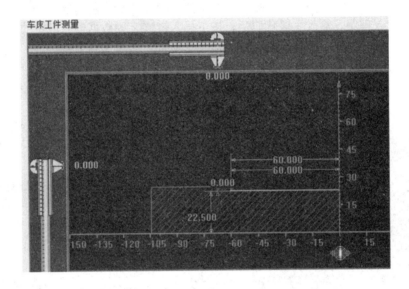

图 4-29　测量界面

5. 机床加工

1)　电源的接通

(1)　检查 CNC 车床的外表是否正常(如后面电控柜的门是否关上、车床内部是否有其他异物)。

(2)　打开位于车床后面电控柜上的主电源开关,应听到电控柜风扇和主轴电动机风扇开始工作的声音。

(3)　按操作面板上的 POWER ON 按钮接通电源。

(4)　顺时针方向松开急停 EMERGENCY 按钮。

(5)　绿灯亮后,机床液压泵已启动,机床进入准备状态。

(6)　如果在进行以上操作后,机床没有进入准备状态,检查是否有下列情况,进行处理后再按 POWER ON 按钮。

①　是否按过操作面板上的 POWER ON 按钮?如果没有,则按一次。

②　是否有某一个坐标轴超过行程极限?如果有,则对机床超过行程极限的坐标轴进行恢复操作。

③　是否有警告信息出现在 CRT 显示屏上？如果有，则按警告信息做操作处理。

2)　工件的装夹

(1)　数控车床使用三爪自动定心卡盘，对于圆棒料，装夹时工件要水平安放，右手拿工件，左手旋紧夹盘扳手。

(2)　工件的伸出长度一般比被加工件长 10mm 左右。

(3)　对于一次装夹不能满足形位公差的零件，要采用鸡心夹头夹持工件并用两顶尖顶紧的装夹方法。

(4)　用校正划针校正工件，经校正后再将工件夹紧，工件找正工作随即完成。

3)　刀具安装

将加工零件的刀具依次装夹到相应的刀位上，操作如下。

(1)　根据加工工艺路线分析，选定被加工零件所用的刀具号，按加工工艺的顺序安装。

(2)　选定 1 号刀位，装上第一把刀，注意刀尖的高度要与对刀点重合。

(3)　手动操作控制面板上的"刀架旋转"按钮，然后依次将加工零件的刀具装夹到相应的刀位上。

4)　返回参考点操作

在程序运行前，必须先对机床进行参考点返回操作，即将刀架返回机床参考点，有手动参考点返回和自动参考点返回两种方法。通常情况下，在开机时采用手动参考点返回方法，其操作方法如下。

(1)　将机床工作方式选择开关设置在手动方式位置上。

(2)　操作机床面板上的+X 方向按钮，进行 X 轴回零操作。

(3)　操作机床面板上的+Z 方向按钮，进行 Z 轴回零操作。

(4)　当坐标轴返回参考点时，刀架返回参考点，确认灯亮后，操作完成。

操作时的注意事项如下。

(1)　参考点返回时，应先移动 X 轴。

(2)　应防止参考点返回过程中刀架与工件、尾座发生碰撞。

(3)　由于坐标轴加速移动方式下速度较快，若无必要尽量少用，以免发生预想不到的危险。

5)　手动操作

使用机床操作面板上的开关、按钮或手轮，用手动操作移动刀具，可使刀具沿各坐标轴移动。

(1)　手动连续进给。用手动可以连续地移动机床。将方式选择开关置于 JOG 的位置上，操作控制面板上的 X 方向慢速或 Z 方向慢速移动按钮，机床将按选择的轴方向连续慢速移动。

(2)　快速进给。同时按下 X 方向和 Z 方向两个快速移动按钮，刀具将按选择的方向快速进给。

6)　程序的输入

程序的输入有两种方式：用键盘输入和用 RS232C 通信接口输入。

用 RS232C 通信接口输入程序的操作步骤如下。

(1)　连接好 PC，把 CNC 程序装入计算机。

(2)　设定好与 RS232C 有关的设定。

(3) 把程序保护开关置于 ON 上，操作方式设定为 EDIT 方式(即编辑方式)。

(4) 单击屏幕下方的"程式"按钮后，显示程序。

(5) 当 CNC 磁盘上无程序号或者想变更程序号时，输入 CNC 所希望的程序号：O××××(当磁盘上有程序号且不改变程序号时，不需此项操作)。

(6) 运行通信软件，并使之处于输出状态(详见通信软件说明)。

(7) 单击 INPUT 按钮，此时程序即传入存储器，传输过程中，画面状态显示"输入"。

7) 对刀

在数控车床车削加工过程中，首先应确定零件的加工原点，以建立准确的加工坐标系；其次要考虑刀具的不同尺寸对加工的影响，这些都需要通过对刀来解决。

8) 图形模拟功能

在 CRT 画面上，可描绘加工中编程的刀具轨迹，通过 CRT 显示的轨迹可检查加工的进展状况。另外也可对画面进行放大或缩小。

9) 试运行

(1) 机床锁。使机床操作面板上的机床锁开关接通。自动运行加工程序时，机床刀架并不移动，只是在 CRT 上显示各轴的移动位置。该功能可用于加工程序的检查。

> 提示：在"机床锁"状态下，即使用 G27、G28 指令，机床也不返回参考点，且指令灯不亮。

(2) 辅助功能锁。接通机床操作面板的辅助功能锁开关后，程序中的 M、S、T 代码指令被锁，不能执行。该功能与机床锁一起用于程序检测。M00、M01、M30、M98、M99 指令可正常执行。

(3) 空运行。若按一下空运行开关，空运行灯变亮，不装工件，在自动运行状态运行加工程序，机床空跑，检测程序及加工轨迹的正确性。

10) 自动运行

按"循环启动"按钮，即开始自动运转，循环启动灯亮。

四、零件检测

检测尺寸精度，主要包括直径和长度尺寸，要符合图样中的尺寸要求。

五、思考题

(1) 零件车削加工顺序一般遵循的原则有哪些？

(2) 简述 G00 指令的用途和格式。

(3) 简述 G01 指令的用途和格式。

(4) 简述外圆切削单一形状固定循环指令(G90)的用途和格式。

(5) 简述刀片形状的选择方法。

(6) 简述如何确定切削用量。

六、扩展任务

编写如图 4-30 所示零件的加工程序，毛坯为 ϕ45mm×95mm 的棒料，材料为 45 钢，从右端至左端轴向走刀切削 $\phi30mm$、$\phi36mm$ 外圆，粗加工每次进给深度为 1.5mm，进给量为 0.15 mm/r；精加工余量为 0.6 mm，工件程序原点为工件右端面与轴线交点。

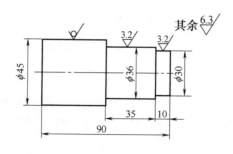

图 4-30 零件图

任务三 外圆锥面的数控车削加工

一、任务导入

本任务要求运用数控车床加工如图 4-31 所示圆锥轴的圆锥面部分，毛坯为 $\phi30mm\times55mm$ 的棒料，材料为 45 钢。

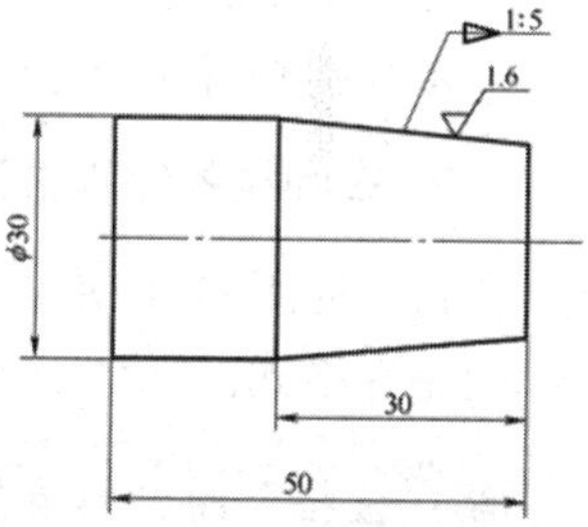

二、相关理论知识

1. 圆锥基础知识

1) 圆锥各部分的名称

圆锥有 4 个基本参数，如图 4-32 所示。圆锥各部分的名称如下。

(1) 圆锥半角($\alpha/2$)或锥度(C)。

(2) 最大圆锥直径(D)。

(3) 最小圆锥直径(d)。

(4) 圆锥长度(L)。

图 4-31 圆锥轴

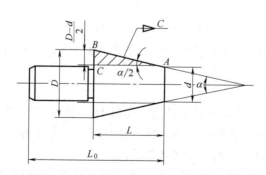

图 4-32 圆锥各部分的名称

D—最大圆锥直径(大端直径)；d—最小圆锥直径(小端直径)；α—圆锥角；

$\alpha/2$—圆锥半角；L—圆锥长度；L_0—工件全长；C—锥度

以上 4 个量中，只要知道任意 3 个量，其他一个未知量即可求出。

2) 锥度(C)

锥度是两个垂直圆锥轴截面的圆锥直径差与该两截面间的轴向距离之比。

$$C = \frac{D-d}{L} \left(锥度 = \frac{大径 - 小径}{长度} \right)$$

3) 标准圆锥的概念

为了降低生产成本以及使用的方便，把常用的工具圆锥表面也做成标准化，即圆锥表面的各部分尺寸，按照规定的几个号码来制造，使用时只要号码相同，圆锥表面就能紧密配合和互换。

根据标准尺寸制成的圆锥表面叫标准圆锥，常用的标准圆锥有下列两种。

(1) 莫氏圆锥。

莫氏圆锥是在机器制造业应用最广泛的一种，如车床主轴锥孔、顶尖、钻头柄、铰刀柄等都用莫氏圆锥。

(2) 米制圆锥。

米制圆锥有 8 个号码，即 4、6、80、100、120、140、160 和 200 号。

2. 车圆锥的编程方法

1) 应用 G01 使 X 和 Z 两个轴同时移动时可加工圆锥面或倒角

指令格式：G01 X(U)_Z(W)_F_;

> **说明**：该指令的坐标值指定方式与 G00 一样，不同之处在于 G01 以编程者指定的速度进行直线或斜线运动，运动轨迹始终为直线。

2) 圆锥面循环加工指令 G90

(1) 圆锥面的加工指令 G90。

指令格式：

G00 X__ Z__;(循环起点)
G90 X(U)__ Z(W)__ R__ F__;

其中：X__、Z__——圆锥面切削终点坐标值。

U__、W__——圆锥面切削终点相对于循环起点的坐标增量。

R——切削始点与圆锥面切削终点的半径差。R 符号在锥面起点坐标大于终点坐标时为正，反之为负。

F——进给速度。

如图 4-33 所示，刀具从循环起点开始按梯形 1R—2F—3F—4R 循环，最后又回到循环起点。图中 1R、4R 表示刀具快速移动，2F、3F 表示刀具按 F 指定的工件进给速度移动。

(2) 圆锥的切削方法有两种，如图 4-34 所示。

① X、Z 终点坐标尺寸位置不变，每个程序段只改变 R 的尺寸，如图 4-34(a)所示。

② R、Z 尺寸不变，每个程序段只改变 X 的尺寸，如图 4-34(b)所示。

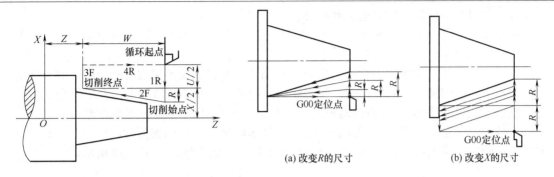

图 4-33　圆锥面切削循环　　　　图 4-34　圆锥的切削方法

注意： ① 　G90 指令及指令中各参数均为模态值，一经指定就一直有效。在完成固定切削循环后，可用另外一个(除 G04 以外的)G 代码(例如 G00)取消其作用。

② 　循环起点(A 点)应距离零件端面 1～5mm。

③ 　使用 "G90 X(U)__ Z(W)__ R__ F__;" 进行编程时，应注意 R 的正、负符号，无论是前置或后置刀架，还是正、倒锥或内外锥体时，判断原则是假设刀具起始点为坐标原点，以刀具 X 向的走刀方向确定正或负。右端面半径减去左端面半径为 R 值。对于外径车削，锥度左大右小 R 值为负，反之为正。对于内孔车削，锥度左小右大 R 值为正，反之为负。

例 4-6 　完成如图 4-35 所示的锥面切削循环。

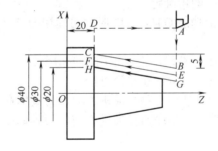

图 4-35　锥面切削循环举例

程序：

A→B→C→D→A：G90 X40.0 Z20.0 R-5.0 F0.3;
A→E→F→D→A：X30.0; R-5.0;
A→G→H→D→A：X20.0; R-5.0;

3. 车刀的刀具半径补偿

车削数控编程和对刀操作是以理想尖锐的车刀刀尖为基准进行的。为了提高刀具寿命和降低加工表面的粗糙度，实际加工中的车刀刀尖不是理想尖锐的，而总是有一个半径不大的圆弧，因此可能会产生加工误差。在进行数控车削的编程和加工过程中，必须对由于车刀刀尖圆角产生的误差进行补偿，才能加工出高精度的零件。

1) 车刀刀尖圆角引起加工误差的原因

在实际加工过程中，所用车刀的刀尖都呈一个半径不大的圆弧形状(见图 4-36)。而在数控车削编程过程中，为了编程方便，常把刀尖看作一个尖点，即所谓假想刀尖。在对刀时，一般以车刀的假想刀尖作为刀位点，所以在车削零件时，如果不采取补偿措施，将是车刀的假想刀尖沿程序编制的轨迹运动，而实际切削的是刀尖圆角的切削点。由于假想刀尖的运动轨迹和刀尖圆角切削点的运动轨迹不一致，使得加工时可能会产生误差。

用带刀尖圆角的车刀车削端面、外径、内径等与轴线平行的表面时，不会产生误差，但在进行倒角、锥面及圆弧切削时，则会产生少切或过切现象，如图 4-37 所示。

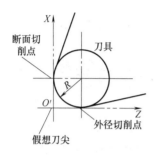

图 4-36　假想刀尖与刀尖圆角

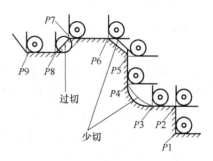

图 4-37　刀尖圆角造成的少切与过切

2) 消除车刀刀尖圆角引起的加工误差的方法

消除车刀刀尖圆角引起的加工误差的前提条件是：要确定刀尖圆角半径。由于在数控车削中一般都使用可转位刀片，每种刀片的刀尖圆角半径是一定的，所以选定了刀片的型号，对应刀片的刀尖圆角半径即可确定。

当机床具备刀具半径补偿功能 G41、G42 时，可运用刀具半径补偿功能消除加工误差。

(1) 所用指令。

为了进行车刀刀尖圆角半径补偿，需要使用以下指令。

G40：取消刀具半径补偿。即按程序路径进给。

G41：左偏刀半径补偿。按程序路径前进方向，刀具偏在零件左侧进给。

G42：右偏刀半径补偿。按程序路径前进方向，刀具偏在零件右侧进给。

(2) 假想刀尖方位的确定。

车刀假想刀尖相对刀尖圆角中心的方位和刀具移动方向有关，它会直接影响刀尖圆角半径补偿的计算结果。图 4-38 是车刀假想刀尖方位及代码。从图中可以看出，假想刀尖 A 的方位有 8 种，分别用 $1\sim8$ 八个数字代码表示，同时规定，假想刀尖取圆角中心位置时，代码为 0 或 9，可以理解为没有半径补偿。

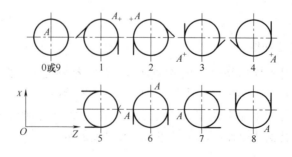

图 4-38　车刀假想刀尖方位及代码

3)　车刀刀具补偿值的确定和输入

车刀刀具补偿包括刀具位置补偿和刀尖圆角半径补偿两部分，刀具代码 T 中的补偿号对应的存储单元中(即刀具补偿表中)存放一组数据：X 轴、Z 轴的位置补偿值、刀尖圆角半径值和假想刀尖方位(0～9)。操作时，按以下步骤进行。

(1)　确定车刀 X 轴和 Z 轴的位置补偿值。如果数控车床配置了标准刀架和对刀仪，在编程时可按照刀架中心编程，即将刀架中心设置在起始点，从该点到假想刀尖的距离设置为位置补偿值，该位置补偿值可用对刀进行测量。如果数控车床配置的是生产厂商特供的特殊刀架，则刀具位置补偿值与刀杆在刀架上的安装位置有关，无法使用对刀仪，因此，必须采用分别试切工件外圆和端面的方法来确定刀具位置补偿值。

(2)　确定刀尖圆角半径。根据所选用刀片的型号查出其刀尖圆角半径。

(3)　根据车刀的安装方位，对照图 4-38 所示的规定，确定假想刀尖方位代码。

(4)　将每把刀的 4 个数据(X 轴、Z 轴补偿值、刀尖半径 R、假想刀尖方位 T)分别输入车床刀具补偿表，注意和刀具补偿号对应。通过上述操作后，在数控车床加工中即可实现刀具自动补偿。

> 注意：① 　G41、G42 和 G40 指令不能与圆弧切削指令写在同一个程序段内，但可与 G01、G00 指令写在同一程序段内，只有通过刀具的直线运动才能建立和取消刀尖圆弧半径补偿。即它是通过直线运动来建立或取消刀具补偿的。
>
> ② 　在调用新刀具前或要更改刀具补偿方向时，必须取消前一个刀具补偿，避免产生加工误差。
>
> ③ 　在 G41 或 G42 程序段后面加 G40 程序段，即可取消刀尖半径补偿，其格式如下：
>
> G41(或 G42)…；
>
> …
>
> G40…；
>
> 程序的最后必须以取消偏置状态结束，否则刀具不能在终点定位，而是停在与终点位置偏移一个矢量的位置上。
>
> ④ 　G41、G42 和 G40 是模态代码。
>
> ⑤ 　在 G41 方式中，不要再指定 G42 方式，否则补偿会出错；同样，在 G42 方式中，不要再指定 G41 方式。当补偿取负值时，G41 和 G42 互相转化。
>
> ⑥ 　在使用 G41 和 G42 之后的程序段中，不能出现连续两个或两个以上的不移动指令，否则 G41 和 G42 会失效。

例 4-7　如图 4-39 所示，运用刀具半径补偿指令编程。

程序如下：

```
G00 X20.0  Z2.0        ;快进至 A0 点
G42 G01 X20.0  Z0      ;刀尖圆弧半径右补偿 A0-A1
Z-20.0                 ;\A1-A2
X40.0 Z-40.0           ;A2-A3-A4
G40 G01 X50.0  Z-40.0  ;退刀并取消刀尖圆弧
                        半径补偿 A4-A5
```

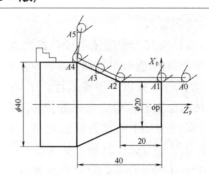

图 4-39　刀具补偿编程举例

4. 锥度的测量

1) 用角度样板测量

在成批和大量生产时，可用专用的角度样板来测量。用角度样板测量锥齿轮坯角度的方法如图 4-40 所示。

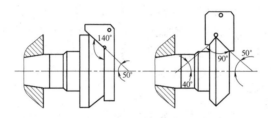

图 4-40　用角度样板测量角度零件

2) 用圆锥量规测量

当零件是标准圆锥时，可用圆锥量规(见图 4-41)来测量。圆锥量规分为圆锥塞规和圆锥套规两种，如图 4-42 所示。

用圆锥塞规检验内圆锥时，先用显示剂在塞规表面顺着圆锥素线均匀涂上 3 条线(相互间隔 120°)，然后将塞规放入内圆锥中转动 1/4 周，观察显示剂的擦去情况。如果显示剂擦去均匀，说明圆锥接触良好，锥度正确；如果大端擦去，小端没擦去，说明圆锥角小了，反之说明圆锥角大了。

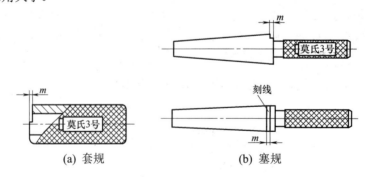

(a) 套规　　　　　　　　(b) 塞规

图 4-41　圆锥量规

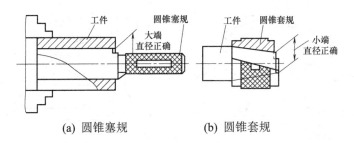

(a) 圆锥塞规   (b) 圆锥套规

图 4-42 用圆锥量规测量零件

用圆锥套规检验外圆锥时，显示剂涂在零件上，检验方法和圆锥塞规检验内圆锥的方法类似。

圆锥的大小端直径尺寸也可用圆锥量规来测量。大小端除了有一个精确的圆锥表面外，在端面上还分别具有一个台阶(刻线)。阶台长度 m(或刻线之间的距离)就是圆锥大小端直径的公差范围。检验时，零件的端面位于圆锥量规台阶之间才算合格。

3) 用游标万能角度尺测量

这种方法测量精度不高，只适用于单件、小批量生产。万能角度尺的结构如图 4-43 所示。测量时，转动游标万能角度尺背面的捏手 8，使基尺 5 改变角度，当转到所需角度时，用制动螺钉锁紧。

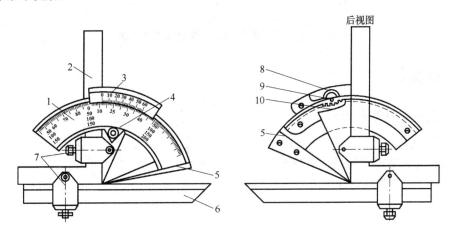

图 4-43 游标万能角度尺的结构

1—主尺；2—角尺；3—游标；4—制动螺钉；5—基尺；6—直尺；
7—卡块；8—捏手；9—小齿轮；10—扇形齿轮

游标万能角度尺可以测量 0°～320° 范围内的任何角度，其读数方法与游标卡尺相似。测量时，根据零件角度的大小，选用不同的测量装置，如图 4-44 所示。测量 0°～50° 的零件，选用图 4-44(a)的装置；测量 50°～140° 的零件，选用图 4-44(b)的装置；测量 140°～230° 的零件，选用图 4-44(c)和图 4-44(d)的装置；如果将角尺和直尺都卸下，还可测量 230°～320° 的零件。

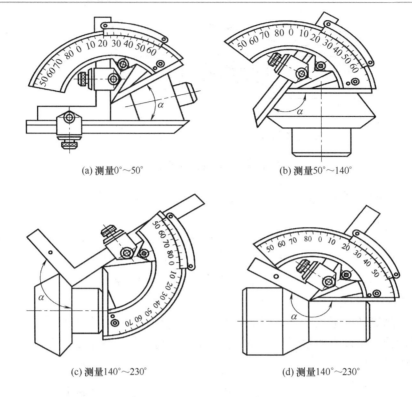

(a) 测量0°～50°   (b) 测量50°～140°

(c) 测量140°～230°   (d) 测量140°～230°

图 4-44　用游标万能角度尺测量零件的方法

三、任务实施

1. 工艺分析与工艺设计

1)　图样分析

图 4-31 所示零件由圆柱面和圆锥面组成，零件的尺寸精度要求不高。

2)　加工工艺路线设计

由于毛坯为棒料，用三爪自定心卡盘夹紧定位。

3)　加工工艺路线设计

(1)　车端面，保证零件总长。

(2)　粗车右端锥面，留余量 0.2mm。

(3)　从右至左精加工圆锥面。

4)　选择机床设备

运用数控车床完成该零件的加工。

5)　刀具选择

90°外圆车刀 T0101，用于车端面和粗、精车外圆。

2. 确定切削用量

确定加工方案和刀具后，选择合适的刀具切削参数，见表 4-7。

表 4-7　切削参数表

刀 具 号	刀 具 参 数	背吃刀量/mm	主轴转速/(r/min)	进给率/(mm/r)
T0101	90°外圆车刀	3	600	粗车 0.2，精车 0.1

3. 确定工件坐标系和对刀点

以工件右端面圆心为工件原点，建立工件坐标系，采用手动对刀方法把右端面圆心点作为对刀点，如图 4-45 所示。

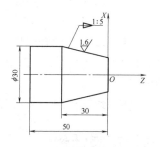

图 4-45　工件坐标系

4. 程序编制

1) 数值计算

当加工锥面的 Z 向起始点为 $Z2$，计算精加工圆锥面时，切削起始点的直径 d 的值。

2) 编程

圆锥轴的参考程序如表 4-8 所示。

表 4-8　圆锥轴的参考程序

程 序	程序说明
O4020;	程序号
N10 T0101;	换 1 号刀
N20 M04(M03) S600;	主轴反转(前置刀架用正转)，转速 600r/min
N30 G00 X35.0 Z0;	快速进刀到端面
N40 G01 X-1.0 F0.1;	切端面
N50 G00 G42 X35.0 Z2.0.0 ;	循环起点，刀具右补偿
N60 G90 X30.4 Z-30.0 R-3.2 F0.2;	粗加工锥面，留 0.2mm 精加工余量
N70 G00 X23.6 Z2.0;	快速定位至($X23.6$, $Z2$)，即精加工锥面的切削始点
N80 G01 X30.0 Z-30.0 F0.1;	精加工圆锥面
N90 G40 X35.0;	径向退出，取消刀补
N100 G00 X50.0 Z50.0	远离工件
N110 M05;	主轴停止
N120 M30;	程序结束

5. 仿真加工

操作过程同项目四任务二中的相关内容。

6. 机床加工

操作过程同项目四任务二中的相关内容。

四、零件检测

圆锥的检测主要指圆锥角度和尺寸精度的检测，常用万能角度尺、角度样板检测圆锥角度。采用正弦规或涂色法来评定圆锥精度。

五、思考题

（1）标准圆锥的种类有哪些？

（2）试述圆锥的切削方法。

（3）试述圆锥的测量方法。

（4）刀具半径补偿的作用是什么？使用刀具半径补偿有哪几步？在什么移动指令下才能建立和取消刀具半径补偿功能？

（5）数控车中刀具左右补偿 G41 和 G42 如何选择？

六、扩展任务

考虑刀具补偿，编写如图 4-46 所示零件的精加工程序。

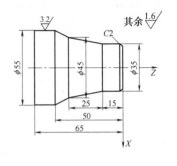

图 4-46 零件图

任务四 外圆弧面的数控车削加工

一、任务导入

本任务要求运用数控车床加工如图 4-47 所示带圆弧面的轴类零件，毛坯为 $\phi25\text{mm}\times45\text{mm}$ 的棒料，材料为 45 钢。

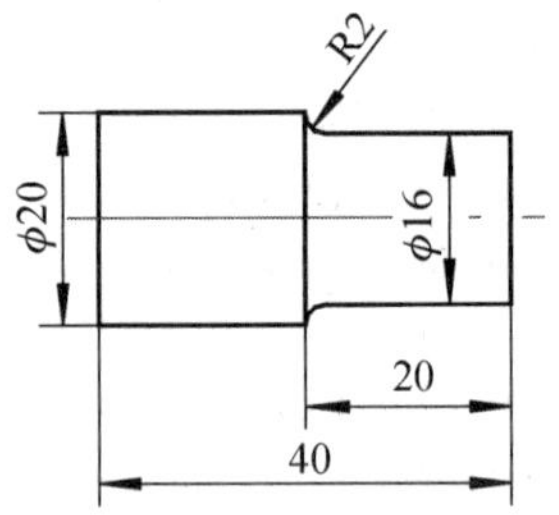

二、相关理论知识

1. 圆弧方向

图 4-47 带圆弧面的轴类零件

G02、G03 指令用于指定圆弧插补。其中，G02 表示顺时针圆弧(简称顺圆弧)插补；G03 表示逆时针圆弧(简称逆圆弧)插补。

圆弧插补的顺逆方向的判断方法是：向着垂直于圆弧所在平面(如 ZX 平面)的另一坐标轴(如 Y 轴)的负方向看，其顺时针方向圆弧为 G02，逆时针方向圆弧为 G03。在判断车削加工中各圆弧的顺逆方向时，一定要注意刀架的位置及 Y 轴的方向，如图 4-48 所示。

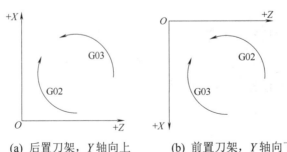

(a) 后置刀架，Y 轴向上　　　(b) 前置刀架，Y 轴向下

图 4-48 圆弧顺、逆方向判断

2. 圆弧插补 G02、G03 指令

1)　指令格式

格式一：G02/03 X_ Z _ R _F_ ;

格式二：G02/03 X_　Z _ I _ K _ F_ ;

如图 4-49(a)所示为逆时针圆弧插补；如图 4-49(b)所示为顺时针圆弧插补。

参数说明：

G02 表示在圆弧轨迹上以顺时针方向运行。

G03 表示在圆弧轨迹上以逆时针方向运行。

X、Z 表示直角坐标系中的圆弧终点坐标。

I、K 表示圆弧的起点相对其圆心在 X、Z 坐标轴上的增量值(I 值为半径量)。如图 4-50 所示，圆弧在编程时的 I、K 值均为负值。

2)　R 圆弧正负值的确定

圆弧半径 R 有正值与负值之分。当圆弧圆心角小于或等于 $180°$ 时，程序中的 R 用正值表示，反之则用负值表示。通常情况下，数控车床所加工圆弧的圆心角一般小于 $180°$。

在图 4-51 中，当圆弧 AB(1)的圆心角小于 $180°$ 时，R 用正值表示；当圆弧 AB(2)的圆心角大于 $180°$ 并小于 $360°$ 时，R 用负值表示。

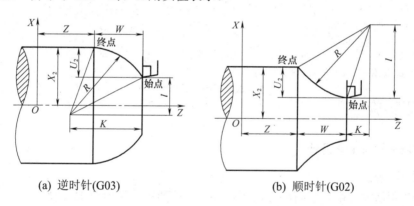

(a) 逆时针(G03)　　　　　　　(b) 顺时针(G02)

图 4-49　圆弧插补

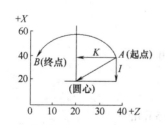

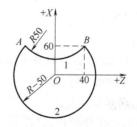

图 4-50　圆弧编程中的 I、K 值　　图 4-51　圆弧半径正、负值的判断

例 4-8　如图 4-52 所示，走刀路线为 $A→B→C→D→E→F$，试分别用绝对坐标方式和增量坐标方式编程。

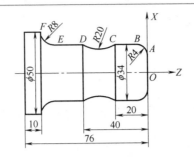

图 4-52 零件图

绝对坐标编程：

```
G03 X34 Z-4.0 K-4.0(或R4.0)F0.2 A-B
G01 Z-20.0                        B-C
G02 Z-40.0 R20.0                  C-D
G01 Z-58.0                        D-E
G02 X50.0 Z-66.0 I8.0 或 R8.0     E-F
```

增量坐标编程：

```
G03 U8.0 W-4.0 k-4.0(或R4.0)F0.2 A-B
G01 W-16.0                        B-C
G02 W-20.0 R20.0                  C-D
G01 W-18.0                        D-E
G02 U16.0 W-8.0 I8.0(或R8.0)      E-F
```

三、任务实施

1. 工艺分析与工艺设计

1) 图样分析

图 4-47 所示零件由圆柱面和圆弧面组成，零件的尺寸精度要求一般。

2) 加工工艺路线设计

由于毛坯为棒料，用三爪自定心卡盘夹紧定位。

3) 加工工艺路线设计

(1) 车端面。

(2) 粗车 ϕ20mm 外圆，直径单边留余量 0.5mm。

(3) 精车 ϕ20 mm 外圆至尺寸。

(4) 调头车端面至总长。

(5) 粗车 ϕ16mm 外圆和 $R2$ 圆弧，留余量 0.5 mm。

(6) 精车 ϕ16mm 外圆和 $R2$ 圆弧至尺寸。

4) 选择机床设备

运用数控车床完成该零件的加工。

5) 刀具选择

90°外圆车刀 T0101，用于粗、精车外圆。

2. 确定切削用量

确定加工方案和刀具后，选择合适的刀具切削参数，见表4-9。

表4-9　切削参数表

刀 具 号	刀具参数	背吃刀量/mm	主轴转速/(r/min)	进给率/(mm/r)
T0101	90°外圆车刀	3	600	粗车0.2，精车0.1

3. 确定工件坐标系和对刀点

以工件右端面圆心为工件原点，建立工件坐标系，采用手动对刀方法把右端面圆心点作为对刀点，如图4-53所示。

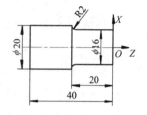

4. 程序编制

程序如表4-10所示。

图4-53　工件坐标系

表4-10　圆弧面零件的参考程序

程　　序	程序说明
O4030;	程序号
N10　M04　S600　T0101;	换1号刀
N20　G00　X27. Z0;	快速定位到端面
N20　G01　X-1. F0.1;	车端面
N20　G00　X30. Z2.0;	定位到循环起点
N30　G90　X21. Z-22.0　F0.2;	粗车20外圆
N40　　X20. F0.1;	精车20外圆
N50　　G00　X50. Z50.;	
N60　M05;	主轴停止
N70　M30;	程序结束
调头	
O4031;	程序号
N10　M04　S600　T0101;	调1号刀
N20　G00　X27. Z0;	快速定位到端面
N20　G01　X-1. F0.1;	车端面
N20　G00　G42　X17. Z2.0;	定位到切削起点，建立右补偿
N30　G01　Z-18.0　F0.2;	粗车16外圆
N40　G02　X21.0　Z-20.0　R2.0　F0.2;	粗车R2圆弧
N50　G01　X25.;	离开工件
N60　G00　Z10.;	退刀
N50　G00　　X16.0　Z2.0 ;	快速到精加工起点
N60　G01　　Z-18.0　F0.1;	精加工16外圆
N70　G02　X20.0　Z-20.0　R2.0 ;	精加工R2圆弧
（或N70　G02　X20.0　Z-20.0　I2.0　K 0;)	
N80　　G01　X25.0;	抬刀
N90　　G00　G40　Z50.0;	退刀取消刀补
N150　M05;	主轴停止
N160　M30;	程序结束

5. 仿真操作

操作过程同项目四任务二中的相关内容。

6. 机床加工

操作过程同项目四任务二中的相关内容。

四、零件检测

包括圆弧表面和圆柱面的尺寸和精度检测。

五、思考题

(1) 刀具半径补偿的意义何在？

(2) 为什么在刀补建立和撤销过程中不能进行零件的加工？

(3) 如何判断圆弧的顺、逆方向？

六、扩展任务

编写如图 4-54 所示零件的加工程序。

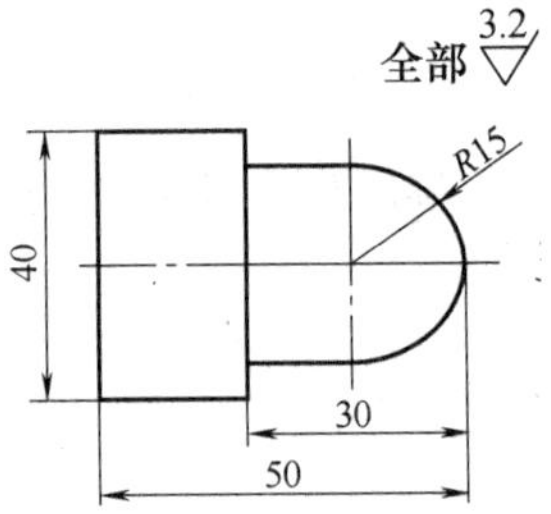

图 4-54　零件图

任务五　中等复杂轴类零件的数控车削加工

一、任务导入

本任务要求运用数控车床加工如图 4-55 所示的轴类零件，毛坯为 $\phi40\text{mm}$ 的棒料，材料为 45 钢。

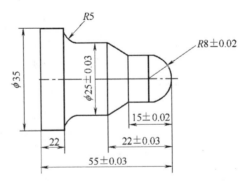

图 4-55　中等复杂轴类零件

二、相关理论知识

1. 外圆粗切削循环(G71)

在使用 G90 时，已使程序得到简化。但还有一类复合形固定循环，能使程序进一步得到简化。利用复合形固定循环，只要编出最终加工路线，给出每次切除的余量深度或循环次数，机床即可自动地重复切削，直到工件加工完。

如给出图 4-56 所示加工形状的路线 $A \to A' \to B$ 及背吃刀量，就会进行平行于 Z 轴的多次切削，最后再按留有精加工切削余量Δw 和$\Delta u/2$ 之后的精加工形状进行加工。

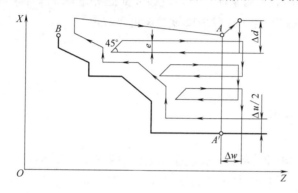

图 4-56 外圆粗切削循环

指令格式：

G71 U(Δd) R(e)；
G71 P(ns) Q(nf) U(Δu) W(Δw) F(f) S(s)T(t)；

其中：Δd——背吃刀量。

　　　e——退刀量。

　　　ns——精加工形状程序段中的开始程序段号。

　　　nf——精加工形状程序段中的结束程序段号。

　　　Δu——X 轴方向精加工余量。

　　　Δw——Z 轴方向的精加工余量。

　　　f、s、t——F、S、T 代码。

注意： ① 在使用 G71 进行粗加工循环时，只有含在 G71 程序段的 F、S、T 功能才有效。而包含在 ns→nf 程序段中的 F、S、T 功能，即使被指定对粗车循环也无效。

② $A \to B$ 之间必须符合 X 轴、Z 轴方向的共同单调增大或减少的模式。

③ 可以进行刀具补偿。因此在 G71 指令前必须用 G40 取消原有的刀尖半径补偿。在 ns→nf 程序段中可以含有 G41 或 G42 指令，对精车轨迹进行刀尖半径补偿。

④ G71 程序段本身不进行精加工，粗加工是按后续程序段 ns→nf 给定的精加工编程轨迹 $A \to A' \to B \to A$，沿平行于 Z 轴方向进行。

⑤ 循环中的第一个程序段(即 ns 段)必须包含 G00 或 G01 指令，即 $A \to A'$的动作必须是直线或点定位运动，但不能有 Z 轴方向上的移动。

2. 精加工循环(G70)

由 G71 完成粗加工后，可以用 G70 进行精加工。

指令格式：`G70  P(ns) Q(nf);`

其中 ns 和 nf 与前述含义相同。

在这里，G71 程序段中的 F、S、T 指令都无效，只有在 ns→nf 程序段中的 F、S、T 指令才有效，在粗车程序段之后再加上"G70 P(ns) Q(nf)"就可以完成从粗加工到精加工的全过程。

> **注意：** ① 当 G70 循环加工结束时，刀具返回到起点并读取下一个程序段。
>
> ② G70 到 G71 中 ns→nf 程序段不能调用子程序。

三、任务实施

1. 工艺分析与工艺设计

1) 图样分析

图 4-55 所示零件由圆弧表面、圆柱面和圆锥面组成，零件的尺寸精度和表面粗糙度要求较高。从右至左，零件的外径尺寸逐渐放大。

2) 加工方案分析

由于毛坯为棒料，用三爪自定心卡盘夹紧定位。加工方案见表 4-11。

表 4-11　中等复杂零件的加工方案

加工步骤和内容	加工方法	选用刀具
①粗加工端面及右端各面	先粗车再精车	80°外圆车刀
②精加工右端	先粗车再精车	35°外圆车刀

3) 加工工艺路线设计

(1) 切端面至总长。

(2) 粗车右端各表面。

(3) 精车右端各表面。

4) 选择机床设备

运用数控车床完成该零件的加工。

5) 刀具选择

(1) 80°外圆车刀 T0101，用于粗车外圆。

(2) 35°外圆车刀 T0202，用于精车外圆。

2. 确定切削用量

确定加工方案和刀具后，选择合适的刀具切削参数，见表 4-12。

表 4-12 切削参数表

刀 具 号	刀具参数	背吃刀量/mm	主轴转速/(r/min)	进给率/(mm/r)
T0101	80°外圆车刀	2.5	600	粗车 0.2
T0202	35°外圆车刀	0.5	1200	精车 0.1

3. 确定工件坐标系和对刀点

以工件右端面圆心为工件原点，建立工件坐标系，采用手动对刀方法把右端面圆心点作为对刀点，如图 4-57 所示。

4. 程序编制

因零件精度要求较高，加工本零件时采用车刀的刀具半径补偿，使用 G71 进行粗加工，使用 G70 进行精加工。程序如表 4-13、表 4-14 所示。

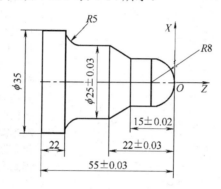

图 4-57 工件坐标系

表 4-13 中等复杂轴左端参考程序

程 序	程序说明
O4041;	程序号
N10 T0101;	换 90°外圆车刀
N20 M04 S600;	主轴反转
N30 G00 X40.0 Z0;	快速到达端面
N40 G01 X-1.0 F0.1;	切端面
N50 G00 X42.0 Z2.0;	循环起点
N60 G90 X36.0 Z-21.0 F0.2;	粗车循环
N70 G90 X35.0 S900 F0.1;	精车循环
N80 G00 X50.0;	快速退刀
N90 G00 Z50.0;	
N100 M05;	主轴停止
N110 M30;	程序结束

表 4-14　中等复杂轴右端参考程序

程　　序	程序说明
O4042;	程序号
T0101;	换80°外圆车刀
M04 S600;	
G00　X37.0　Z0;	端面
G01　X-1.0 F0.1 ;	切端面
G00　Z2.;	退刀
G00　X40.0 ;	循环起点
G71　U2.5　R0.5;	粗车循环
G71　P1　Q2　U0.5　W0.1　F0.2;	
N1　G00　G42　X0　　S1200;	建立车刀的刀具半径右补偿
G01　　Z0　F0.1;	到原点
G03　X16.0　Z-8.0　R8.0　F0.1;	切 $R8$ 圆弧
G01　Z-15.0;	加工圆柱面
X25.0　Z-22.0;	加工圆锥面
W-6.0;	加工圆柱面
G02　X35.0　Z-33.0　R5.0;	加工 $R5$ 圆弧
N2 G40 G01　X38.0;	取消刀补
G00　X50.0　Z50.0;	到换刀点
T0202;	换精车刀
G00　X37.0　Z2.0;	精车循环起点
G70　P1　Q2;	精车循环
G00　X100.0　Z100.0;	退到安全点
M05;	主轴停止
M30;	程序结束

5. 仿真操作

一把刀操作过程同项目四任务二中的相关内容。设置偏置值完成多把刀具对刀方法如下。

方法一:

选择一把刀为标准刀具,采用试切法或自动设置坐标系法完成对刀,把工件坐标系原点放入 G54~G59,然后通过设置偏置值完成其他刀具的对刀,下面介绍刀具偏置值的获取办法。

按下 MDI 键盘上的 键和【相对】软键,进入相对坐标显示界面,如图 4-58 所示。

选定的标刀试切工件端面,将刀具当前的 Z 轴位置设为相对零点(设零前不得有 Z 轴位移)。

依次按下 MDI 键盘上的 、 、 键,输入 w0,按软键【预定】,则将 Z 轴当前坐标值设为相对坐标原点。

标刀试切零件外圆,将刀具当前 X 轴的位置设为相对零点(设零前不得有 X 轴的位移):依次点击 MDI 键盘上的 、 、 键,输入 u0,按软键【预定】,则将 X 轴当前坐标值设为相对坐标原点。此时 CRT 界面如图 4-58 所示。

换刀后,移动刀具使刀尖分别与标准刀切削过的表面接触。接触时显示的相对值,即为该刀相对于标刀的偏置值Δ*X*，Δ*Z*。为保证刀准确移到工件的基准点上，可采用手动脉冲进给方式。此时 CRT 界面如图 4-59 所示，所显示的值即为偏置值。

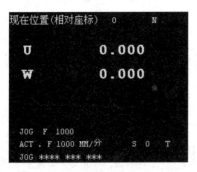

图 4-58　坐标原点

图 4-59　偏置值

将偏置值输入到磨耗参数补偿表或形状参数补偿表内。

> **注意：** MDI 键盘上的 ▢ 键用来切换字母键，如 ▢ 键，直接按下输入的值为 *X*，按 ▢ 键，再按 ▢ 键，输入的值为 U。

方法二：

分别对每一把刀测量、输入刀具偏移量。

6. 机床加工

粗车对刀操作过程同项目四任务二中的相关内容。外圆精车刀对刀步骤如下。

(1) 外圆精车 *Z* 轴对刀。

① 手动模式下，保持主轴停转状态，同时将主轴机械挡位打到空挡。这样手动旋转主轴时会更容易些。

② 手动移动刀具，使外圆精车刀的主切削刃靠近工件右端面，手动旋转主轴移动刀具主切削刃接触工件右端面。在接触工件过程中要注意控制进给速度，避免由于速度过快导致刀具切削刃撞击工件右端面，如图 4-60 所示。

③ 操作系统面板进入刀具补偿存储器界面，将光标移动到相应的刀具补偿号位置处，输入 *Z*0，并确认，这样 *Z* 轴对刀结束。

④ 手动移动刀具使刀具离开工件右端面。

(2) 外圆精车 *X* 轴对刀。

外圆精车 *X* 轴对刀过程与外圆粗车刀对刀过程基本相同，如图 4-61 所示。

图 4-60　精车刀 *Z* 轴对刀

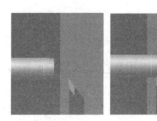

图 4-61　精车刀 *X* 轴对刀

① 手动模式下，主轴正转。

② 控制刀具沿-X 轴方向切削一小段外圆柱，再控制刀具按原路沿+X 轴方向返回。

③ 手动控制主轴停转。

④ 用游标卡尺测量出切削外圆柱的直径。

⑤ 操作系统面板进入刀具补偿存储器界面，将光标移动到相应的刀具补偿号位置处，输入 X 直径值并确认，这样 X 轴对刀结束。

四、零件检测

零件检测包括圆弧表面、圆柱面和圆锥面的尺寸和精度检测。

五、思考题

(1) 外圆粗车固定循环 G71 的指令格式中哪个参数用来指定 X 向的精车余量？它是直径还是半径值？

(2) 在 G71 指令的格式中 Δu、Δw 表示什么含义？

六、扩展任务

编写如图 4-62 所示零件的加工程序。

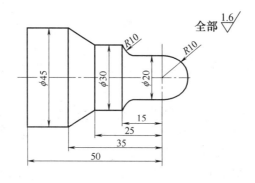

图 4-62　零件图

任务六　复杂成型面的轴类零件的数控车削加工

一、任务导入

本任务是运用数控车床加工如图 4-63 所示的轴类零件，毛坯为 $\phi 25$mm 的棒料，材料为 45 钢。

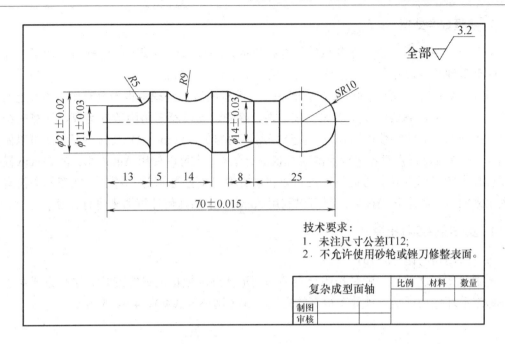

技术要求：
1．未注尺寸公差IT12；
2．不允许使用砂轮或锉刀修整表面。

复杂成型面轴	比例	材料	数量
制图			
审核			

图 4-63　复杂成型面轴类零件

二、相关理论知识

1. 复杂零件的特点

在机械加工中，一些结构复杂的零件，其加工工艺是很复杂的，有时还要求操作者能在最短的时间内将工件加工出来，尤其是难加工材料的工件，其加工工艺更为复杂。为此，制造厂家不断地寻求更加经济有效的方法来加工复杂零件，包括车削零件。CNC 机床的先进性已使我们几乎可以对想象到的任何刀具轨迹进行编程。但是当刀具沿着这些轨迹运动时，刀具和零件之间的关系(切入角、进给量、切削速度和深度)持续发生着变化。所以，解决上述问题的关键在于如何以最有效和经济的方式车削复杂零件。

2. 选择刀片几何形状

车削一个复杂零件，最基本的要求是切削刃能够进入零件廓形所在的区域。这要求选择适当的刀片形状、主偏角、副偏角、前角和后角。当选择刀片形状时，关键是应考虑刀片的强度。其中，圆刀片的强度最高。对非圆形刀片，刀尖角越大，其强度越高。仿形车削通常使用 35°或 55°的菱形刀片。刀杆的选择实际上由所要求切入的轨迹来决定，如果需要进行复杂的仿形车削，则可选择安装菱形刀片的 J 型刀杆，这样可形成较大的后角。

刀片的刀尖角和主偏角一起决定着刀具能否进入工件轮廓；工件和刀片主切削刃之间的间隙、副后刀面及其下半部分的后角至关重要。我们常常靠估计、经验来判定刀具能否进入工件及其相关的后角。这种方法很费时，现在的 CAD 作图和切削模拟软件能在计算机显示屏上进行模拟切削而不需要在实际零件上进行。

3. 编程数学处理

编程原点选定后，就应把各点的尺寸换算成以编程原点为基准的坐标值。为了在加工过程中有效地控制尺寸公差，按尺寸公差的中值来计算坐标值。

另外，AutoCAD 的几何计算器有时在手工编程的数学处理中也十分有用。和普通的计算器一样，几何计算器可以完成加、减、乘、除的运算以及三角函数的运算，计算的结果还可直接作为命令的参数使用。和一般计算器不同的是，AutoCAD 几何计算器还可以做几何运算。它既可以直接对各坐标点的坐标值进行运算，也可以使用 AutoCAD 的 Osnap 模式捕捉屏幕上的坐标点来参与运算，还可以自动计算几何坐标点等。对于一些在图中没有直接画出来的点，要求其坐标值，就可以利用 AutoCAD 的几何计算器来进行计算。

4. 复杂零件编程指令

1) 封闭切削循环(G73)

所谓封闭切削循环，就是按照一定的切削形状逐渐地接近最终形状。这种方式对于铸造或锻造毛坯的切削是一种效率很高的方法。G73 循环方式如图 4-64 所示。

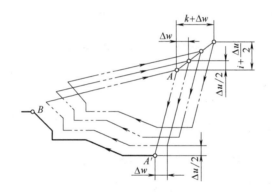

图 4-64 封闭切削循环

指令格式：

```
G73  U(i)  W(k)  R(d);
G73  P(ns)  Q(nf)  U(Δu)  W(Δw)  F(f)  S(s)  T(t);
```

其中：i——X 方向毛坯切除余量(半径值)。

k——Z 方向毛坯切除余量。

d——重复加工次数。

ns——精加工路线第一个程序段的顺序号。

nf——精加工路线最后一个程序段的顺序号。

Δu——X 方向的精加工余量(直径值)。

Δw——Z 方向的精加工余量。

2) G73 指令提示

(1) 固定形状切削复合循环指令的特点如下。

① 刀具轨迹平行于工件的轮廓，故适合加工铸造和锻造成型的坯料。

② 背吃刀量分别通过 X 轴方向切除余量 Δi 和 Z 轴方向切除余量 Δk 除以循环次数 d 求得。

③ 切除余量 Δi 与 Δk 值的设定与工件的切削深度有关。

(2) 使用固定形状切削复合循环指令，首先要确定换刀点、循环点 A、切削始点 A' 和切削终点 B 的坐标位置。分析图 4-64，A 点为循环点，$A' \to B$ 是工件的轮廓线，$A \to A' \to B$ 为刀具的精加工路线，粗加工时刀具从 A 点后退至 C 点，后退距离分别为 $\Delta i + \Delta u/2$，$\Delta k + \Delta w$，这样粗加工循环之后自动留出精加工余量 $\Delta u/2$、Δw。

(3) 顺序号 ns 至 nf 之间的程序段描述刀具切削加工的路线。G73 指令精加工路线应封闭。

(4) 用 G73 时，与 G71 一样，只有 G73 程序段中的 F、S、T 有效。

(5) 用 G71、G73 指令粗加工完毕后，可用 G70 精加工循环指令，使刀具进行 $A \to A' \to B$ 的精加工。

(6) G73 指令用于加工棒料切削时，会有较多的空刀行程，因此应尽可能使用 G71 或 G72 切除余量。

3) G71、G73 指令比较

(1) G71 及 G73 指令均为粗加循环指令，G71 指令主要用于棒料毛坯，G73 指令主要用于加工毛坯余量均匀的铸造、锻造成型工件。G71 及 G73 指令的选择原则主要看余量的大小及分布情况。G71 指令精加工轨迹必须符合 X 轴、Z 轴方向的共同单调增大或是减小模式，也就是说 G71 指令不能完成对产品的凸凹面加工，而 G73 指令能够完成加工。

(2) G71 指令编程走刀轨迹注意事项有一系列问题，如精加工轨迹必须符合 X 轴、Z 轴方向共同单调增大或是减小模式，精加工轨迹起始段可含有 G00 或 G01 指令，但不能含有 Z 轴移动指令。G73 指令编程走刀时无须考虑以上问题。

例 4-9 应用 G73 指令加工如图 4-65 所示的零件。程序如表 4-15 所示。

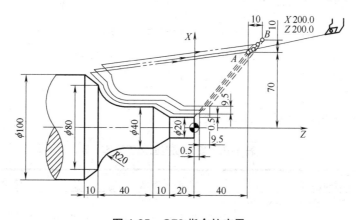

图 4-65　G73 指令的应用

表 4-15　G73 指令的应用程序

程　　序	程序说明
O4005;	程序号
N10 T0101;	换 1 号刀
N20 S600　M04;	
N30 G00　X140.0　Z40.0　M08;	定位
N40 G73 U9.5　W9.5　R3;	粗车循环
N50 G73 P60 Q130 U0.5　W0.1 F0.2;	
N60 G00　G42 X20.0	
N70 G01 Z0 F0.1;	(ns)建立刀具右补偿
N80 G01　Z-20.0　;	
N90 X40　Z-30.0;	
N100 Z-50.0;	
N110 G02　X80.0　Z-70.0　R20.0;	
N120 G01　X100.0　Z-80.0;	
N130 G40 X105.0;	
N140 G70 P70 Q140;	(nf)取消刀补
N150 G00　X200.0　Z200.0　T0100;	精车循环
N160 M05 M30;	

三、任务实施

1. 工艺分析与工艺设计

1) 图样分析

图 4-63 所示零件由球面、圆弧表面、圆柱面和圆锥面组成，零件的尺寸精度和表面粗糙度要求较高。从右至左，零件的外径尺寸有时增大，有时减小。

2) 加工工艺路线设计方案见表 4-16。

(1) 粗精车各左端面。

(2) 调头装夹左端，粗精车右端各表面。

表 4-16　复杂成型面加工方案

加工步骤和内容	加工方法	选用刀具
①粗精加工左端外径 ϕ 10mm 和 ϕ 21mm 段	粗车→精车	90°外圆车刀
②调头装夹左端，粗精车右端各表面	粗车→精车	60°螺纹车刀

2. 刀具选择

选用 90°外圆车刀和右偏机夹刀(安装 60°尖刀片)。切削参数见表 4-17。

表 4-17　切削参数表

刀具号	刀具参数	背吃刀量/mm	主轴转速/(r/min)	进给率/(mm/r)
T0101	90°外圆车刀	3	粗车 600，精车 900	粗车 0.2，精车 0.1
T0202	60°螺纹车刀	3	粗车 600，精车 900	粗车 0.2，精车 0.1

3. 确定工件坐标系和对刀点

以工件右端面圆心为工件原点，建立工件坐标系，采用手动对刀方法把右端面圆心点作为对刀点，如图 4-66 所示。

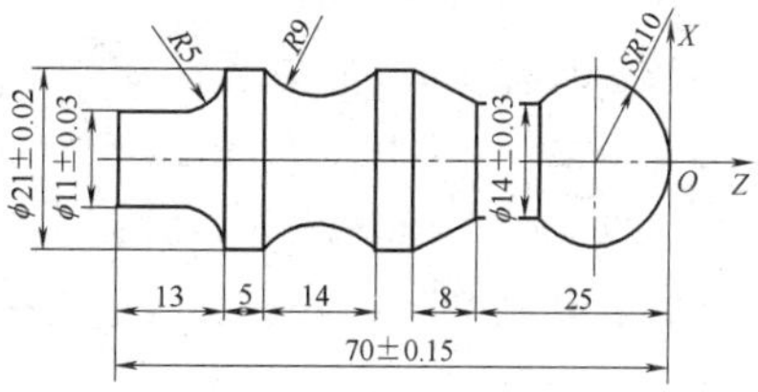

图 4-66　工件坐标系

4. 程序编制

因零件精度要求较高，左端可以使用 G71 进行粗加工，使用 G70 进行精加工。右端可以使用 G73 进行粗加工，使用 G70 进行精加工。程序如表 4-18、表 4-19 所示。

表 4-18　零件左端参考程序

程　序	程序说明
O4051;	程序号
T0101;	换 1 号刀
M04　S600 ;	定位
G00　X28.0　Z0;	车端面
G01　X-1.0　F0.1;	循环起点
G00　X28.0　Z2.0;	粗车循环
G71　U3.0　R0.5;	
G71　P1　Q2　U0.5　W0.1　F0.2;	
N1　G00　G42　X11.0　　S900;	循环起点，建立刀具右补偿
G01　Z-8.0　F0.1;	
G02　X21.0　Z-13.0　R5.0;	
G01　Z-19.0;	
N2　G01　X23.0;	精加工路线最后一个程序段
G70　P1　Q2;	精车循环
G00　X50.0　Z50.0;	退刀
M05;	主轴停止
M30;	程序结束

表 4-19 零件右端参考程序

程 序	程序说明
O4052;	程序号
T0202;	换 2 号刀
M04 S600 ;	
G00 X30.0 Z0;	定位
G01 X-1.0 F0.1;	车端面
G00 X28.0 Z2.0;	循环起点
G73 U7.0 W1.0 R5;	粗车循环
G73 P1 Q2 U0.5 W0.1 F0.2;	
N1 G00 G42 X0 Z0 S900;	循环起点，建立刀具右补偿
G03 X14.0 Z-17.141 R10.0;	
G01 Z-25.0;	
G01 X21.0 W-8.0;	
W-5.0;	
G02 X21.0 W-14. 0 R9.0;	
N2 G40 G01 X21.0 ;	精加工路线最后一个程序段
G70 P1 Q2;	精车循环
G00 X50.0 Z50.0;	退刀
M05;	主轴停止
M30;	程序结束

5. 仿真操作

操作过程同项目四任务二中的相关内容。

6. 机床加工

操作过程同项目四任务二中的相关内容。

四、零件检测

零件检测包括圆弧表面、圆柱面和圆锥面的尺寸与精度检测。

五、思考题

(1) G73 指令的格式是什么？介绍它的使用范围。

(2) 介绍 G73 指令参数的含义。

(3) 介绍 G73 指令与 G71 指令的区别。

六、扩展任务

编写如图 4-67 所示零件的加工程序。

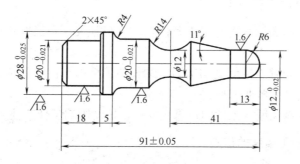

图 4-67 零件图

拓展训练 细长轴零件的数控车削加工

一、任务导入

本任务是车削如图 4-68 所示的零件螺纹加工前的外轮廓加工。$\phi 85 mm$ 的外圆不切削，工件不切断。

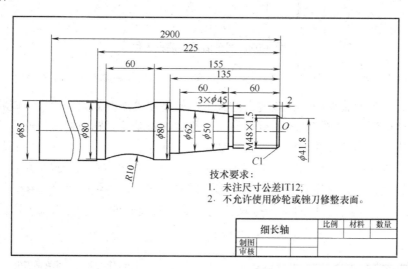

图 4-68 细长轴

二、相关理论知识

所谓细长轴，就是工件的长度与直径之比大于 25(即 $L/D > 25$)的轴类零件。在切削力、重力和顶尖顶紧力的作用下，横置的细长轴很容易弯曲甚至失稳，因此，车削细长轴时有必要改善细长轴的受力问题。采用反向进给车削，配合以最佳的刀具几何参数、切削用量、拉紧装置和跟刀架等一系列有效措施，可提高细长轴的刚性，达到加工要求。

1. 细长轴类零件的工艺特点

(1) 热变形大。细长轴车削时热扩散性差、线膨胀大，当工件两端顶紧时易产生弯曲变形。

(2) 刚性差。车削时工件受到切削力、细长的工件由于自重下垂、高速旋转时受到离心力等，都极易使其产生弯曲变形。

(3) 表面质量难以保证。工件的自重、变形、振动影响工件圆柱度和表面粗糙度。

2. 提高细长轴加工精度的措施

1) 选择合适的装夹方法

(1) 双顶尖装夹法。采用双顶尖装夹，工件定位准确，容易保证同轴度，如图 4-69 所示。但用该方法装夹细长轴，其刚性较差，细长轴弯曲变形较大，而且容易产生振动。因此只适宜于长径比不大、加工余量较小、同轴度要求较高、多台阶轴类零件的加工。

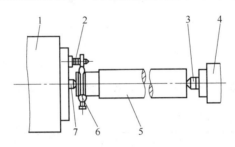

图 4-69　用前后顶尖装夹工件

1—头架；2—拨杆；3—尾顶尖；4—尾座；5—工件；6—夹头；7—头架顶尖

(2) 一夹一顶的装夹法。在该装夹方式中，如果顶尖顶得太紧，除了可能将细长轴顶弯外，还可能阻碍车削时细长轴的受热伸长，导致细长轴受到轴向挤压而产生弯曲变形。另外，卡爪夹紧面与顶尖孔可能不同轴，装夹后会产生过定位，也能导致细长轴产生弯曲变形，如图 4-70 所示。因此采用一夹一顶装夹方式时，顶尖应采用弹性活顶尖，使细长轴受热后可以自由伸长，减少其受热弯曲变形；同时可在卡爪与细长轴之间垫入一个开口钢丝圈，以减少卡爪与细长轴的轴向接触长度，消除安装时的过定位，减少弯曲变形，如图 4-71 所示。

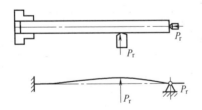

图 4-70　一夹一顶装夹方式及力学模型

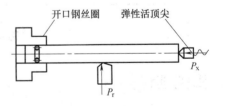

图 4-71　一夹一顶装夹方式的改进

(3) 双刀切削法。采用双刀车削细长轴改装车床中溜板，增加后刀架，采用前后两把车刀同时进行车削。两把车刀，径向相对，前车刀正装，后车刀反装，如图 4-72 所示。两把车刀车削时产生的径向切削力相互抵消，工件受力变形和振动小，加工精度高，适用于批量生产。

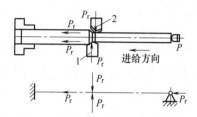

图 4-72　双刀加工及力学模型

(4) 采用跟刀架和中心架。采用一夹一顶的装夹方式车削细长轴时，为了减少径向切削力对细长轴弯曲变形的影响，传统上采用跟刀架和中心架，相当于在细长轴上增加了一个支撑，增加了细长轴的刚度，可有效地减少径向切削力对细长轴的影响，如图 4-73 和图 4-74 所示。

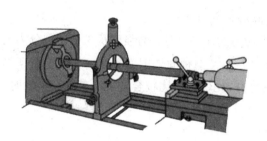

图 4-73　用中心架支承车削细长轴

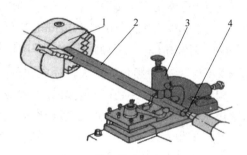

图 4-74　用跟刀架支撑长轴

1—三爪卡盘；2—工件；3—跟刀架；4—顶尖

(5) 采用反向切削法车削细长轴。反向切削法是指在细长轴的车削过程中，车刀由主轴卡盘开始向尾架方向进给，如图 4-75 所示。

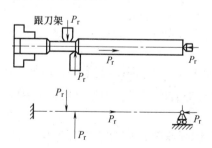

图 4-75　反向切削法加工及力学模型

这样在加工过程中产生的轴向切削力使细长轴受拉，消除了轴向切削力引起的弯曲变形。同时，采用弹性的尾架顶尖，可以有效地补偿刀具至尾架一段工件的受压变形和热伸长量，避免工件的压弯变形。

2) 选择合理的刀具角度

为了减小车削细长轴产生的弯曲变形，要求车削时产生的切削力越小越好，而在刀具的几何角度中，前角、主偏角和刃倾角对切削力的影响最大。细长轴车刀必须保证如下要求：切削力小以减少径向分力，切削温度低，刀刃锋利，排屑流畅，刀具寿命长。从车削钢料时得知：前角 γ_0 增加 10°时，径向分力 F_r 可以减少 30%；主偏角 κ_r 增大 10°，径向分力 κ_r 可以减少 10%以上；刃倾角 λ_s 取负值时，径向分力 F_r 也有所减少。

(1) 前角(γ_0)。其大小直接影响切削力、切削温度和切削功率。增大前角，可以使被切削金属层的塑性变形程度减小，切削力明显减小。

增大前角可以降低切削力，所以在细长轴车削中，在保证车刀有足够强度的前提下，应尽量使刀具的前角增大，前角一般取 γ_0=15°。车刀前刀面应磨有断屑槽，屑槽宽 B=3.5～4mm，配磨 b_r=0.1～0.15mm，γ_0=-25°的负倒棱，使径向分力减少，出屑流畅，卷屑性能好，切削温度低，因此能减轻和防止细长轴弯曲变形与振动。

(2) 主偏角(κ_r)。车刀主偏角 κ_r 是影响径向力的主要因素，其大小影响着 3 个切削分力的大小和比例关系。随着主偏角的增大，径向切削力明显减小，所以在不影响刀具强度的情况下应尽量增大主偏角。主偏角 κ_r=90°(装刀时装成 85°～88°)，配磨副偏角 κ_r'=8°～10°，刀尖圆弧半径 γ_s=0.15～0.2mm，有利于减少径向分力。

(3) 刃倾角(λ_s)。刃倾角影响着车削过程中切屑的流向、刀尖的强度及 3 个切削分力的比例关系。随着刃倾角的增大，径向切削力明显减小，但轴向切削力和切向切削力有所增大。刃倾角在-10°～+10°范围内，3 个切削分力的比例关系比较合理。在车削细长轴时，常采用正刃倾角+3°～+10°，以使切屑流向待加工表面。

(4) 后角 $\alpha_0 = \alpha_{01}$=4°～6°，起防振作用。

3) 合理控制切削用量

切削用量选择得是否合理，将影响在切削过程中产生的切削力的大小、切削热的多少。因此对车削细长轴时引起的变形也是不同的。粗车和半粗车细长轴切削用量的选择原则是：尽可能减少径向切削分力，减少切削热。车削细长轴时，一般在长径比及材料韧性大时，选用较小的切削用量，即多走刀，切深小，以减少振动，增强刚性。

(1) 背吃刀量(a_p)。在工艺系统刚度确定的前提下，随着切削深度的增大，车削时产生的切削力、切削热随之增大，引起细长轴的受力、受热变形也增大。因此在车削细长轴时，应尽量减少背吃刀量。

(2) 进给量(f)。进给量增大会使切削厚度增加，切削力增大。但切削力不是按正比增大，因此细长轴的受力变形系数有所下降。如果从提高切削效率的角度来看，增大进给量比增大切削深度有利。

(3) 切削速度(v_c)。提高切削速度有利于降低切削力。这是因为，随着切削速度的增大，切削温度提高，刀具与工件之间的摩擦力减小，细长轴的受力变形减小。但切削速度过高容易使细长轴在离心力作用下出现弯曲，破坏切削过程的平稳性，所以切削速度应控制在一定范围内。对长径比较大的工件，切削速度要适当降低。

三、任务实施

1. 工艺分析与工艺设计

1)　图样分析

如图 4-68 所示零件为细长轴。ϕ85mm 的外圆不切削，工件不切断。

2)　确定工艺方案和加工路线

(1)　对于细长轴类零件，轴心线为工艺基准，用三爪自定心卡盘夹持 ϕ85mm 外圆一端，使工件伸出卡盘 300mm，另一端用顶尖顶住。一次装夹完成精加工，见表 4-20。

表 4-20　细长轴的加工方案

加工步骤和内容	加工方法	选用刀具
粗精加工右端	先粗车再精车	90°外圆车刀

(2)　先从右至左切削外轮廓面，步骤如下。

①　倒角。

②　切削螺纹的实际外圆。

③　切削锥度部分。

④　车削 ϕ62mm 外圆。

⑤　倒角。

⑥　车 ϕ80mm 外圆。

⑦　车削圆弧部分。

⑧　车 ϕ80mm 外圆。

2. 选择刀具确定切削参数

根据加工要求需选用一把刀具，1 号刀车外圆。确定换刀点时，要避免换刀时刀具与车床、工件与夹具发生碰撞。切削参数的确定见表 4-21。

表 4-21　刀具切削参数选用表

刀具编号	刀具参数	主轴转速/(r/min)	进给率/(mm/min)	切削深度/mm
T0101	90°外圆车刀	360	0.15	1.5

3. 确定工件坐标系和对刀点

以工件右端面圆心为工件原点，建立工件坐标系，采用手动对刀方法把右端面圆心点作为对刀点，如图 4-76 所示。

4. 程序编制

细长轴零件的参考程序如表 4-22 所示。

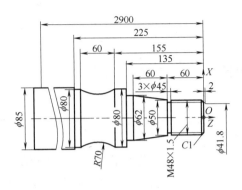

图 4-76　工件坐标系

表 4-22　细长轴零件的参考程序

程　序	程序说明
O4060;	程序号
S500　M04　T0101;	主轴反转，转速 500r/min，换 1 号刀
G00　X87.0　Z0　M08;	快速进给定位，冷却液开
G01　X-1.0　F0.1;	车端面，进给速度 0.1mm /r
G00　X87.0　Z2.0 ;	快速进给定位
G73　U18.5　W0　R6;	粗车循环
G73　P1　Q2　U0.5　W0.1　F0.2;	
N1　G00　G42　X41.8;	建立刀补
G01　X48.0　Z-1.0　F0.1;	车倒角
Z-60.0;	车 ϕ 48mm 外圆
X50.0;	车台阶
X62.0　W-60.0;	车锥面
Z-135.0;	车 ϕ 62mm 外圆
X80.0;	车台阶面
Z-155.0;	车 ϕ 80mm 外圆
G02　X80.0　W-60.0　R70.0;	车圆弧面
G01　Z-225.0;	车 ϕ 80mm 外圆
N2　G40　X86.0;	取消刀补
G70　P1　Q2;	精车循环
G00　X100.0　Z100.0　M09;	快速回安全点，冷却液关
M05;	主轴停止
M30;	程序结束

5. 仿真操作

操作过程同项目四任务二中的相关内容。

6. 机床加工

(1) 装夹刀具。

(2) 装夹工件。用三爪自定心卡盘夹持 ϕ 85mm 外圆一端，使工件伸出卡盘 300mm，另一端用顶尖顶住，如图 4-77 所示。

图 4-77　装夹图

(3) 输入程序。

(4) 对刀。使用前面介绍的试切法对刀，外圆刀作为设定工件坐标系的标准刀。

(5) 启动自动运行，加工零件。

操作时注意事项如下。

(1) 数控机床车细长轴时，浇注切削液要充足，防止工件热变形，同时也给支承爪处起润滑作用。

(2) 粗车时应将工件毛坯一次进给车圆，否则会影响跟刀架的正常工作。

(3) 在切削过程中，要随时注意顶尖的支顶松紧程度。其检查方法是：开动车床使工件旋转，用右手拇指和食指捏住回转顶尖转动部分，顶尖能停止转动；当松开手指时，顶尖能恢复转动，这就说明顶尖的松紧适当。

(4) 车削时如发现振动，可在工件上套一个轻重适当的套环，或挂一个齿轮坯等，这样有可能起消振作用。

(5) 细长轴取料要直，否则增加车削困难。

(6) 车削完毕的细长轴，必须吊起来，以防弯曲。

(7) 车细长轴宜采用三爪跟刀架和弹簧回转顶尖及反向进给法车削。

四、零件检测

零件检测包括圆弧表面、圆柱面和圆锥面的尺寸及精度检测。

五、思考题

(1) 细长轴类零件有哪些特点？

(2) 细长轴类零件装夹有哪些方法？

六、扩展任务

编写如图 4-78 所示零件的程序。

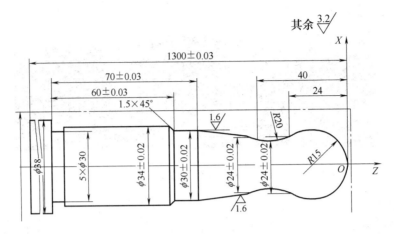

图 4-78　零件图

轴类零件数控车削常见问题分析

轴类零件在车削加工中，因受机床、工艺、操作人员技术、环境等因素的影响，会经常遇到一些影响加工质量和加工效率的问题。表 4-23 列出了常见轴类零件加工质量问题及预防措施。

表 4-23　常见轴类零件加工质量问题及预防措施

常见问题	产生原因分析	预防措施
尺寸精度达不到要求	①操作者粗心大意，看错图纸、输错程序或计算错误 ②对刀操作错误、道具磨损或参数修调操作错误 ③编程错误或坐标系错误，没有进行试切削 ④量具有误差或测量不正确 ⑤由于切削热的影响，使工件尺寸发生变化	①车削时必须看清图纸，检查程序，核实计算方法和结果 ②正确操作机床 ③正确编程，认真校验程序和进行试切削 ④检查量具有效期，正确掌握测量操作 ⑤不能在工件温度较高时测量，如需测量，应先掌握工件的收缩情况，将其考虑在测量值内，或浇注切削液，降低工件温度
产生锥度	①工件装夹时，工件轴线倾斜于主轴轴线 ②车床主轴轴线与床身导轨不平行 ③工件装夹时悬臂太长，车削时因径向力影响使前端让刀 ④用一夹一顶装夹工件时，后顶尖轴线不在主轴轴线上 ⑤刀具逐渐磨损 ⑥编程错误	①车削前必须找正工件中心 ②调整车床主轴与床身导轨的平行度 ③尽量减少工件的伸出长度，或另一端用顶尖支顶，以增强装夹刚性 ④调整后顶尖，使后顶尖轴线在主轴轴线上 ⑤选用适当的刀具材料，或适当降低切削速度 ⑥正确编程，认真校验程序和进行试切削

续表

常见问题	产生原因分析	预防措施
圆度超差	①机床主轴间隙太大 ②毛坯余量不均匀，在切削过程中背刀量发生变化 ③工件装夹时，工件轴线没有找正，旋转时产生跳动 ④工件用顶尖顶紧时，中心孔接触不良或顶不紧，产生径向跳动	①车削前检查主轴间隙，并适当调整，可调整机械间隙补偿参数，或修理主轴 ②车削前找正工件轴线位置 ③分粗、精车加工 ④用顶尖装夹工件时必须松紧适当，若回转顶尖产生径向圆跳动，须及时修理或更换
表面粗糙度达不到要求	①车床刚性不足产生振动 ②车刀刚性不足或伸出刀架太长引起振动 ③工件刚性不足引起振动 ④车刀几何角度参数选用不正确，如选用过小的前角、主偏角和后角 ⑤低速切削时没有加切削液 ⑥切削用量选择不当	①调整机床，消除机床各部分的间隙 ②选择适当的刀具，正确装夹车刀 ③增强工件的装夹刚性 ④选择合理的车刀角度，如适当增大前角，选择合理的后角 ⑤低速切削时应加切削液 ⑥进给量不宜太大，精车余量和切削速度应选择适当

习　　题

(1)　用 G01 编写如图 4-79 所示零件的精加工程序。

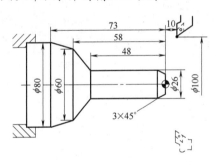

图 4-79　零件图(1)

(2)　用 G02、G03 编写如图 4-80、图 4-81 所示零件的精加工程序。

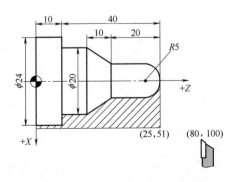

图 4-80　零件图(2)

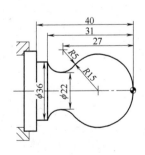

图 4-81　零件图(3)

数控车床编程与操作(第2版)

(3) 用外径粗加工复合循环编制如图 4-82 所示零件的加工程序。

(4) 用 G73 复合循环编制如图 4-83 所示零件的加工程序。

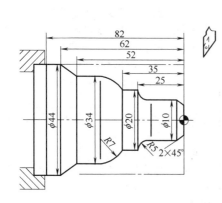

图 4-82　零件图(4)

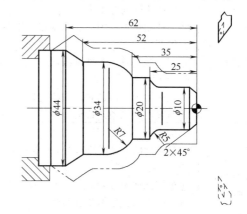

图 4-83　零件图(5)

项目五　用 FANUC-0i 系统数控车床加工盘套类零件

- 掌握盘套类零件数控车削加工工艺分析的基本方法。
- 掌握盘套类零件刀具、夹具的选择及使用的基本方法。
- 掌握 G00、G01、G94、G02、G03、G71、G72、G70、G74 等指令的用法。
- 掌握刀具半径补偿功能 G41、G42、G40 的用法。
- 掌握 M00、M03、M04、M05 等辅助功能指令的用法。
- 掌握典型盘套类零件工艺路线的制定方法。
- 掌握切削用量的选择方法。
- 掌握岗位安全操作规程、职业道德及文明生产方面的知识。

- 能够熟练地进行工件及刀具安装，并能够对工件进行找正。
- 能够熟练地进行数控车床对刀操作。
- 能够熟练使用量具进行零件检测。
- 能够对中等复杂盘套类零件进行工艺性分析。
- 能够对中等复杂盘套类零件进行程序编制。
- 能够正确运用仿真软件调试程序。
- 能够正确操作数控车床对盘套类零件进行切削加工。
- 能够遵守安全操作规程，按照职业道德及文明生产的要求进行加工。

盘套类零件一般由孔、外圆、端面和沟槽等组成。盘类零件的轴向尺寸一般远小于径向尺寸，并以端面面积大为主要特征，如轴承盖、台阶盘、齿形盘、花盘、轮盘等零件。在这类零件中，较多的是作为动力部件，配合轴类零件传递运动和转矩。套类零件一般指带有内孔的零件，主要作为旋转零件的支承，在工作中承受轴向和径向力。套类零件是机械加工中经常碰到的一种零件，它的应用范围很广，如支承旋转轴的各种形式的轴承、夹具上的导向套、内燃机上的气缸套和液压系统中的油缸等。如图 5-1 所示为内孔车削的示例。

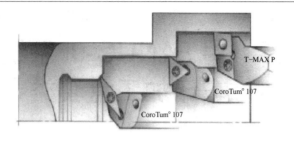

图 5-1　内孔车削

任务一　简单盘套类零件的数控车削加工

一、任务导入

　　某生产企业需加工一批小齿轮零件，材料为 40Cr 合金钢，锻造毛坯，尺寸为 $\phi94$mm×45mm。技术要求：未注倒角 C1，齿部高频淬火 50～55HRC，如图 5-2 所示。现在齿坯内孔及左右端面已经粗加工到尺寸，大端外圆 $\phi84$h9mm 已加工到 $\phi84.8$mm，直径上留精加工余量 0.4mm。请编写齿坯小端外圆 $\phi46$mm 的粗加工程序，直径上留精加工余量 0.4mm。

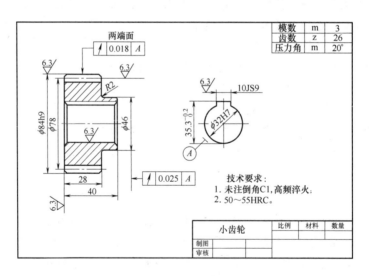

图 5-2　小齿轮

二、相关理论知识

1. 盘套类零件的功用、结构特点

1)　盘套类零件的特点

盘套类零件在机器设备中应用较多，常与同属回转体零件的轴类零件相配合。盘类零

件一般指径向尺寸比轴向尺寸大，且最大与最小内外圆直径差较大，并以端面面积大为主要特征的零件；套类零件一般指零件的内外圆直径差较小，并以内孔为主要特征的零件。由于其功用不同，盘套类零件的结构和尺寸有着很大的差别，但其结构上仍有共同点，即：零件的主要表面为同轴度要求较高的内外圆表面；零件壁的厚度较薄且易变形等。常见的盘类零件有轴承套、钻套等，如图 5-3 所示。

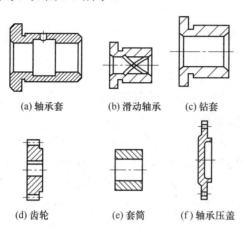

(a) 轴承套　　(b) 滑动轴承　　(c) 钻套

(d) 齿轮　　　(e) 套筒　　　(f) 轴承压盖

图 5-3　盘套类零件

2)　盘套类零件的技术要求

盘套类零件的主要表面是孔和外圆。其技术要求主要有孔的技术要求、外圆的技术要求、孔与外圆的同轴度要求、孔与端面的垂直度要求等。孔是盘套类零件起支承或导向作用的最主要表面，通常与运动的轴、刀具或活塞相配合。孔的直径尺寸公差等级一般为 IT7，精密轴套可取 IT6，气缸和液压缸由于与其配合的活塞上有密封圈，要求较低，通常取 IT9。孔的形状精度应控制在孔径公差以内，一些精密盘套控制在孔径公差的 1/3～1/2，甚至更严。对于长的套筒，除了圆度要求以外，还应注意孔的圆柱度。为了保证零件的功用和提高其耐磨性，孔的表面粗糙度值为 R_a1.6～0.16μm，要求高的精密套筒可达 R_a0.04μm。

外圆是盘套类零件的支承面，常以过盈或过渡配合与箱体或机架上的孔相连接。外径尺寸公差等级通常取 IT6～7，其形状精度控制在外径公差以内，表面粗糙度值为 R_a3.2～0.63μm。若孔的最终加工是将盘套装入箱体或机架后进行的，盘套内外圆间的同轴度要求较低；若最终加工是在装配前完成的，则同轴度要求较高，一般为 ϕ(0.01～0.05)mm。盘套的端面(包括凸缘端面)若在工作中承受载荷，或在装配和加工时作为定位基准，则端面与孔轴线垂直度要求较高，一般为 0.01～0.05mm。

3)　盘套类零件的材料与毛坯

盘套类零件一般用钢、铸铁、青铜或黄铜制成。有些滑动轴承采用双金属结构，以离心铸造法在钢或铸铁内壁上浇注巴氏合金等轴承合金材料，既可节省贵重的有色金属，又能提高轴承的寿命。

盘套零件毛坯的选择与其材料、结构、尺寸及生产批量有关。孔径小的套筒，一般选择热轧或冷拉棒料，也可采用实心铸件；孔径较大的套筒，常选择无缝钢管或带孔的铸件、锻件；大量生产时，可采用冷挤压和粉末冶金等先进制造工艺，既提高生产率，又节约材料。

2. 盘套类零件的孔加工特点及常用加工方法

1) 盘套类零件孔加工特点

(1) 孔加工是在工件内部进行的，观察切削情况比较困难，尤其是小孔、深孔更为突出。

(2) 刀杆尺寸由于受孔径和孔深的限制，既不能粗，又不能短，所以在加工小而深的孔时，刀杆刚性很差。

(3) 排屑和冷却困难。

(4) 当工件壁较薄时，加工时工件容易变形。

(5) 测量孔比测量外圆困难。

2) 盘套类零件孔加工的方法

加工盘套类零件外圆面的刀具选择与轴类零件相同。加工内孔是盘套类零件的特征之一，根据内孔工艺要求，加工方法很多，常用的有钻孔、扩孔、铰孔、镗孔、磨孔等，如表 5-1 所示。车削加工孔时常用的加工刀具有中心钻、麻花钻及内孔车刀等。

表 5-1　盘套类零件的孔加工方法

序号	加工方法	经济加工精度	经济粗糙度 R_a/μm	适用范围
1	钻	IT11～13	12.5	加工未淬火钢及铸铁的实心毛坯，也可用于加工有色金属。孔径小于 15～20mm
2	钻—铰	IT8～10	1.6～6.3	
3	钻—粗铰—精铰	IT7～8	0.8～1.6	
4	钻—扩	IT10～11	6.3～12.5	加工未淬火钢及铸铁的实心毛坯，也可用于加工有色金属。孔径大于 15～20mm
5	钻—扩—铰	IT8～9	1.6～3.2	
6	钻—扩—粗铰—精铰	IT7	0.8～1.6	
7	钻—扩—机铰—手铰	IT6～7	0.2～0.4	
8	钻—扩—拉	IT7～9	0.1～1.6	大批量生产(精度取决于拉刀)
9	粗镗(扩孔)	IT11～13	6.3～12.5	除淬火钢外各种材料，毛坯有铸出孔或锻出孔
10	粗镗(粗扩)—半精镗(精扩)	IT9～10	1.6～3.2	
11	粗镗(粗扩)—半精镗(精扩)—精镗(铰)	IT7～8	0.8～1.6	
12	粗镗(粗扩)—半精镗(精扩)—精镗—浮动镗刀精镗	IT6～7	0.4～0.8	
13	粗镗(扩)—半精镗—磨孔	IT7～8	0.2～0.8	主要用于淬火钢，也可用于未淬火钢，但不宜用于有色金属
14	粗镗(扩)—半精镗—粗磨—精磨	IT7～8	0.1～0.2	
15	粗镗—半精镗—精镗—精细镗(金刚镗)	IT6～7	0.05～0.4	主要用于精度要求高的有色金属加工
16	钻—(扩)—粗铰—精铰—珩磨；钻—(扩)—拉—珩磨；粗镗—半精镗—精镗—珩磨	IT6～7	0.025～0.2	精度要求很高的孔
17	以研磨代替 16 中的珩磨	IT5～6	0.006～0.1	

(1) 钻孔和扩孔。

钻孔前，先车平零件端面，用中心钻钻出一个中心孔(用短钻头钻孔时，只要车平端面，不一定要钻出中心孔)。将钻头装在车床尾座套筒内，并把尾座固定在适当位置上，这时开动车床就可以用手动进刀钻孔，如图 5-4 所示。

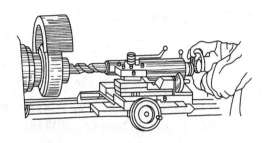

图 5-4　钻孔的方法

扩孔是指用扩孔刀具扩大工件的孔径。对于尺寸较大的孔，可使用扩孔钻进行扩孔。

常用的扩孔刀具有麻花钻和扩孔钻等。一般精度要求低的孔可用麻花钻扩孔，精度要求高的孔的半精加工可用扩孔钻。用扩孔钻加工，生产效率较高，加工质量较好，精度可达 IT10～11，表面粗糙度达 $R_a6.3～12.5\mu m$。扩孔的操作与钻孔基本相同，但进给量可以比钻孔稍大些。

(2) 镗孔。

镗孔是把已有的孔直径扩大，达到所需的形状和尺寸。

① 镗孔车刀的几何形状。

镗孔车刀可分为通孔车刀、不通孔车刀和内槽刀 3 种。

第一，通孔车刀切削部分的几何形状与外圆车刀基本相似。

第二，盲孔(不通孔)车刀是用来车不通孔和台阶、圆弧等形状的。切削部分的几何形状与偏刀基本相似，它的主偏角大于 90°。

第三，内槽刀用于切削各种内槽。常见的内槽有退刀用槽、密封用槽、定位用槽。内槽刀的大小、形状要根据孔径和槽形及槽的大小确定。

② 镗孔的关键。

第一，尽量增加刀杆的截面积，但不能碰到孔壁。

第二，刀杆伸出的长度尽可能缩短。即应根据孔径、孔深来选择刀杆的大小和长度。

第三，控制切屑流出方向，通孔用前排屑，盲孔用后排屑。

③ 镗孔的方法。

第一，车削孔径要求不高、孔径又小的，如螺纹底孔，可直接用钻头钻削。

第二，车削圆柱孔、孔径要求较高或深孔，可采用端面深孔加工循环 G74 的车削方法加工，或采用外圆、内圆车削循环 G90 的车削方法加工。

第三，车削有圆弧、台阶多、圆锥的内孔，可采用外圆粗车循环 G71、端面粗车循环 G72 的车削方法加工。

第四，车削内槽可采用端面车削循环 G94 或外圆、内圆切槽循环 G75 的车削方法加工。

(3) 铰孔。

铰孔是对较小和未淬火孔的精加工方法之一,在成批生产中已被广泛采用。铰孔之前,一般先镗孔,镗孔后留些余量,一般粗铰为 0.15~0.3mm,精铰为 0.04~0.15mm,余量大小直接影响铰孔的质量。

3. 盘套类零件常用孔加工刀具及选用

1) 盘套类零件常用孔加工刀具

(1) 麻花钻。

要在实心材料上加工出孔,必须先用钻头钻出一个孔来。常用的钻头是麻花钻。

麻花钻由切削部分、工作部分、颈部和钻柄等组成,如图 5-5 所示。钻柄有锥柄和直柄两种,一般 $\phi 12\text{mm}$ 以下的麻花钻用直柄,$\phi 12\text{mm}$ 以上用锥柄。

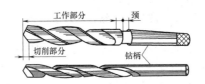

图 5-5　麻花钻的组成

(2) 中心钻。

常用型中心钻有 A 型和 B 型两种,其形状及相应参数如图 5-6 所示。A 型中心孔由圆柱和圆锥部分组成,圆锥角为 60°,用于中心孔中心钻前面的圆柱部分为中心钻公称尺寸,以毫米为单位、一般分为 A1,A2,A3,……通常不需要多次使用零件加工。B 型中心孔是在 A 型的端部分多一个 120°的圆锥保护孔,目的是保护 60°锥孔,中心钻可多次使用。

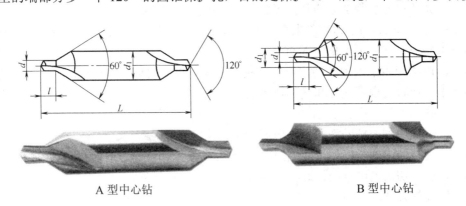

A 型中心钻　　　　　　　　　　B 型中心钻

图 5-6　中心钻形状

(3) 深孔钻。

一般深径比(孔深与孔径比)在 5~10 范围内的孔为深孔,加工深孔可用深孔钻。深孔钻的结构有多种,常用的主要有外排屑深孔钻、内排屑深孔钻和喷吸钻等。

(4) 扩孔钻。

在实心零件上钻孔时,如果孔径较大,钻头直径也较大,横刃加长,轴向切削力增大,钻削时会很费力,这时可以钻削后用扩孔钻对孔进行扩大加工。

扩孔钻有高速钢扩孔钻和硬质合金扩孔钻两种，如图 5-7 所示。

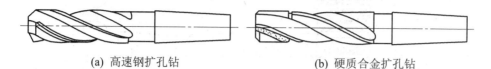

(a) 高速钢扩孔钻　　　　　　　　(b) 硬质合金扩孔钻

图 5-7　扩孔钻

(5) 镗孔刀。

铸孔、锻孔或用钻头钻出来的孔，内孔表面还很粗糙，需要用内孔刀车削。车削内孔用的车刀，一般称为镗孔刀，简称镗刀。

常用镗刀有整体式和机夹式两种，如图 5-8 所示。机夹式内孔镗刀的加工内孔表面形状如图 5-9 所示。

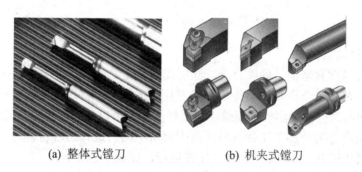

(a) 整体式镗刀　　　　　　　(b) 机夹式镗刀

图 5-8　常用镗刀

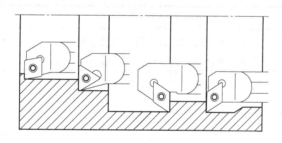

图 5-9　机夹式内孔镗刀加工方式

(6) 铰刀。

精度要求较高的内孔，除了采用高速精镗之外，一般是经过镗孔后用铰刀铰削。铰刀有机用铰刀和手用铰刀两种，由工作部分、颈和柄等组成，如图 5-10 所示。

2) 盘套类零件常用孔加工刀具的选择

数控刀具的选择应根据数控车床回转刀架的刀具安装尺寸、工件材料、加工类型、加工要求及加工条件从刀具样本中查表确定。盘套类零件的孔加工刀具主要有整体式和机夹式两种。对于机夹式刀具的选择，主要包括刀片紧固方式的选择、刀片外形的选择、刀杆头部形式的选择、刀片后角的选择、左右手柄的选择、刀尖圆弧半径的选择、断屑槽形的选择等。此处主要介绍刀片材料的选择和刀片形状的选择。

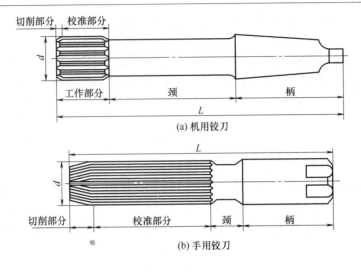

图 5-10　铰刀

(1) 刀片材料的选择。

常见刀片材料有高速钢、硬质合金、涂层硬质合金、陶瓷、立方氮化硼和金刚石等，其中应用最多的是硬质合金和涂层硬质合金刀片。选择刀片材质主要依据被加工工件的材料、被加工表面的精度、表面质量要求、切削载荷的大小以及切削过程有无冲击和振动等。不同材料的硬质合金刀片加工工件材料的范围有所不同。选择刀片材料时，应根据刀具样本选择工件材料代码 P、M、K、N、S、H 来进行，如表 5-2 所示。

表 5-2　刀片选择工件材料代码

加工材料组		代　码
钢	非合金钢、合金钢、高合金钢	P(蓝)
	不锈钢：铁素体，马氏体	
不锈钢和铸铁	奥氏体	M(黄)
	铁素体—奥氏体	
铸铁	可锻铸铁、灰口铸铁、球墨铸铁	K(红)
NF 金属	有色金属和非金属材料	N(绿)
难切削材料	以镍或钴为基体的热固性材料	S(棕)
	钛、钛合金及难切削的高合金钢	
硬材料	淬硬钢、淬硬铸铁和冷硬模铸件	H(白)
	锰钢	

(2) 刀片形状的选择。

刀片形状主要依据被加工工件的表面形状、切削方法、刀具寿命和刀片的转位次数等因素选择。刀片是机夹可转位车刀的重要组成元件，刀片大致可分为三大类 17 种。部分硬质合金刀片形状如图 5-11 所示。

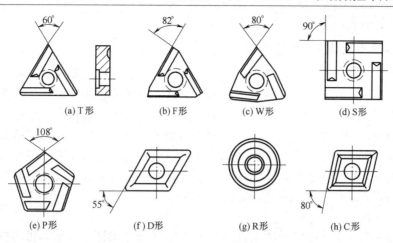

图 5-11　硬质刀片形状示意图

① T 形：3 个刃口，刃口较长，刀尖强度低，主要用于 90°车刀。在内孔车刀中主要用于加工盲孔、台阶孔。

② S 形：4 个刃口，刃口较短，刀尖强度较高，主要用于 75°、45°车刀。在内孔刀中用于加工通孔。

③ C 形：有两种刀尖角。100°刀尖角的两个刀尖强度高，一般做成 75°车刀，用来粗车外圆、端面，80°刀尖角的两个刃口强度较高，用它不换刀即可加工端面或圆柱面。在内孔车刀中一般用于加工台阶孔。

④ R 形：圆形刃口，用于特殊圆弧面的加工，刀片利用率高，但径向力大。

⑤ W 形：3 个刃口且较短，刀尖角 80°，刀尖强度较高，主要用在普通车床上加工圆柱面和台阶面。

⑥ D 形：两个刃口且较长，刀尖角 55°，刀尖强度较低，主要用于仿形加工，当做成 93°车刀时切入角不得大于 27°～30°，做成 62.5°车刀时切入角不得大于 57°～60°。在加工内孔时，可用于台阶孔及较浅的清根。

3)　盘套类零件车内孔的注意事项

车孔是常用的孔加工方法之一，可用作粗加工，也可用作精加工。车孔精度一般可达 IT7～8，表面粗糙度 $R_a1.6～3.2\mu m$。车孔的关键技术是解决内孔车刀的刚性问题和内孔车削过程中的排屑问题，主要包括以下几项。

(1)　内孔车刀的刀尖应尽量与车床主轴的轴线等高。

(2)　为了增强车削刚性，防止产生振动，要尽量选择粗的刀杆。刀杆的粗细应根据孔径的大小来选择，刀杆粗会碰孔壁，刀杆细则刚性差，刀杆应在不碰孔壁的前提下尽量大些为宜。

(3)　刀杆伸出刀架的距离应尽量短，装夹时刀杆伸出长度尽可能短，只要略大于孔深即可。以改善刀杆刚性，减少切削过程中可能产生的振动。

(4)　精车内孔时，应保持刀刃锋利，否则容易产生让刀，把孔车出锥度。

(5)　内孔加工过程中，主要是控制切屑流出方向来解决排屑问题。精车孔时要求切屑流向待加工表面(前排屑)，前排屑主要是采用正刃倾角内孔车刀。加工盲孔时，应采用负的刃倾角,使切屑从孔口排出。

4. 盘套类零件的装夹与定位方法

由于结构上的特点,内孔作为盘套类零件的主要特征,在车削加工时相对轴类零件在工艺和装夹方法上有所不同。在加工盘套类零件时,毛坯无论选择铸件、锻件或型钢,加工时必须体现粗精加工分开和"一刀活"的原则。当两端的外圆和端面相对孔的轴线都有位置精度要求时,则应以中心孔及一个端面为精加工基准,以心轴装夹,精车另一端外圆和端面。在安排加工工序时,应先装夹哪一端,需经过几次调头装夹车削加工,与毛坯的形状、尺寸和技术要求等多种因素有关,应综合分析,灵活掌握。盘套类零件加工常用的夹具有三爪自定心卡盘、四爪卡盘、定位心轴等。

1) 四爪卡盘

四爪卡盘是数控车床上常用的夹具,如图 5-12 所示,其四个卡爪都可单独移动,它适用于装夹大型的盘套类零件或不规则的零件。夹紧力较大,经校正后装夹精度较高,不受卡爪磨损的影响,但装夹不如三爪自定心卡盘方便,需要经过找正安装。找正是指根据工件上有关基准,使用工具找出工件在划线、加工或装配时的正确位置的过程。如图 5-13 所示,在数控车床上用四爪卡盘和百分表找正后将工件夹紧,可加工出与外圆同轴度很高的孔。对于盘类零件,安装时既要以外圆为基准找正与轴线平行,又要找正端面与轴线垂直。因此,工件装夹速度较慢,不太适宜批量生产。

图 5-12　四爪卡盘

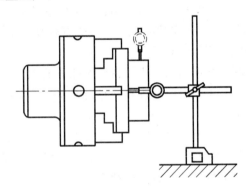

图 5-13　找正安装工件

2) 定位心轴

由于盘套类零件的内孔精度往往要求高,一般需经两次或多次工序才能完成盘套零件,要保证零件的精度,须以内孔为定位基准,才能保证外圆轴线和内孔轴线的同轴度要求,此时要用心轴定位。工件以圆柱孔定位常用锥度心轴、圆柱心轴、弹性心轴等。

(1) 锥度心轴。

锥度心轴是刚性心轴的一种,如图 5-14(a)所示,心轴的外圆呈锥体,锥度为 1:1000 至 1:5000。工件压入锥度心轴时,工件孔产生弹性变形而胀紧工件,并借压合处的摩擦力传递转矩带动工件旋转。这种心轴的结构简单,制造方便,不需要夹紧元件,心轴与安装孔之间无间隙,故定位精度高,但能承受的切削力小,工件在心轴的轴向位移误差较大,不能加工端面,装夹不太方便。锥度心轴适用于同轴度要求较高的工件的精加工。

(2)　圆柱心轴。

圆柱心轴的圆柱表面与工件定位配合，并保持较小的间隙，工件靠螺母压紧，便于工件的装卸，但定心精度较低，如图 5-14(b)所示。圆柱心轴结构简单，制造方便，当工件直径较大时，采用带有压紧螺母的圆柱心轴。它的夹紧力较大，但精度比锥度心轴低。

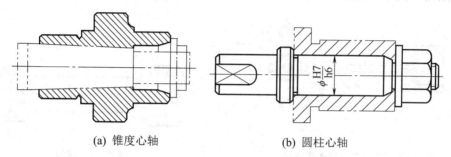

(a) 锥度心轴　　　　　　　(b) 圆柱心轴

图 5-14　心轴定位

(3)　弹性心轴。

弹性心轴是依靠锥形弹性套受轴向力挤压而产生径向弹性变形而定位夹紧工件的。其特点是装夹方便，定位精度高，同轴度一般可达 0.01～0.02。弹性心轴适用于零件的精加工和半精加工，应用较为广泛。

5. 盘套类零件孔的测量

1)　盘套类零件孔的精度

盘套类零件孔的精度主要包括尺寸精度、形位公差精度和表面粗糙度等。

(1)　孔径和长度的尺寸精度。

(2)　孔的形状精度，如圆度、圆柱度、直线度等。

(3)　孔的位置精度，如同轴度、平行度、垂直度、径向圆跳动和端面圆跳动等。

(4)　表面粗糙度。要达到哪一级表面粗糙度，一般按加工图样上的规定。

2)　盘套类零件孔的量具

(1)　内径千分尺测量。

当孔的尺寸小于 25mm 时，可用内径千分尺测量孔径，如图 5-15 所示。

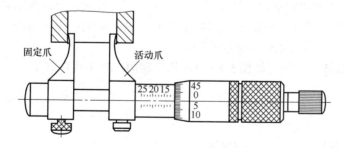

图 5-15　内径千分尺测量孔径

(2)　内径百分表测量。

采用内径百分表测量零件时，应根据零件内孔直径，用外径千分尺将内径百分表对"零"

后，进行测量，测量方法如图 5-16 所示。取得的最小值为孔的实际尺寸。

(3) 塞规测量。

塞规由通端 1、止端 2 和柄部 3 组成，如图 5-17 所示。测量时，当通端可塞进孔内，而止端进不去时，孔径为合格。

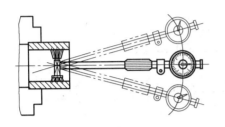

图 5-16　内径百分表测量孔径

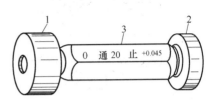

图 5-17　塞规

6. 编程指令

盘套类零件的编程指令主要有基本插补指令(G01、G02、G03)、单一固定循环指令(G90、G94)和复杂固定循环指令(G71、G72、G73、G70、G74、G75)等。

前面已学过的外圆车削循环 G90、外圆粗车循环 G71、精加工循环 G70 都可用于盘套类零件的外圆及内孔的加工。端面车削循环指令 G94 既可用于加工平端面，也可用于加工圆锥面。下面主要介绍 G94 指令。

1) 端平面切削循环 G94

指令格式：

```
G94 X(U)__ Z(W)__ F__;
```

指令功能：该指令执行 $A \rightarrow B \rightarrow C \rightarrow D \rightarrow A$ 的轨迹动作进行切削，如图 5-18 所示。

其中：X、Z——绝对编程时，切削终点 C 的坐标值。

U、W——相对编程时，切削终点 C 相对于循环起点 A 的增量值。

F——进给速度。

G94 指令主要用于直径相差较大而轴向台阶长度较短的盘类零件端面切削，相比之下，用 G01 或 G90 指令编程时走刀次数太多。G94 的特点是利用刀具的端面切削刃作为主切削刃，以车端面的方式进行循环加工。G94 与 G90 的区别在于：G90 是在工件径向做分层粗加工，而 G94 是在工件的轴向做分层粗加工。

例 5-1　用 G94 指令加工如图 5-19 所示的平端面，参考程序如下。

```
O5101;
T0101;
M04 S800;
G00 X65.0 Z21.0;          循环起点
G94 X50.0 Z16.0 F0.3;     第一次循环，刀具路径为：A→B→C→D→A
    Z13.0;                第二次循环，刀具路径为：A→E→F→D→A
    Z10.0;                第三次循环，刀具路径为：A→G→H→D→A
M05;
M30;
```

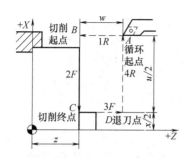

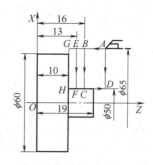

图 5-18　G94 端平面切削循环　　　　　　图 5-19　端平面切削循环 G94 示例

在执行上述程序段时，刀具实际运动路线不是一条直线，而是一条折线。因此，在使用 G00 指令时，要注意刀具是否与工件和夹具发生干涉，对不适合联动的场合，两轴可分别运动。

2)　锥度端面切削循环指令 G94

指令格式：

G94 X(U)__ Z(W)__ R__ F__;

指令功能：该指令执行 A→B→C→D→A 的轨迹动作，进行切削加工，如图 5-20 所示。其中参数说明如下。

X、Z——绝对值编程时，切削终点 C 的坐标值。

U、W——增量值编程时，切削终点 C 相对于循环起点 A 的增量值。

R——切削起点 B 相对于切削终点 C 在 Z 向的增量值。

F——进给速度。

G94 和 G90 加工锥度时在编程方向和走刀方向上有所区别，G94 是在工件的端面上加工出斜面，而 G90 是在工件的外圆上加工出斜面。

例 5-2　用 G94 指令加工如图 5-21 所示的锥端面，参考程序如下。

```
O5002;
T0101;
M04 S800;
G00 X62.0 Z35.0;                    循环起点
G94 X15.0 Z33.48 R-3.48 F0.2;      第一次循环，刀具路径为：A→B→C→D→A
    Z31.48 R-3.48;                 第二次循环，刀具路径为：A→E→F→D→A
    Z28.78 R-3.48;                 第三次循环，刀具路径为：A→G→H→D→A
M05;
M30;
```

注意：一般在固定循环切削过程中，M、S、T 等功能都不变更，如果有必要变更，必须在 G00 或 G01 指令下变更，然后指令固定循环。在增量编程中，地址 U、W 和 R 后面的数值的符号和刀具轨迹之间的关系如表 5-3 所示。

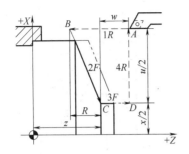

图 5-20　G94 锥面切削循环

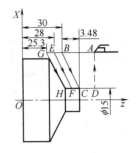

图 5-21　G94 锥面循环示例

表 5-3　G94 锥面切削循环中 U、W、R 与刀具轨迹之间的关系

1. $U < 0$, $W < 0$, $R < 0$	2. $U > 0$, $W < 0$, $R < 0$
3. $U < 0$, $W < 0$, $R > 0$, $\|R\| \leqslant \|W\|$	4. $U > 0$, $W < 0$, $R < 0$, $\|R\| \leqslant \|W\|$

三、任务实施

1. 确定加工方案和切削用量

已知小齿轮零件材料为 40Cr 合金钢，毛坯尺寸为 $\phi 94mm \times 45mm$。采用外圆车刀加工外圆 $\phi 46.8mm$，长度方向保证尺寸 28mm。该零件的加工方案如表 5-4 所示。

表 5-4　零件加工方案

工 序 号	加工内容	加工方法	选用刀具
1	$\phi 46$ 外圆	粗车	外圆车刀

确定加工方案和刀具后，要选择合适的刀具切削参数，如表 5-5 所示。

表 5-5　刀具切削参数选用表

刀具编号	刀具参数	主轴转速/(r/min)	进给率/(mm/r)	切削深度/mm
T01	外圆车刀	600	0.5	3

2. 工件坐标系建立

以齿坯小端中心为原点建立工件坐标系，采用 G94 端面切削循环指令编程，循环起点为 $A(90.8, 0)$。每次切削深度为 3mm，经 4 次循环完成加工，如图 5-22 所示。

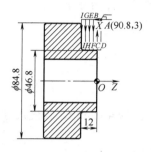

图 5-22　工件坐标系及循环路径

3. 编写加工程序

加工程序见表 5-6。

表 5-6　齿坯加工参考程序

程序内容	简要注释
O5180;	程序号
T0101;	换 1 号刀
M04 S600;	主轴反转，转速 600r/min
G00 X90.8 Z3.;	快速定位到循环起点 $A(90.8, 3)$
G94 X46.8 Z-3.F0.5;	第一次端面切削循环
Z-6.;	第二次端面切削循环
Z-9.;	第三次端面切削循环
Z-12.;	第四次端面切削循环
M05;	主轴停转
M30;	程序结束

4. 仿真加工

操作过程同项目四任务二中的相关内容。

5. 机床加工

1)　工件装夹及找正

采用三爪卡盘装夹工件大端外圆，使用百分表找正工件。

2)　输入与编辑程序

(1)　开机。

(2)　回参考点。

(3)　输入程序。

(4) 程序图形校验。

3) 零件的数控车削加工

(1) 主轴正转。

(2) X 向对刀，Z 向对刀，设置工件坐标系。

(3) 进行相应刀具参数设置。

(4) 自动加工。

四、零件检测

使用游标卡尺测量小端外圆尺寸 $\phi 46.8$mm、长度尺寸 28mm。

五、思考题

(1) 当采用 G90 外圆单一循环指令或 G01 简单编程指令时，加工程序如何？

(2) 数控车床上工件装夹方式有哪些？

六、扩展任务

编写如图 5-23 所示的内锥套零件外表面的加工程序。毛坯为 $\phi 85$mm×48mm，材料为 45 钢。

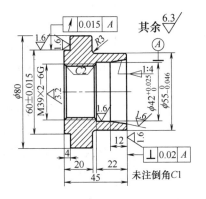

图 5-23　内锥套零件

任务二　较复杂盘套类零件的数控车削加工

一、任务导入

本任务要求运用数控车床加工如图 5-24 所示的定位套零件：材料为 45 钢，毛坯尺寸为 $\phi 85$mm×35mm，无热处理要求，表面粗糙度均为 $R_a 3.2\mu m$，内孔已加工好，请编制外表面的数控加工程序。

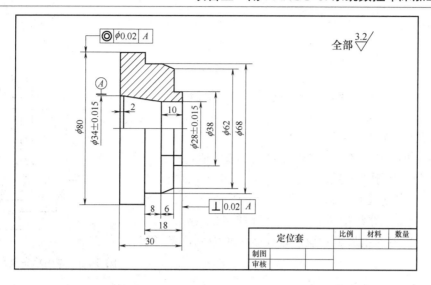

图 5-24　定位套

二、相关理论知识

1. 端面切削刀具

车削端面包括台阶端面的车削。偏刀车削端面，可采用较大背吃刀量，切削顺利，表面光洁，而且大、小端面均可车削；使用 90°左偏刀从外向工件中心进给车削端面，适用于加工尺寸较小的端面；使用 90°左偏刀从工件中心向外进给车削端面，适用于加工工件中心带孔的端面；使用右偏刀车削端面，刀头强度较高，适用于车削较大端面，尤其是铸锻件的大端面。

2. 软爪

软爪是一种夹具。当成批加工某一工件时，为了提高三爪自定心卡盘的定心精度，可以采用软爪结构。即用黄铜或软钢焊在三个卡爪上，然后根据工件形状和直径把三个软爪的夹持部分直接在车床上车出来(定心误差只有 0.01~0.02mm)，即软爪是在使用前配合被加工工件特别制造的，如加工成圆弧面、圆锥面或螺纹等形式，可获得理想的夹持精度。

3. 端面粗车复合循环 G72

对于复杂盘套类零件，为提高编程效率，常用到多重复合循环指令 G70、G71、G72、G73、G74、G75、G76 等指令。运用这组指令，编程时只需指定精加工路线、径向轴向精加工留量和粗加工背吃刀量，系统会自动计算出粗加工路线和加工次数，免去采用简单编程指令时的人工计算，因此编程效率更高。下面主要介绍端面粗车复合循环 G72 指令。

端面粗车循环指令 G72 的含义与 G71 类似，不同之处是刀具平行于 X 轴方向切削，它是从外径往轴心方向以端面切削的形式进行外形循环加工，适用于对大小径之差较大而长度较短的盘套类工件端面复杂形状粗车。G72 指令的精加工编程路线与 G71 外形加工相反，也与习惯编程思维有区别，编程切削路线应自左向右、自大到小。

指令格式：

G72 W(Δd) R(e);
G72 P(ns) Q(nf) U(Δu)W(Δw)F(f)S(s)T(t)

指令功能：该指令执行如图 5-25 所示的轨迹动作，进行轴向分层切削加工。

其参数说明如下。

Δd——每次循环 Z 方向的吃刀深度，取正值。

e——每次切削退刀量。

ns——精加工路线中第一个程序段的顺序号。

nf——精加工路线中最后一个程序段的顺序号。

Δu——X 方向精加工余量，直径编程时为Δu，半径编程为Δu/2。

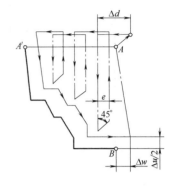

图 5-25　端面粗车复合循环 G72

Δw——Z 方向精加工余量。

f、s、t——分别是粗车时的进给量、主轴转速、刀具功能。

注意：　① 循环起点应选择接近工件端的安全处，以缩短刀具行程，避免空切削。粗加工循环起点选择在距离毛坯右端径向与轴向各 5mm 处，精加工循环起点径向选择距离工件最大直径处 5mm，轴向距离工件右端 5mm 处。

② 在使用 G72 进行粗加工时，只有含在 G72 程序段中的 F、S、T 功能才有效，而包含在 ns 至 nf 程序段中的 F、S、T 指令对粗车循环无效。

③ 在顺序号为 ns 的程序段中，必须使用 G00 或 G01 指令。

④ 在 ns 程序段中不能有 X 方向的移动指令。

⑤ 处于 ns 到 nf 程序段之间的精加工程序不应包含有子程序。

⑥ 零件轮廓必须符合 X 轴、Z 轴方向同时单调增大或单调减少。

例 5-3　编制如图 5-26 所示零件的粗、精加工程序。其中点划线部分为工件毛坯，毛坯尺寸为 74mm×70mm，材料为 45 钢，无热处理要求，表面粗糙度为 $R_a3.2\mu m$。要求切削深度为 1.2mm，退刀量为 1mm，X 方向精加工余量为 0.2mm，Z 方向精加工余量为 0.5mm。

工件坐标系原点设置在右端面中心，循环起始点在 A(80,2)，参考程序如表 5-7 所示。

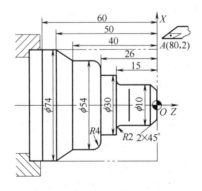

图 5-26　端面粗车复合循环 G72 实例

表 5-7 例 5-3 的参考程序

程序内容	简要注释
O5201;	程序名
G40 G21 G97 M04 S800;	初始化，主轴反转，转速为 800r/min
T0101;	换一号刀，建立刀具补偿
G00 X80. Z2. ;	到循环起点 A
G72 W1.2 R1. ;	外端面粗车循环加工
G72 P10 Q20 U0.2 W0.5 F0.2;	X 向精加工余量 0.2mm，Z 向精加工余量 0.5mm
N10 G41 G01 Z-60.S1200 F0.08;	开始精车程序段，不能有 X 方向的移动
X74. ;	到 ϕ74mm 外圆
W10. ;	精车 ϕ74mm 外圆
X54. W10. ;	精加工锥面
W10. ;	精加工 ϕ54mm 外圆
G02 X46. W4. R4. ;	精加工 R4 圆弧
G01 X30. ;	精加工 Z-26 处端面
W11. ;	精加工 ϕ30mm 外圆
X14. ;	精车 ϕ30mm 端面
G03 X10. W2. R2. ;	精车 R2 圆弧
G01W11. ;	精车 ϕ10mm 外圆
X6. W2. ;	精加工倒 2×45°角，精加工轮廓结束
G01 W10. ;	退出已加工表面
N20 G40 X100. Z80. ;	取消半径补偿，返回程序起点位置
T0202;	调精车刀，建立刀具补偿
G70 P10 Q20;	精车循环
G00 X100. Z100. ;	快速到换刀点
M05;	主轴停转
M30;	程序结束

三、任务实施

1. 确定加工方案和切削用量

该定位套零件的加工对象包括外圆台阶面、倒角、内孔及内锥面等，且径向加工余量大。其中外圆 ϕ80mm 对 ϕ34mm 内孔轴线有同轴度要求，右端面对 ϕ34mm 内孔轴线有垂直度要求，内孔 ϕ28mm 有尺寸精度要求。该零件内表面已加工好，只需编制外圆及端面的加工程序。

由于此工件需要两次装夹，工件调头加工，故此工件可分为两个程序进行加工，在 Z 向需分两次对刀确定工件坐标原点。当装夹小端、加工大端面及外圆时，工件坐标原点为大端面中心点；当装夹大端、加工小端面及外圆时，工件坐标原点为小端面中心点。

该零件外圆及端面的加工方案如表 5-8 所示。

表 5-8　定位套零件加工方案

工　序	加工内容	加工方法	选用刀具
1	车 ϕ80 左端面	车削	90°外圆车刀
2	粗、精车 ϕ80 外圆	粗、精车	90°外圆车刀
3	车 ϕ80 右端面	车削	90°外圆车刀
4	粗、精车外圆台阶	粗、精车	90°外圆车刀

确定加工方案和刀具后，要选择合适的刀具切削参数，如表 5-9 所示。

表 5-9　刀具切削参数选用表

刀具编号	刀具参数	主轴转速/(r/min)	进给率/(mm/r)	切削深度/mm
T01	外圆车刀	850	0.1	1

2. 工件坐标系建立

以定位套小端中心为原点建立工件坐标系，采用 G72 端面复合切削循环指令编程，循环起点为 A(90,5)，如图 5-27 所示。

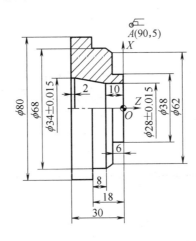

图 5-27　工件坐标系及循环起点

3. 编写加工程序

由于定位套需要调头二次装夹，所以需要编制两个加工程序。参考程序如表 5-10 所示。

4. 仿真加工

操作过程同项目四任务二中的相关内容。

表 5-10　定位套加工的参考程序

程序内容	简要注释
O5280;加工左端面、外圆	程序号
T0101;	调用 1 号外圆车刀
M04 S850;	主轴反转，转速为 850r/min
G00 X90. Z5.;	快速定位接近工件
Z0;	端面起点
G01 X22. F0.08;	车端面
G00 X80. Z5. ;	退刀到 ϕ80mm 外圆起点
G01 Z-15. F0.2;	车 ϕ80mm 外圆
G00 X100. Z150.;	退到换刀点
O5282;加工右端面、外圆	程序号
T0101;	调用 1 号外圆车刀
M04 S850. ;	主轴反转，转速为 850r/min
G00 X90. Z5.;	刀具快速定位
G01 Z0;	车端面起点
X22. F0.08;	平端面
G00 X90. Z5. ;	循环起点
G72 W2. R0.5;	G72 循环，Z 向切深 2mm
G72 P100 Q200 U0.1 W0.1 F0.1;	X 向精加工余量 0.1mm，Z 向余量 0.1mm
N100 G41 G00 Z-18. S800;	精车第一段
G01 X68. F0.05;	车端面
Z-10. ;	车 ϕ68mm 外圆
X62. Z-6. ;	车锥面
X38. ;	车端面
Z0;	车 ϕ38mm 外圆
N200 G40 Z2. ;	精车末段
G70 P100 Q200;	G70 外形精车循环
G00 Z150. ;	Z 向退刀
X100. ;	X 向退刀
M05;	主轴停转
M30;	程序结束

5. 机床加工

1)　工件装夹及找正

根据图形分析，此零件需经二次装夹才能完成加工。为保证 ϕ80mm 外圆与 ϕ34mm 内孔轴线的同轴度要求，需在一次装夹中加工完成。第二次可采用软爪装夹定位，以精车后

的 φ80mm 外圆为定位基准；也可采用四爪卡盘，用百分表校正内孔来定位，加工右端外形及端面。

2) 输入与编辑程序

(1) 开机。

(2) 回参考点。

(3) 输入程序。

(4) 程序图形校验。

3) 零件的数控车削加工

(1) 主轴正转。

(2) X 向对刀，Z 向对刀，设置工件坐标系。

(3) 进行相应刀具参数设置。

(4) 自动加工。

四、零件检测

按照图纸尺寸，使用游标卡尺进行测量。如果尺寸精度、形位公差精度或表面粗糙度超差，则分析造成超差的原因，加以排除。

五、思考题

(1) 当采用 G71 外圆复合循环指令或 G01 简单指令编程时，加工程序如何？

(2) 造成零件制造精度超差的原因有哪些？

六、扩展任务

如图 5-28 所示的模具零件，毛坯为 φ65mm×60mm 的棒料，材料为 45 钢。请编写外表面(不含螺纹和螺纹退刀槽)的加工程序。

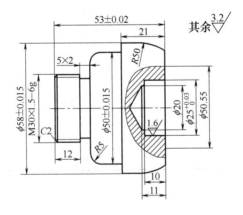

图 5-28　模具零件

任务三　内孔的数控车削加工

一、任务导入

某企业需要加工一批套筒零件，零件材料为 45 钢，毛坯为尺寸 $\phi45mm×40mm$ 的实心棒料，内孔表面粗糙度为 $R_a3.2μm$，如图 5-29 所示。技术要求：$\phi30$ 孔对轴线的圆跳动公差为 0.02mm。要求编写内孔的数控车削加工程序。

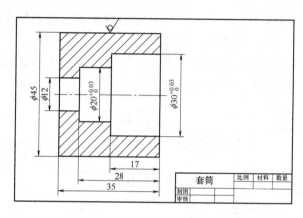

图 5-29　套筒

二、相关理论知识

1. 常用对刀方法

对刀的目的是确定程序原点在机床坐标系中的位置，对刀点可以设在零件上、夹具上或机床上，对刀时应使对刀点与刀位点重合。数控车床常用的对刀方法有 3 种：试切对刀、机械对刀仪对刀(接触式)、光学对刀仪对刀(非接触式)，如图 5-30 所示。此处仅介绍内孔加工的对刀方法。

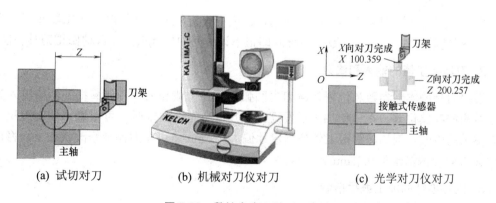

(a) 试切对刀　　　　　(b) 机械对刀仪对刀　　　　　(c) 光学对刀仪对刀

图 5-30　数控车床 3 种对刀方法

1) 试切对刀

(1) 内孔车刀对刀方法。

内孔车刀的对刀方法类似于外圆车刀的对刀方法。

① Z向对刀。内孔车刀轻微接触到已加工好的基准面(端面)后，就不可再作Z向移动。Z轴偏置参数输入"Z0 按软键'测量'"，然后将刀具移开。

② X向对刀。任意车削一内孔直径后，Z向移动刀具远离工件，停止主轴转动，然后测量已车削好的内径尺寸。例如，测量值为$\phi 45.56$mm，则X向偏值参数输入"X45.56 并按软键'测量'"。

(2) 钻头、中心钻的对刀方法。

① Z向对刀，如图5-31(a)所示。钻头(或中心钻)轻微接触到基准面后，就不可再作Z向移动。Z轴对刀输入"Z0 并按软键'测量'"。

② X向对刀，如图5-31(b)所示。主轴不必转动，以手动方式将钻头沿X轴移动到钻孔中心，即看屏幕显示的机械坐标到"X0.0"为止。X轴对刀输入"X0 并按软键'测量'"。

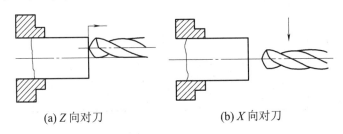

(a) Z向对刀　　　　　　　　　　(b) X向对刀

图 5-31　钻头、中心钻对刀

手动试切对刀是基本对刀方法，但它还是没跳出传统车床的"试切—测量—调整"的对刀模式，在机床的辅助时间占用较多，影响生产效率，此方法较为落后。

2) 机械对刀仪对刀

机械对刀的本质是测量出刀具假想刀尖点到刀具台基准之间X及Z方向的距离。将刀具的刀尖与对刀仪的百分表测头接触，得到两个方向的刀偏量。利用机械对刀仪可将刀具预先在机床外校对好，装上机床后，将对刀长度输入相应刀具补偿号即可以使用。有的机床具有刀具探测功能，即通过机床上的对刀仪测头测量刀偏量。

3) 光学对刀仪对刀

自动对刀是通过刀尖检测系统实现的，刀尖以设定的速度向接触式传感器接近，当刀尖与传感器接触并发出信号，数控系统立即记下该瞬间的坐标值，并自动修正刀具补偿值。

2. 刀具补偿值的输入和修改

根据刀具的实际参数和位置，将刀尖圆弧半径补偿值和刀具几何磨损补偿值输入到与程序对应的存储位置。在试切加工后发现工件尺寸不符合要求时，可根据零件实测尺寸进行刀偏量的修改。例如，测得工件外圆尺寸偏大 0.5mm，可在刀偏量修改状态下，将该刀具的X方向刀偏量改小 0.25mm。

3. 内孔零件的加工编程指令

G01、G90、G71、G72、G70、G74 指令也可以用来对盘套类零件进行加工内孔，与加工外圆有相似之处。由于加工内孔时受刀具和孔径的限制，在观察切削加工过程时也不方便，在进、退刀方式上与加工外圆正好相反，所以编程时，在进刀点和退刀点的距离和方向上要特别小心，要防止刀具和零件相碰撞。

1) G01、G90指令加工内孔

对于形状比较简单的内孔，可以采用G01、G90指令编程加工。

例5-4　如图5-32所示零件，毛坯为ϕ50mm×35mm的棒料，外圆及两端面已经加工，现编制内孔加工程序，内孔表面粗糙度为$R_a3.2\mu m$，未注倒角$C1$。

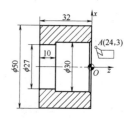

经零件工艺分析，确定零件加工方案为：钻中心孔→钻孔→粗精车。选用三把刀具，T01为ϕ3中心钻，T02为ϕ25麻花钻，T03为内孔车刀。

工件坐标原点设置在右端面中心，如图5-32所示。内孔加工参考程序如表5-11所示。

图5-32　G01、G90指令加工内孔示例

表5-11　内孔加工的参考程序

程　序	程序说明
O5301;	程序号
T0101;	换1号刀
M03 S1500;	主轴正转，转速为1500r/min
G00 X0 Z3. ;	快速定位
G01 Z-4. F0.05;	钻ϕ3中心孔
G00 Z3. ;	退刀至孔外
X80. Z150. ;	退刀至换刀点
T0102;	换ϕ25麻花钻
M03 S600;	主轴正转，转速为600 r/min
G00 X0 Z3. ;	快速定位
G01 Z-16. F0.1;	钻ϕ25孔
G00 W5. ;	退刀排屑散热
G01 Z-38. ;	完成钻孔
G00 Z3. ;	退刀至右端面外
X80. Z150. ;	退刀至换刀点
T0303;	换3号刀
M03 S800;	主轴正转，转速为800r/min
G00 X24. Z3. ;	快速定位至内孔固定循环起点$A(24, 3)$
G90 X26.8 Z-33.F0.2;	G90粗加工内孔，ϕ27孔留0.2mm精加工余量
X29.8 Z-22. ;	粗车第二刀，ϕ30孔留0.2 mm精加工余量
G00 X33. Z0.5;	精加工路线，定位至倒角延长线0.5mm
G01 X30.Z-1. F0.1;	倒角
Z-22. ;	精加工ϕ30mm孔
X27. ;	内孔台阶
Z-35. ;	精加工ϕ27mm内孔
X26. ;	X向退刀，往轴线方向
G00 Z3. ;	Z向退刀至孔外
X80. Z150;	退刀至换刀点
M05;	主轴停转
M30;	程序结束

2) 钻孔切削循环 G74

通过尾座摇动手轮实现钻孔的方法在单件、小批量生产中应用广泛，但被加工孔为深孔且批量较大时，这种人工的机械式操作会严重影响到生产效率的提高。在钻深孔时，排屑和散热较困难，需在加工中反复进行退出和钻削动作。深孔啄式自动钻孔循环指令 G74 能自动完成反复进、退刀动作，适用于深孔钻削加工。另外，G74 指令也可用于端面槽的加工。

指令格式：

```
G74 R(e);
G74 X(U) Z(W) Q(Δk) R(Δd) F;
```

其中：e——退刀量。

X(U)，Z(W)——孔的终点处坐标。

Δk——Z 方向的每次切深量，单位 μm，用不带符号的值表示。

Δd——刀具在切削底部的 Z 向退刀量，无要求时可省略。

F——进给速度。

指令功能：通过自动完成反复进、退刀动作，进行深孔加工。

例 5-5 对如图 5-33 所示零件的 ϕ25mm×80mm 孔，采用深孔钻削循环 G74 进行编程加工。其中，e=2，Δk=8，F=0.1。参考程序见表 5-12。

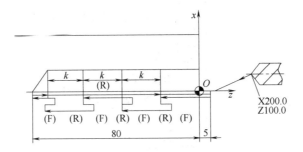

图 5-33 孔加工示例

表 5-12 例 5-5 的参考程序

程　序	程序说明
O5302;	程序号
T0101;	选择刀具
M03 S600 M08;	主轴正转，转速为 600r/min，开启切削液
G00 X0 Z5.;	快速定位至循环起点
G74 R2.;	R2 表示每次钻深到一定深度后 Z 向后退 2mm
G74 Z-80. Q8000 F0.1;	Q8000 表示每次钻深 8mm
X200. Z100.;	退刀至换刀点
M05 M09;	主轴停转，切削液关
M30;	程序结束

3)　G71 轴向粗车循环加工内孔

G71 指令用于加工内孔时，与外圆切削循环区别之处在于以下方面。

(1)　在确定循环起点时，X 坐标值一定要小于精车路线中的最小 X 坐标值。但也不宜过小，以免刀具与孔壁碰撞，取值小于毛坯孔 0.5～1mm 即可。

(2)　参数中内孔精加工余量 $U(\Delta u)$ 的 Δu 取负值。

(3)　可执行精车路线中的圆弧插补。

例 5-6　如图 5-34(a)所示锥套零件，外圆与 $\phi 17$mm 孔已加工，内轮廓表面粗糙度为 $R_a 3.2 \mu$m，请用 G71、G70 指令编制的内轮廓粗、精加工程序，X 方向精加工余量为 0.3mm，Z 方向精加工余量为 0.1mm。

根据图样分析，循环起点设置在 $A(16, 3)$，切削深度为 1mm，退刀量为 0.5mm。工件坐标系及走刀路径如图 5-34(b)所示。内孔的粗精加工程序见表 5-13。

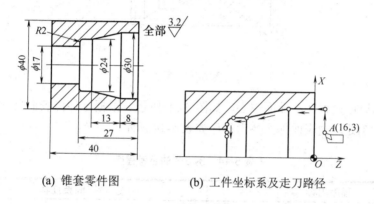

(a) 锥套零件图　　　　　　(b) 工件坐标系及走刀路径

图 5-34　例 5-6 图

表 5-13　例 5-6 的参考程序

程　序	程序说明
O5303;	程序号
T0101;	选择刀具
M03 S980;	主轴正转，转速为 980r/min
G00 X15. Z3.;	快速定位至循环起点 A
G71 U1. R0.5.;	切削深度 1mm，退刀量 0.5mm
G71 P50 Q100 U-0.3 W0.1 F0.2;	X 向精加工余量 0.3mm，Z 向精加工余量 0.1mm
N50 G41 G00 X30.;	精加工路线第一段，刀具半径左补偿
G01 Z-8. F0.1;	加工 $\phi 30$mm 内孔面
X24. Z-21.;	加工内锥面
Z-25.;	加工 $\phi 24$mm 内孔面
G03 X20. Z-27. R2.;	加工 R2 圆弧
G01 X17.;	精加工路线末段
N100 G40 X16.;	取消刀补
G70 P50 Q100;	内孔精加工循环
M05;	主轴停止
M30;	程序结束

4) G72 端面粗车循环加工内孔

例 5-7 加工如图 5-35 所示的零件,细实线为工件毛坯上已加工的工艺孔,切削深度为 2mm,X 方向精加工余量为 1.0mm,Z 方向精加工余量为 0.5mm。

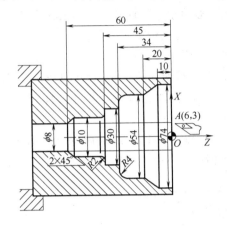

图 5-35 零件

工件坐标原点设置在右端面中心,如图 5-35 所示。根据零件内表面尺寸,将循环起点设置在点 $A(6, 3)$ 处。内表面加工参考程序如表 5-14 所示。

表 5-14 例 5-7 的参考程序

程序内容	简要注释
O5304;	程序号
T0101;	选择刀具
M04 S800;	主轴反转,转速为 800r/min
G00 X100.0 Z100.0;	快速定位至换刀点
X6.0 Z3.0;	至循环起点 A
G72 W2.0 R1.0;	G72 切削循环,Z 向切削深度 2mm,退刀量 0.5mm
G72 P100 Q200 U1.0 W0.5 F0.2;	X 向精加工余量 1.0mm,Z 向精加工余量 0.5mm
N100 G00 Z-61.0 S1000;	精加工路线第一段
G01 X10.0 Z-58.0 F0.1;	加工倒角
Z-47.0;	加工 ϕ10mm 内圆面
G03 U4.0 Z-45.0 R2.0;	加工 R2 内圆弧
G01 X30.0;	加工端面
Z-34.0;	加工 ϕ30mm 内圆面
X46.0;	加工端面
G02 X54.0 W4.0 R4.0;	加工 R4 内圆弧
G01 Z-20.0;	加工 ϕ54mm 内圆面
X74.0 Z-10.0;	加工内锥面
N200 Z2.0.0;	精加工路线末段
G70 P100 Q200;	内轮廓精加工
G00 Z100.0;	Z 向退刀至换刀点
X100.0;	X 向退刀至换刀点
M05;	主轴停止
M30;	程序结束

三、任务实施

1. 确定加工方案和切削用量

该套筒零件内孔的尺寸精度与形位公差精度要求较高，ϕ45mm 外表面不需加工。零件毛坯尺寸为 ϕ45mm×40mm 的棒料，材料为 45 钢。可采用如下工艺路线进行加工。

(1) 用卡盘装夹 ϕ45mm 工件毛坯外圆，车右端面。

(2) 调头装夹 ϕ45mm 工件毛坯外圆，车左端并保证长度 35mm。

(3) 用 ϕ10mm 麻花钻头钻通孔。

(4) 用 90°盲孔内镗刀粗车，内孔径向留 0.8mm 精车余量，轴向留 0.5 mm 精车余量，精车各孔径至尺寸。

该零件的整体加工方案如表 5-15 所示。

表 5-15 套筒零件加工方案

工 序	加工内容	加工方法	选用刀具
1	车 ϕ45 右端面	粗、精车	45°端面车刀
2	车 ϕ45 左端面	粗、精车	45°端面车刀
3	钻 ϕ10 通孔	钻孔	ϕ10 麻花钻
4	车内轮廓表面	粗、精车	90°盲孔内镗刀

确定加工方案和刀具后，要选择合适的刀具切削参数，如表 5-16 所示。

表 5-16 刀具切削参数选用表

刀具编号	刀具参数	主轴转速/(r/min)	进给率/(mm/r)	切削深度/mm
T01	45°端面车刀	600	0.05	1
T02	ϕ10 麻花钻	650	0.05	
T03	90°盲孔内镗刀	800	0.1	0.4

2. 建立工件坐标系

以套筒右端面中心为原点建立工件坐标系，采用 G71 内孔复合切削循环指令编程，循环起点为 $A(10,5)$，如图 5-36 所示。

3. 编写加工程序

由于套筒零件需要调头加工，车端面及钻孔的工序可采用手工完成，此处仅编制零件内表面的粗精车加工程序，见表 5-17。

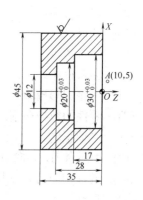

图 5-36 工件坐标系及循环起点

表 5-17　套筒内孔车削的参考程序

程　序	程序说明
O5380;	程序号
T0303;	调用 3 号内孔镗刀
G40 G97 G99 S700 M03;	初始化
G00 X10. Z2. M08;	到内孔循环点
G71 U2. R0.5;	内孔粗车循环加工
G71 P10 Q20 U-0.8 W0.5 F0.2;	Z 向精加工余量 0.5mm，X 向 0.8 精加工余量
N10 G00 X30.015;	0.8mm
G01 Z-17.;	精加工循环首段(取公差中值)
X20.015;	车 ϕ30mm 内孔
Z-28.;	车端面
X12.;	车 ϕ20mm 内孔
Z-36.;	车端面
N20 G00 X11.;	车 ϕ20mm 内孔
G70 P10 Q20;	精加工循环末段
G28 U0 W0	精车循环
M05;	返回参考点
M30;	主轴停转
	程序结束

4. 仿真加工

操作过程同项目四任务二中的相关内容。

5. 机床加工

1)　工件装夹及找正

用三爪自定心卡盘装夹 ϕ45mm 工件外圆，通过百分表找正，保证工件和车床主轴同心。

2)　输入与编辑程序

(1)　开机。

(2)　回参考点。

(3)　输入程序。

(4)　程序图形校验。

3)　零件的数控车削加工

(1)　主轴正转。

(2)　X 向对刀，Z 向对刀，设置工件坐标系。

(3)　进行相应刀具参数设置。

(4)　自动加工。

四、零件检测

按照图纸尺寸，使用游标卡尺等量具进行测量。

主要检测项目：

(1) $\phi30mm$、$\phi20mm$ 内孔尺寸精度。

(2) $\phi30mm$ 孔的圆跳动误差。

(3) 内孔的表面粗糙度。

如果尺寸精度、形位公差精度或表面粗糙度超差，则分析造成超差的原因，加以排除。

五、思考题

(1) 内孔加工的数控指令有哪些？

(2) G71 指令与 G72 指令分别适合什么类型零件的数控加工？

六、扩展任务

如图 5-37 所示的定位套零件，毛坯为 $\phi60mm×70mm$ 的棒料，材料为 45 钢。请编写内表面(不含螺纹)的加工程序。

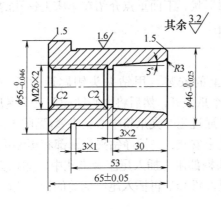

图 5-37　定位套

任务四　轴套类零件的数控车削加工

一、任务导入

某企业加工一批轴套零件，毛坯尺寸为 $\phi60mm×64mm$，材料为 45 钢，如图 5-38 所示。现需要对零件内外轮廓进行编程加工。

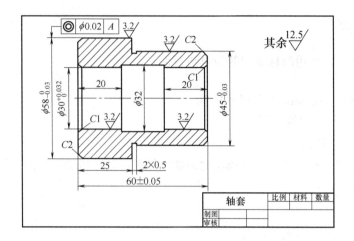

图 5-38　轴套

二、相关理论知识

对于盘套类零件，当内孔直径较小时，毛坯常为实心，需要在车床上钻孔、扩孔，然后进行车削，加工出内轮廓形状。下面重点介绍在车床上钻孔的工艺知识。

1. 钻中心孔的工艺知识

1)　钻中心孔的步骤

(1)　中心钻在钻夹头上的安装。用钻夹头钥匙逆时针方向旋转钻夹头的外套(见图 5-39(a))，使钻夹头的三个爪张开，然后将中心钻插入三个夹爪中间，再用钻夹头钥匙顺时针方向转动钻夹头外套，通过三个夹爪将中心钻夹紧(见图 5-39(b))。

(2)　钻夹头在尾座锥孔中安装。先擦净钻夹头柄部和尾座锥孔，然后用左手握钻夹头，沿尾座套轴线方向将钻夹头柄部用力插入尾座套锥孔中。如钻夹头柄部与车床尾座锥孔大小不吻合，可增加一合适过渡锥套后再插入尾座套筒的锥孔内(见图 5-39(c))。

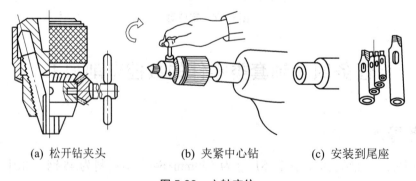

(a) 松开钻夹头　　　　(b) 夹紧中心钻　　　　(c) 安装到尾座

图 5-39　心轴定位

(3)　校正尾座中心。工件装夹在卡盘上，启动车床、移动尾座，使中心钻接近工件端面，观察中心钻钻头是否与工件旋转中心一致，并校正尾座中心使之一致，然后紧固尾座。

(4) 转速的选择和钻削。由于中心钻直径小，钻削时应取较高的转速，进给量应小而均匀，切勿用力过猛。当中心钻钻入工件后，应及时加切削液冷却润滑。钻毕时，中心钻在孔中应稍作停留，然后退出，以修光中心孔，提高中心孔的形状精度和表面质量。

2) 钻中心孔的注意事项

(1) 中心钻轴线必须与工件旋转中心一致。

(2) 工件端面必须车平，不允许留凸台，以免钻孔时中心钻折断。

(3) 及时注意中心钻的磨损状况，磨损后不能强行钻入工件，避免中心钻折断。

(4) 及时进退，以便排除切屑，并及时注入切削液。

2. 钻孔的工艺知识

1) 麻花钻的选用

钻孔是在实体材料上加工孔的方法，它属于粗加工，其尺寸精度一般可达 IT11～12，表面粗糙度 R_a12.5～25μm。

(1) 对于精度要求不高的孔，直接可以用麻花钻钻出。

(2) 对于精度要求较高的孔，钻孔后还要经过车削或扩孔、铰孔才能完成，在选用麻花钻时应留出下道工序的加工余量。

(3) 选用麻花钻长度时，一般应使麻花钻螺旋槽部分略长于孔深。

2) 麻花钻的安装

(1) 直柄麻花钻的安装。一般情况下，直柄麻花钻用钻夹头装夹，再将钻夹头的锥柄插入尾座锥孔内。

(2) 锥柄麻花钻的安装。锥柄麻花钻可以直接或用莫氏过渡锥套插入尾座锥孔中，或用专用的工具安装，如图5-40所示。

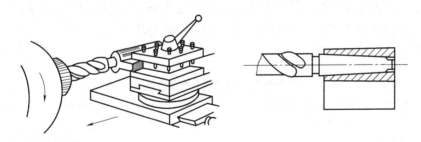

图5-40　麻花钻的安装

3) 钻孔时切削用量的选择

(1) 切削深度(背吃刀量)。钻孔时的切削深度是钻头直径的1/2。

(2) 切削速度。钻孔时的切削速度是指麻花钻主切削刃外缘处的线速度。用麻花钻钻钢料时，切削速度一般选 15～30m/min；钻铸件时，进给速度选 75～90m/min；扩钻时，切削速度可略高一些。

(3) 进给量 f。在车床上钻孔时，工件转 1 周，钻头沿轴向移动的距离为进给量。在车床上是用手慢慢转动尾座手轮来实现进给运动，进给量太大会使钻头折断。用直径为 12～25mm 的麻花钻钻钢料时，f 取 0.15～0.35 mm/r；钻铸件时，f 取 0.15～0.4mm/r。

4) 钻孔的步骤

(1) 钻孔前先将工件平面车平，中心处不许留凸台，以利于钻头定心。

(2) 找正车床尾座，使钻头中心对准工件旋转中心，否则可能会使孔径钻大、钻偏，甚至折断钻头。

(3) 用细长麻花钻钻孔时，为防止钻头晃动，应先在端面钻出中心孔，然后用直径小于5mm 的麻花钻钻孔，这样便于定心且钻出的孔同轴度好。

(4) 在实体材料上钻孔，小孔径可以一次钻出。若孔径超过30mm，则不宜用钻头一次钻出；此时可分两次钻出，即第一次先用一支小钻头钻出底孔，再用大钻头钻出所要求的尺寸；一般情况下，第一支钻头直径为第二次钻孔直径的0.5~0.7 倍。

(5) 钻孔后如需铰孔，由于所留的铰孔余量较小，应在钻头钻进1~2mm 后将钻头退出，停车检查孔径，以防因孔扩大没有铰孔余量而报废。

(6) 钻不通孔与钻通孔的方法基本相同，不同的是钻不通孔时需要控制孔的深度。控制深度的方法可以是当钻尖开始进入工件端面时，用钢直尺量出尾套筒的伸出长度，然后继续摇动尾座手轮，直到套筒新增伸出量达到指定的深度。

三、任务实施

1. 确定加工方案和切削用量

该轴套零件的加工对象包括外圆台阶面、倒角、沟槽、内圆面等。其中 $\phi 58$mm 外圆、$\phi 45$mm 外圆和 $\phi 30$mm 内圆有较高的尺寸精度与表面粗糙度要求。$\phi 58$mm 外圆对 $\phi 30$mm 内孔轴线有同轴度为 0.02mm 的精度要求。

根据零件形状特点，此工件需要调头二次装夹才能完成加工。先装夹右端，车左端 $\phi 58$mm 外圆及 $\phi 30$mm 内孔，保证 $\phi 58$mm 外圆与 $\phi 30$mm 内孔的同轴度要求；工件调头，以 $\phi 58$mm 外圆为定位基准，采用软爪装夹完成右端外形加工。

该零件的加工方案见表 5-18。

表 5-18　轴套零件加工方案

工　序	加工内容	加工方法	选用刀具
1	车 $\phi 58$mm 左端面	车削	90°粗精外圆车刀
2	钻 $\phi 28$mm 内孔	钻孔	$\phi 28$mm 麻花钻
3	粗、精车 $\phi 58$mm 外圆	粗、精车	90°粗精外圆车刀
4	粗、精车 $\phi 30$mm、$\phi 32$mm 内圆	粗、精车	75°主偏角镗刀
5	调头，粗、精车 $\phi 30$mm 内圆、齐端面	车削	90°粗精外圆车刀
6	切 2mm×0.5mm 沟槽	车削	宽 2mm 切槽刀

确定加工方案和刀具后，要选择合适的刀具切削参数，见表 5-19。

2. 建立工件坐标系

此工件可分为两个程序进行加工，在 Z 向需分两次对刀确定工件坐标原点。当装夹小端，加工大端面、外圆及内孔时，工件坐标系原点为大端面中心点，如图 5-41(a)所示；当装夹大端，加工小端面、外圆及沟槽时，工件坐标原点为小端面中心点，如图5-41(b)所示。

表5-19　刀具切削参数选用表

刀具编号	刀具参数	主轴转速/(r/min)	进给率/(mm/r)	切削深度/mm
T01	90°粗精外圆车刀	600～1200	0.05～0.1	1
T02	ϕ28mm 麻花钻	600	0.1	
T03	75°主偏角镗刀	600～800	0.05	1
T04	宽 2mm 切槽刀	600	0.07	

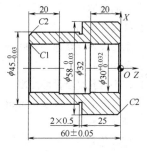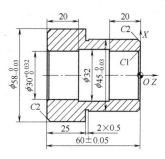

(a) 装夹小端时　　　　　　　　　　　(b) 装夹大端时

图 5-41　工件坐标系及循环起点

3. 编写加工程序

轴套需要调头装夹加工，需要编写两个程序，加工程序见表 5-20。

表 5-20　轴套加工的参考程序

程序内容	简要注释
O5480；(加工左端面、外圆、内孔)	程序号
T0101；	调用 1 号外圆车刀
M04 S600；	主轴反转，转速为 600r/min
G00 X65.Z5.；	快速定位接近工件
G01 Z0 F0.1；	刀具与端面对齐
X-1.；	车端面
G00 X100.Z150.；	退刀至换刀点
M00 ；	程序停止
T0202 ；	换钻头
M03 S600；	主轴正转，转速为 600r/min
G00 X0 Z5.；	钻孔起点
G74 R2.；	钻孔循环，每次退刀 2mm
G74 Z-65.Q8000 F0.1 ；	钻通孔，每次进给 8mm
G00 X100.Z150.；	回换刀点
T0101；	换外圆刀

续表

程序内容	简要注释
M04 S800;	主轴反转，转速为800r/min
G00 X65.Z5.;	G90循环起点，主轴反转
G90 X58.5 Z-30.F0.1;	G90循环粗车ϕ58外圆，留精加工余量0.5mm
G00 X54.;	至倒角延长线
G01 Z0 F0.2;	至倒角起点
X58.Z-2.;	切削倒角
Z-28.;	粗车ϕ58外圆
X62.;	X向退刀
G00 X100.Z150.;	返回换刀点
T0303;	换内孔镗刀
M04 S600;	主轴反转，转速为600r/min
G00 X27.5 0Z5.;	至循环起点
G71 U1 R0.5;	G71内孔复合循环切削
G71 P10 Q20 U-0.5 W0 F0.1;	X向留精加工余量0.5mm，Z向车至尺寸
N10 G01 X32.F0.05;	精加工首段
Z0;	至倒角起点
X30.Z-1.;	车倒角
Z-24.;	车ϕ30内孔
X32.;	车内端面
Z-40.;	车ϕ32内孔
N20 X30.;	精加工末段，车内端面
M00;	程序停止
S800;	主轴转速为800r/min
G70 P10 Q20;	精加工循环
G00 X100.Z150.;	回换刀点
M05;	主轴停转
M30;	程序结束
O5481;(工件调头装夹，加工右端面、外圆、内孔)	程序号
T0101;	调用1号外圆车刀，建立工件坐标系
M04 S600.;	主轴反转，转速为600r/min
G00 X65.Z5.;	刀具快速定位
G01 Z0 F0.1;	刀具对齐端面
X-1;	车端面
G00 X65.Z5.;	定位至循环起点
G71 U1 R0.5 ;	G71循环车表面，X向切深1mm
G71 P30 Q40 U-0.5 W0 F0.1 ;	X向精加工余量0.5mm
N30 G01 X41.F0.05;	精车第一段，至倒角延长线
Z0;	至倒角起点
X45.Z-2.;	车倒角

程序内容	简要注释
Z-35.;	车 ϕ45mm 外圆
N40 X60.;	车端面
M00;	程序停止
M05;	主轴停转
M04 S800;	主轴转速为 800 r/min
G70 P30 Q40;	G70 外形精车循环
G00 X100.Z150.;	快速退回换刀点
M05;	主轴停转
T0404;	换切槽刀
S400;	主轴转速为 400r/min
G00 X65.Z-35.;	定位至切槽点
G01 X57.F0.05;	切 2mm×0.5mm 槽
X60.;	X 向退刀
G00 X100.Z150.;	快速返回换刀点
M05;	主轴停转
T0303;	换镗刀
M04 S600;	主轴反转，转速为 600r/min
G00 X28.Z5.;	至循环起点
G71 U1 R0.5;	G71 循环车内孔，X 向切深 1mm
G71 P50 Q60 U-0.5 W0 F0.1 ;	X 向留精加工余量 0.5mm
N50 G00 X32;	精加工首段，至倒角延长线
G01 Z0 F0.05;	倒角起点
X30.Z-1.;	车倒角
Z-22.;	车 ϕ30mm 外圆
N60 X28.;	精加工末段，X 向退刀
M00;	程序停止
M04 S1200;	主轴反转，转速为 1200r/min
G70 P50 Q60;	G70 循环精车内孔
G00 X100.Z150.;	退至换刀点
M05;	主轴停转
M30;	程序结束

4. 仿真加工

操作过程同项目四任务二中的相关内容。

5. 机床加工

1) 工件装夹及找正

根据图形分析，此零件需经二次装夹才能完成加工。为保证 ϕ58mm 外圆与 ϕ30mm 内孔轴线的同轴度要求，需在一次装夹中加工完成外圆及内孔的车削。第二次采用软爪装夹定位，以精车后的 ϕ58mm 外圆为定位基准。采用百分表找正。

数控车床编程与操作(第 2 版)

2) 输入与编辑程序

(1) 开机。

(2) 回参考点。

(3) 输入程序。

(4) 程序图形校验。

3) 零件的数控车削加工

(1) 主轴正转。

(2) X 向对刀，Z 向对刀，设置工件坐标系。

(3) 进行相应刀具参数设置。

(4) 自动加工。

四、零件检测

按照图纸尺寸，使用游标卡尺进行测量。如果尺寸精度、形位公差精度或表面粗糙度超差，则分析造成超差的原因，加以排除。主要测量以下项目。

(1) $\phi 30^{+0.032}_{0}$ mm 内孔的尺寸精度。

(2) $\phi 58^{0}_{-0.003}$ mm 外圆、$\phi 45^{0}_{-0.003}$ mm 外圆的尺寸精度。

(3) $\phi 58^{0}_{-0.003}$ mm 外圆与 $\phi 30^{+0.032}_{0}$ mm 内孔之间的同轴度要求。

(4) $\phi 30^{+0.032}_{0}$ mm 外圆、$\phi 58^{0}_{-0.003}$ mm 外圆、$\phi 45^{0}_{-0.003}$ mm 外圆的表面粗糙度。

五、思考题

(1) 当零件内外表面均需加工时，应先加工外表面，还是先加工内表面？

(2) 如何保证内外表面之间的位置公差要求？

六、扩展任务

如图 5-42 所示的盲孔零件，毛坯为 $\phi 53$mm×100mm 的棒料，材料为 45 钢，表面粗糙度为 $R_a 3.2\mu m$。请编写零件的粗精加工程序。

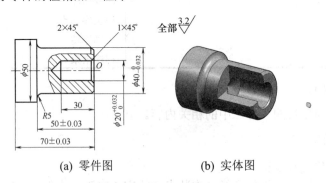

(a) 零件图　　　　　　(b) 实体图

图 5-42　盲孔零件

134

拓展训练　薄壁零件的数控车削加工

一、任务导入

本任务要求加工如图 5-43 所示的薄壁套筒零件，工件材料为 HT200，毛坯为铸造件，毛坯长度 56mm。

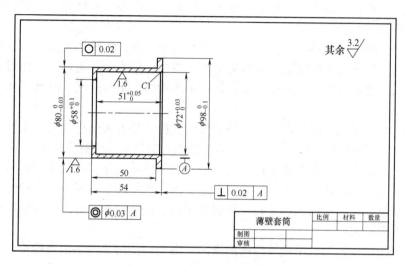

图 5-43　薄壁套筒零件

二、相关理论知识

1. 薄壁类零件的加工特点

薄壁类零件的内、外直径差非常小，由于夹紧力、切削力、切削热、内应力等诸多因素的影响，加工难度比较大。

(1) 薄壁类零件承受不了较大的径向夹紧力，用通用夹具装夹比较困难。

(2) 薄壁类零件刚性差，在夹紧力的作用下极易产生变形，常态下工件的弹性复原能力会影响工件的尺寸精度和形状精度。如图 5-44(a)所示为夹紧后产生弹性变形。如图 5-44(b)所示为镗孔加工时正确的圆柱形；如图 5-44(c)所示为取下工件后，由于弹性恢复，内孔变形。

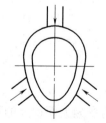 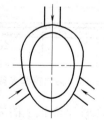 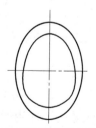

(a) 夹紧后产生弹性变形　(b) 镗孔加工时正确的圆柱形　(c) 取下工件后内孔变形

图 5-44　薄壁类的工件变形

(3) 工件的径向尺寸受切削热的影响大，热膨胀变形的规律难以掌握，因而工件尺寸精度不易控制。

(4) 由于切削力的影响，容易产生变形和振动，工件的精度和表面粗糙度不易保证。

(5) 由于薄壁类零件刚性差，不能采用较大的切削用量，因而生产效率低。

2. 薄壁类零件的编程注意事项

(1) 增加切削次数。对于薄壁类零件至少要安排粗车、半精车和精车，甚至多道工序。在半精车工序中修正因粗车引起的工件变形，如果还不能消除工件变形，要根据具体变形情况适当再增加切削工序。

(2) 工序分析。薄壁类零件应按粗、精加工划分工序，以降低粗加工对变形的影响。对于内、外表面均要加工的情况，应首先全部完成内、外表面的粗加工，然后进行全部表面的半精加工，最后完成所有的精加工。这样虽然增加了走刀路线，降低了加工效率，但可以保证加工精度。

(3) 加工顺序安排。薄壁类零件的加工要经过内、外表面的粗加工、半精加工和精加工等多道工序，工序间的顺序安排对工件变形量的影响较大，一般应作如下考虑。

① 粗加工优先考虑去除余量较大的部位。因为余量去除大，工件变形量就大。如果工件外圆和内孔需切除的余量相同，则首先进行内孔的粗加工，因为先去除外表面余量时工件刚性降低较大，而在内孔加工时，排屑较困难，使切削热和切削力增加，两方面的因素会使工件变形扩大。

② 精加工时优先加工精度等级低的表面。因为虽然精加工切削余量小，但也会引起被切工件的微小变形。再加工精度等级高的表面，精加工可以再次修正被切工件的微小变形量。

3. 减少薄壁类零件变形的一般措施

1) 合理确定夹紧力的大小、方向和作用点

(1) 粗、精加工采用不同的夹紧力。

(2) 正确选择夹紧力的作用点，使夹紧力作用于夹具支承点的对应部位或刚性较好的部位，并尽可能靠近工件的加工表面。

(3) 因为薄壁类零件轴向承载能力比径向大，改变夹紧力的作用方向，变径向夹紧为轴向夹紧，如图 5-45 所示。

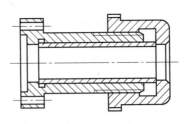

图 5-45　轴向夹紧夹具

(4) 增大夹紧力的作用面积，将工件小面积上的局部受力变为大面积上的均匀受力，可大大减少工件的夹紧变形，如图 5-46 所示。

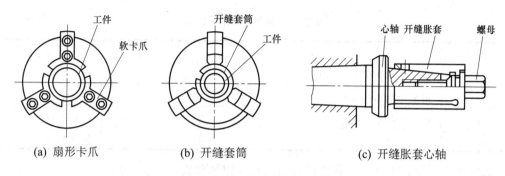

(a) 扇形卡爪　　　　　(b) 开缝套筒　　　　　(c) 开缝胀套心轴

图 5-46　增大夹紧面积

2)　尽量减少切削力和切削热

(1)　合理选择刀具的几何参数。精车薄壁类零件时，刀柄的刚性要求高，刀具的修光刃不宜过长，刀具刃口要锋利。

(2)　合理选择切削用量。切削用量中对切削力影响最大的是背吃刀量，对切削热影响最大的是切削速度。因此车削薄壁类零件时，应减小背吃刀量和降低切削速度，以减少切削力和切削热，同时应适当增大进给量。

(3)　充分浇注切削液。浇注切削液可以迅速降低切削温度，并减小摩擦系数，减小切削力。

3)　使用辅助支承

使用辅助支承可提高工件的安装刚性，减少工件的夹紧变形。如用支撑块对准卡爪位置，支承于工件内壁，用来承受夹紧力。

4)　增加工艺筋

有些薄壁类零件可在装夹部位铸出工艺加强筋，以减少夹紧变形。

三、任务实施

1. 确定加工方案和切削用量

1)　图样分析

图 5-43 所示零件为薄壁零件，刚性较差，零件的尺寸精度和表面粗糙度要求都较高。

该零件表面由内外圆柱面组成，其中有的尺寸有较严格的精度要求，因其公差方向不同，故编程时取中间值，即取其平均尺寸偏差。

2)　加工工艺路线设计

确定加工顺序由粗到精，留余量 0.5mm。

(1)　三爪卡盘夹持外圆小头，粗车内孔、大端面。

(2)　夹持内孔，粗车外圆及小端面。

(3)　扇形软卡爪装夹外圆小头，精车内孔、大端面。

(4)　以内孔和大端面定位，心轴夹紧，精车外圆。

该零件的加工方案见表 5-21。

表 5-21　薄壁零件加工方案

工　序	加工内容	加工方法	选用刀具
1	粗车内孔 ϕ72 及大端面	车削	内孔车刀
2	粗车外圆及小端面	车削	外圆车刀
3	精车内孔及大端面	车削	内孔车刀
4	精车外圆	车削	外圆车刀

确定加工方案和刀具后，要选择合适的刀具切削参数，见表 5-22。

表 5-22　刀具切削参数选用表

刀具编号	刀具参数	主轴转速/(r/min)	进给率/(mm/r)	切削深度/mm
T0101	端面车刀	500	0.2	1
T0202	内孔车刀	600	0.1	—

2. 建立工件坐标系

(1) 粗、精车内孔、大端面，以工件左端面中心线交点为工件原点，如图 5-47 所示。

(2) 粗、精车外圆、小端面，以工件左端面中心线交点为工件原点，如图 5-48 所示。

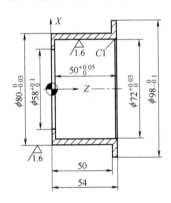

图 5-47　装夹小端

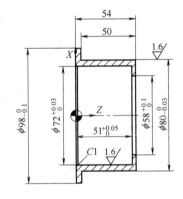

图 5-48　装夹大端

3. 编写加工程序

加工程序如表 5-23 所示。

表 5-23　薄壁套筒加工的参考程序

程序内容	简要注释
(1)粗车内孔及大端面	
O0511;	程序号
T0101;	选择刀具
M04 S500;	主轴反转，转速为 500r/min
G00　X100.0　Z55.0;	快速到达切削起点

程序内容	简要注释
G01　X60.0　F0.2;	粗车大端面
G00　X150.0　Z100.0　T0100;	退回换刀点，取消 1 号刀补
T0202;	换 2 号刀
G00　X74.015　Z54.5;	快速到达切削起点
G01　X72.5　Z53.0　F0.2;	车倒角
W-50.515;	车内孔ϕ72mm
X59.05;	车内孔端面
W-2.0;	车内小孔ϕ58mm
G00　X20.0;	退刀
z60.0;	返回起刀点，取消 2 号刀补
X150.0　Z100.0　T0200;	主轴停止
M05;	程序结束
M02;	
(2)粗车外圆及小端面	
O00512;	换 1 号刀(端面车刀)
T0101;	主轴反转
S600　M04;	快速到达切削起点
G00　X82.0　Z54.5;	切削端面
G01　X54.0　F0.2;	退回换刀点，取消 1 号刀补
G00　X150.0　Z100.0　T0100;	换 2 号刀
T0202;	快速到达切削起点
G00　X81.985　Z55.0;	车外圆ϕ80mm
G01　Z4.0　F0.2;	车外圆端面
X98.95;	车外圆ϕ98mm
W-4.0;	
X150.0　Z100.0　T0200;	取消 2 号刀补
M05;	主轴停止
M02;	程序结束
(3)精车内孔及大端面	
O00513;	换 1 号刀(端面车刀)
T0101;	主轴反转
S500　M04;	快速到达切削起点
G00　X100.0　Z54.0;	切削端面
G01　X60.0　F0.1;	快速到达切削起点
G00　X82.0　Z54.0;	切削端面
G01　X55.0　F0.15;	退回换刀点，取消 1 号刀补
G00　X150.0　Z100.0　T0100;	换 2 号刀
T0202;	快速到达切削起点
G00　X79.985　Z55.0;	车外圆ϕ80mm
G01　Z4.0　F0.15;	车外圆端面
X97.95;	
Z-2.0;	车外圆ϕ98mm
X150.0　Z100.0　T0200;	回起刀点，取消 2 号刀补
M05;	主轴停止
M30;	程序结束

4. 仿真加工

操作过程同项目四任务二中的相关内容。

5. 机床加工

(1) 工件装夹及找正。该零件为薄壁套筒零件，可用特制的扇形软卡爪及心轴安装。

(2) 装夹刀具。

(3) 输入程序。

(4) 对刀。使用试切法对刀，在机床刀具表中设定长度补偿。

(5) 启动自动运行，加工零件。为防止出错，最好使用单段方式加工。

(6) 测量零件，修正零件尺寸。

四、零件检测

按照图纸尺寸，使用游标卡尺、内径千分尺及内径百分表进行测量。如果尺寸精度、形位公差精度或表面粗糙度超差，则分析造成超差的原因，加以排除。

五、思考题

(1) 薄壁类零件的加工特点是什么？

(2) 减少薄壁零件变形的措施有哪些？

(3) 薄壁类零件的编程有哪些注意事项？

六、扩展任务

编写如图 5-49 所示套类薄壁零件的程序。

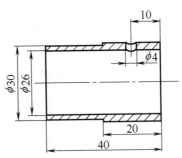

图 5-49　套类薄壁零件图

内孔加工常见问题及加工质量分析

内孔类零件在车削加工中，因受机床、工艺、操作人员技术、环境等因素的影响，会经常遇到一些质量问题影响加工质量和加工效率。表 5-24 列出了常见内孔类零件加工质量问题及预防措施。

表 5-24　内孔类零件加工质量分析

废品种类	产生原因	预防措施
孔径不合格	①程序中坐标错误或刀具补偿不合格 ②测量不仔细 ③刀具磨损 ④铰孔时刀具尺寸不合格或尾座偏位 ⑤对刀误差	①检查并修改程序 ②认真测量 ③重磨车刀 ④检查铰刀尺寸或调整尾座 ⑤重新对刀
内孔有锥度	①内孔车刀磨损严重,主轴轴线歪斜,车身导轨严重磨损 ②铰孔时,有喇叭口,主要是尾座偏位	①修磨车刀,找正或大修机床 ②找正尾座或用浮动套筒
内孔粗糙	①刀具磨损,刀杆刚度产生振动 ②切削用量选择不合理,未加注切削液 ③铰刀磨损或刃口有缺陷	①修磨车刀,采用刚性好的刀具 ②合理选择切削用量,并充分加注切削液 ③刃磨或更换铰刀,并妥善保管好刀具
同轴度、垂直度超差	①用一次装夹方法车削时,工件移位或机床精度不高 ②心轴装夹时,心轴中心孔毛糙,或心轴本身同轴度不合格 ③用软爪装夹时,软卡爪车削不合格	①装夹牢固,减小切削用量,调整机床精度 ②研修心轴中心孔,校直心轴 ③软爪应在本机床上车出,直径可与工件装夹尺寸基本相同(+0.1mm)

习　题

(1)　编写如图 5-50 所示的套筒零件加工程序,毛坯直径 55mm,长 50mm。未注倒角 1×45°。

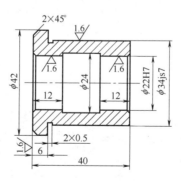

图 5-50　套筒

(2)　编写如图 5-51 所示零件的加工程序。

(3)　编写如图 5-52 所示零件的加工程序。

(4)　编写如图 5-53 所示零件的加工程序。

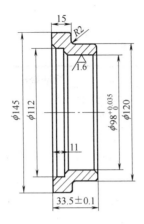

图 5-51　零件图(1)

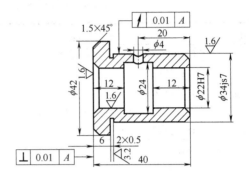

图 5-52　零件图(2)

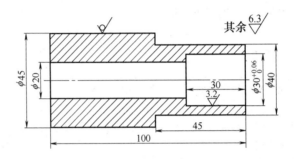

图 5-53　零件图(3)

项目六　切槽(切断)编程与加工

知识目标

- 掌握 G01、G75、G74、子程序等切槽(切断)编程指令的用法。
- 理解带沟槽类零件的结构特点和加工工艺特点。
- 掌握带沟槽类零件的编程方法。

能力目标

- 针对加工零件，能分析带沟槽类零件的结构特点、加工要求，理解加工技术要求。
- 会分析带沟槽类零件的工艺性能，能正确选择设备、刀具、夹具与切削用量，能编制数控加工工艺卡。
- 对于宽槽或多槽加工，会使用 FANUC-0i 数控系统的子程序及复合循环指令编制零件加工程序。

学习情景

在数控加工中，常遇到一些沟槽的加工，如外槽、内槽和端面槽等，采用数控车床编制程序对这些零件进行加工是最常用的加工方法。一般的单一切直槽或切断，采用 G01 指令即可；对于宽槽或多槽零件，只能用子程序或复合循环指令进行加工。常见的各种沟槽如图 6-1 所示。

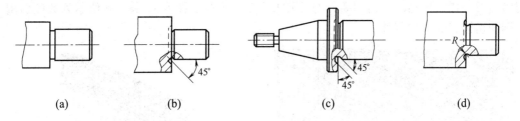

图 6-1　常见的各种沟槽

任务一　规则的外圆槽数控车削加工

一、任务导入

本任务要求运用数控车床加工如图 6-2 所示的零件，要求切削 3 个直槽，槽宽为 3mm，槽深为 3mm，材料为 45 钢。

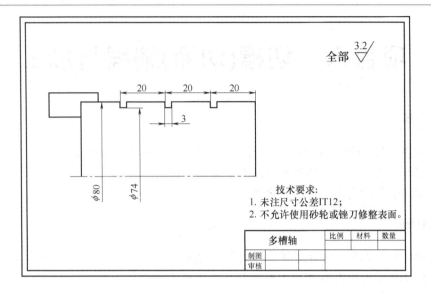

图 6-2　多槽轴

二、相关理论知识

1. 槽类零件加工刀具

1)　切槽刀

切槽刀常选用高速钢切槽刀和机夹可转位切槽刀。切槽刀与切断刀在刀具角度与切削方式上没有太多区别，但一般切断刀刀长比切槽刀要长些。两种刀具都要注意干涉问题，切槽刀刀长要大于槽深，而切断刀刀长要大于工件半径。图6-3、图6-4所示为数控切槽刀和端面切槽刀的实物图片。

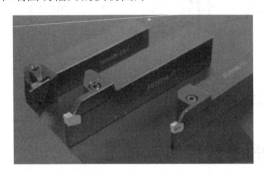

图 6-3　数控切槽刀

图 6-4　端面切槽刀

2)　切断刀

切断刀用于工件的切断，图6-5所示为切断刀的实物图片。

(1) 切断刀的几何形状。

高速钢切断刀的几何形状如图6-6所示。

图 6-5　切断刀

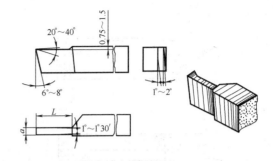

图 6-6　高速钢切断刀的几何形状

① 前角(γ_0)。切断中碳钢工件时，$\gamma_0 = 20° \sim 30°$；切断铸铁工件时，$\gamma_0 = 0° \sim 10°$。

② 主后角(α_0)。切断塑性材料时取大些，切断脆性材料时取小些。

③ 副后角(α_0')。切断刀有两个对称的副后角，其作用是减少切断刀副后面和工件两侧已加工表面之间的摩擦力。

④ 主偏角(κ_r)。切断刀以横向进给为主，主偏角 $\kappa_r = 90°$。

⑤ 副偏角(κ_r')。切断刀的两个副偏角也必须对称。

⑥ 主切削刃宽度(a)。主切削刃太宽，会因切削力过大而引起振动，并浪费工件材料；太窄又会削弱刀头强度，容易使刀头折断。

⑦ 刀头长度。切断刀的刀头不宜太长，太长会引起振动和使刀头折断。

(2) 常用的其他几种切断刀。

① 硬质合金切断刀。硬质合金切断刀是目前生产过程中应用较广泛的高速切断刀。图 6-7 所示为硬质合金鱼肚形切断刀；图 6-8 所示为硬质合金切断刀片槽形状。

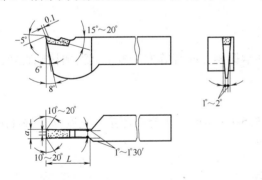

图 6-7　硬质合金鱼肚形切断刀

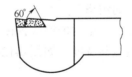

图 6-8　硬质合金切断刀片槽形状

② 机械夹固式切断刀。机械夹固式切断刀具有节省刀柄材料、换刀方便，并可解决刀片脱焊现象等优点，现已获得广泛应用。图 6-9 所示为杠杆式机械夹固式切断刀。

③ 弹性切断刀。为了节省高速钢材料，并使刃磨方便，切断刀可以做成片状，再装在弹性刀柄上，如图 6-10 所示。

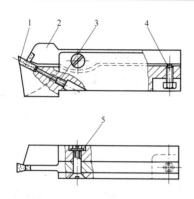

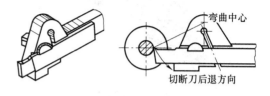

图 6-9 杠杆式机械夹固式切断刀

图 6-10 弹性切断刀

④ 反切刀。切断直径较大的工件时，由于刀头较长，刚性较差，很容易引起振动，这时可以采用反向切断法，即工件反转，用反切刀切断，如图 6-11 所示。

(3) 切断刀的装夹。

① 装夹时，切断刀不宜伸出太长，同时切断刀的中心线必须与工件中心线垂直，确保两副后角对称。

② 切断无孔工件时，切断刀主切削刃必须与工件中心等高，否则不能车到工件中心，而且容易崩刃，甚至折断车刀。

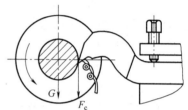

图 6-11 反向切断和反切刀

③ 切断刀的底平面应平整，以确保装夹后两个副后角对称。

2. 槽类零件测量量具

1) 精度要求低的沟槽

可用金属直尺测量其宽度，金属直尺、外卡钳相互配合等方法测量其沟槽槽底直径，如图 6-12(a)和图 6-12 (b)所示。

2) 精度要求高的沟槽

通常用外径千分尺测量沟槽槽底直径，如图 6-12(c)所示;用样板测量其宽度，如图 6-12(d)所示;用游标卡尺测量其宽度，如图 6-12(e)所示。

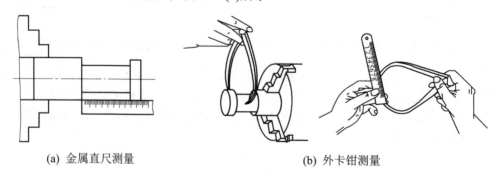

(a) 金属直尺测量   (b) 外卡钳测量

图 6-12 沟槽的检查和测量

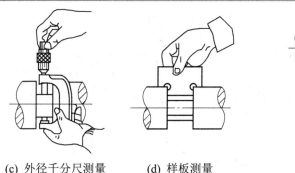

(c) 外径千分尺测量　　　　(d) 样板测量　　　　　　(e) 游标卡尺测量

图 6-12　沟槽的检查和测量(续)

3. 槽类零件加工工艺

1)　槽类零件的技术要求

考虑槽类零件加工表面的尺寸精度和粗糙度 R_a 值，零件的结构形状和尺寸大小、热处理情况、材料的性能以及零件的批量等。

(1)　尺寸精度：长度、深度等。

(2)　形状精度：圆度、圆柱度及轴线的直线度。

(3)　位置精度：同轴度、平行度、垂直度。

(4)　表面质量：表面粗糙度、表面硬度等。

2)　常用加工方案及特点

精度要求较高的零件切槽，在精车之前进行；精度要求不高的零件，可在精车后车槽。

(1)　精度不高和宽度较窄的矩形沟槽。可用刀宽等于槽宽的切槽刀，采用直进法一次车出。精度要求较高的，分两次或多次车削成型。

(2)　车削较宽的沟槽。可用多次直进法切削，并在槽侧和槽底留精车余量，最后精车至要求尺寸。车较小的梯形槽，先采用直进法后采用左右切削法完成。

(3)　外沟槽的具体车削方法。

①　车削精度不高的和宽度较窄的沟槽时，可用刀宽等于槽宽的车槽刀，采用一次直进法车出，如图 6-13(a)所示。

②　车削有精度要求的沟槽时，一般采用两次直进法车出，即第一次车槽时槽壁两侧留精车余量，然后根据槽深、槽宽进行精车，如图 6-13(b)所示。

③　车削较宽的沟槽时，可用多次直进法车削，如图 6-13(c)所示，并在槽壁两侧留一定精车余量，然后根据槽深、槽宽进行精车。

④　车削较窄的梯形槽时，一般用成型刀一次完成。

⑤　车削较窄的圆弧槽时，一般以成型刀一次车出。

3)　切断

切断要用切断刀，切断刀刀头窄而长，容易折断。切断方法常用的有直进法和左右借刀法两种。直进法常用于切断铸铁等脆性材料，左右借刀法常用于切断钢等塑性材料。

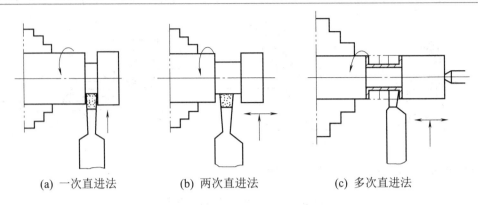

| (a) 一次直进法 | (b) 两次直进法 | (c) 多次直进法 |

图 6-13 直沟槽的车削

4) 具体切断方法

(1) 直进法切断工件。直进法是指在垂直于工件轴线的方向进行切断，如图 6-14(a) 所示。

(2) 左右借刀法切断工件。在切削系统(刀具、工件、车床)刚性不足的情况下，可采用左右借刀法切断，如图 6-14(b)所示。

(3) 反切法切断工件。反切法是指工件反转，用反切刀切断，如图 6-14(c)所示。

5) 切断(切槽)注意事项

(1) 工件的切断处尽量靠近卡盘，增强刚性。

(2) 切断刀刀尖与工件中心等高，防止工件留有凸台。

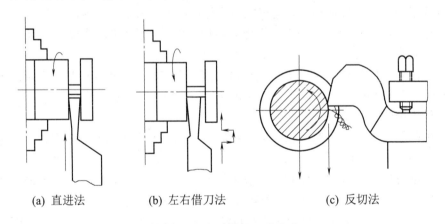

| (a) 直进法 | (b) 左右借刀法 | (c) 反切法 |

图 6-14 切断工件的 3 种方法

(3) 切断刀中心线与工件中心线成 90°角，以获得理想的加工面，减少振动。

(4) 切断刀伸出刀架长度要短，进给要缓慢均匀。

(5) 切铸铁时可不加切削液，切钢件时要加切削液。

6) 车削切削用量的确定

(1) 车削背吃刀量 a_p 的确定。切断、车外沟槽一般为横向进给切削，背吃刀量 a_p 是垂直于已加工表面方向所量得的切削层宽度的数值。车削加工的背吃刀量 a_p 按照经验值，精加工时取 0.1～0.5mm。该工件为切槽加工，因精度不高，切削余量不大，可直接切到槽底。

(2) 车削进给量 f 的确定。切断和车槽时，因为切断刀和车槽刀刀头刚性不足，所以不宜选较大的进给量。进给速度根据经验值取 0.07mm/r。

(3) 切削速度(v_c)的确定。用高速钢车刀切断钢料件时，v_c=30～40m/min；切断铸铁材料件时，v_c=15～20m/min。主轴速度根据经验值取 1200r/min。

4. 切槽编程指令

1) G01 切槽指令

切槽宽大于刀具宽度的零件，如果槽宽处有倒角，可用 G01 指令。

(1) 倒角的作用。阶梯轴端面的毛刺，会影响零件装配及测量，为了便于装配及测量，常在轴端进行倒角。

(2) 倒角的种类。倒角有斜角和圆弧角两种。

(3) 倒角的常用车削方法。

① 倒小斜角可采用直线插补的方法切削(G01)。

② 倒小圆弧角可采用圆弧插补的方法切削(G02、G03)。

③ 倒大斜角可采用切削圆锥的方法切削(G90、G94)。

④ 倒大圆弧角可采用切削圆弧的方法切削。

(4) 倒角的车削方法及编程计算。车削倒角一般选用 90°外圆车刀，先将刀尖移到倒角的延长线上，然后使车刀沿倒角轮廓进行车削。

如图 6-15 所示，要车削零件右端的 2×45°倒角，为了加工出平滑的 45°倒角，必须先将车刀刀尖移到倒角的延长线上，点 $A(14,1)$ 为倒角延长线上的一点。

工件原点设在工件右端面，倒角的程序如下：

```
G00 X20.0 Z5.0;          快速定位
G01 X14.0 Z1.0 F0.2;     移到 A 点
G01 X20.0 Z-2.0;         A→B
 (或 G01 U6.0 W-3.0;)     A→B
```

例 6-1 编程举例：如图 6-16 所示，切削直槽，槽宽为 5mm 并完成两个 0.5mm 宽的倒角。切槽刀宽为 4mm。

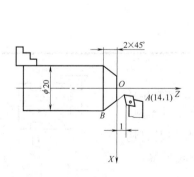

图 6-15 倒角的车削

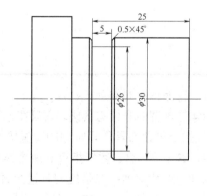

图 6-16 倒角零件

工件原点设在右端面中心，切槽刀对刀点为左刀位，因切槽刀小于刀宽，且需用切槽刀切倒角，故加工此槽需三刀完成。一般先从槽中间将槽切至槽底并反向退出，刀具移至左边倒角延长线上。倒左角并切槽左边余量后退出，刀具移至右边倒角延长线上。倒右角并切槽右边余量后移至槽中心退出，加工步骤如图 6-17 所示。程序如表 6-1 所示。

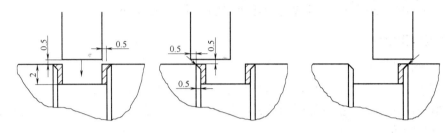

图 6-17　G01 切槽步骤示意

表 6-1　倒角零件的加工程序

程　序	说　明
O0601;	程序名
N010T0202;	设工件坐标系
N020G00X31.0Z-24.5M04S500;	主轴反转，转速为 500r/min，X、Z 轴快速定位
N030G01X26.0F0.05;	切槽
N040X31.0;	X 快速退刀，回到刀具的初始位置
N050W-1.5;	倒左角
N060X29.0W1.0;	
N070X26.0;	
W0.5;	
N080X31.0;	
N090W1.5;	倒右角
N100X29.0W-1.0;	
N120X26.0;	
W-0.5;	
N130X31.0;	
N140G00X80.0Z150.0;	退刀
N150M05M30;	程序结束

2)　暂停指令 G04

G04 是典型的非模态代码，它只在本程序段有效，如图 6-18 所示。该指令可使刀具作短时间的无进给光整加工，常用于车槽、镗平面、锪孔等场合。暂停指令有两个作用：一是将切屑及时切断，以利于继续切削；二是使刀具进给暂停，保持槽底平整。

指令格式：G04 X__；或 G04 U__；或 G04 P__；

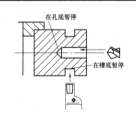

图 6-18　G04 暂停指令

注意: 使用 P 时不能有小数点,单位为 ms;使用 X 或 U 时单位为 s。如要暂停 2s,可以用以下几种指令指定。

```
G04 X2.0;或 G04 U2.0;或 G04 P2000;
```

3)　子程序

(1)　子程序的概念。机床的加工程序可以分为主程序和子程序两种。主程序是一个完整的零件加工程序,或是零件加工程序的主体部分。它与被加工零件或加工要求一一对应,不同的零件或不同的加工要求都有唯一的主程序。

在编制加工程序中,有时会遇到一组程序段在一个程序中多次出现,或者在几个程序中都要使用它。这个典型的加工程序可以做成固定程序,并单独加以命名,这组程序段就称为子程序。

子程序一般不可以作为独立的加工程序使用,它只能通过主程序进行调用,实现加工中的局部动作。子程序执行结束后,能自动返回到调用它的主程序中。

(2)　子程序的格式。在大多数数控系统中,子程序和主程序并无本质区别。子程序和主程序在程序号及程序内容方面基本相同,仅结束标记不同。主程序用 M02 或 M30 表示结束,而子程序在 FANUC-0i 系统中用 M99 表示结束,并实现自动返回主程序功能。示例子程序如下。

```
O00401;
G01 U-1.0 W0;
...
G28 U0 W0;
M99;
```

对于子程序结束指令 M99,不一定要单独书写一行,如上面子程序中最后两段可写成 "G28 U0 W0 M99;"。

(3)　子程序的调用。子程序由主程序或子程序调用指令调出执行,调用子程序的指令格式如下:

```
M98 P×××× ××××;
```

P 后面的前 4 位为重复调用次数,省略时为调用一次;后 4 位为子程序号。

"M98 P" 也可以与移动指令同时存在于一个程序段中。

```
X100 M98 P1200;
```

此句表示,X 移动完成后,调用 1200 号子程序一次。

(4)　主程序调用子程序的形式如图 6-19 所示。

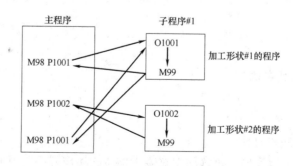

图 6-19　子程序的调用

(5) 子程序的嵌套。为了进一步简化加工程序,可以允许子程序再调用另一个子程序,这一功能称为子程序的嵌套。

当主程序调用子程序时,该子程序被认为是一级子程序,FANUC-0i系统中的子程序允许4级嵌套,如图6-20所示。

(6) 子程序调用的特殊用法。

① 子程序返回到主程序中的某一程序段。如果在子程序的返回指令中加上Pn指令,则子程序在返回主程序时,将返回到主程序中有程序段段号为 *n* 的那个程序段,而不直接返回主程序。其程序格式如下:

M99 Pn;

例如:M99 P100;(返回到N100程序段)

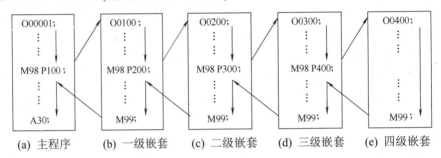

图 6-20　子程序的嵌套

② 自动返回到程序开始段。如果在主程序中执行 M99,则程序将返回到主程序的开始程序段并继续执行主程序;也可以在主程序中插入"M99 Pn",用于返回到指定的程序段。为了能够执行后面的程序,通常在该指令前加"/",以便在不需要返回执行时,跳过该程序段。

> 注意: ① 编程时应注意子程序与主程序之间的衔接问题。
> ② 在试切阶段,如果遇到应用子程序指令的加工程序,就应特别注意车床的安全问题。
> ③ 子程序多是增量方式编制,应注意程序是否闭合。
> ④ 使用 G90/G91(绝对/增量)坐标转换的数控系统,要注意确定编程方式。
> G04 X2.0;或 G04 U2.0;或 G04 P2000;

三、任务实施

1. 工艺分析与工艺设计

1) 确定装夹方案

工件选用三爪卡盘装夹。

2) 确定加工方法和刀具

图 6-2 中的槽为一般直槽,可选用刀宽等于槽宽的切槽刀,使用 G01 指令,采用直进

法一次车出。加工方法与刀具选择见表 6-2。

表 6-2　切槽加工方案

加工内容	加工方法	选用刀具
切槽	车削	宽度为 3mm 切槽刀

2. 确定切削用量

各刀具切削参数见表 6-3。

表 6-3　刀具切削参数

刀具号	刀具参数	背吃刀量/mm	主轴转速/(r/min)	进给率/(mm/r)
T0202	3mm 宽切断刀	—	400	0.07

3. 确定工件坐标系和对刀点

以工件右端面中心为工件原点，建立工件坐标系，如图 6-21 所示。采用手动对刀法对刀。

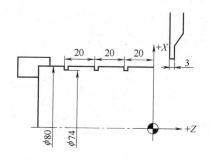

图 6-21　工件坐标系

4. 编制程序

主程序如表 6-4 所示。子程序如表 6-5 所示。

表 6-4　主程序

程　序	说　明
O0602;	程序名
T0303;	设工件坐标系
G97S1200M04M08;	主轴反转，转速为 1200r/min
G00X82.0Z0;	X、Z 轴快速定位
M98P35555;	调用子程序 O5555，切削 3 个凹槽
G00X150.0Z200.0;	X、Z 快速退刀，回到刀具的初始位置
M30;	程序结束

表 6-5　子程序

程　序	说　明
O5555;	程序名
W-20.0;	刀具左移 20mm(只能用增量)
G01X74.0F0.07;	切槽到底
G04X2.0;	槽底进给暂停 2s
G00X82.0;	X 快速退刀，回到刀具的初始位置
M99;	子程序结束

5. 仿真操作

操作过程同项目四任务二中的相关内容。

6. 机床操作

(1) 准备毛坯、刀具、工具、量具。

(2) 刀具：宽度为 3mm 切槽刀。量具：0～125mm 游标卡心、0～25mm 内径千分尺、深度尺、0～150mm 钢尺。每组 1 套。材料：45 钢 ϕ80mm×100mm。

　① 将 ϕ80mm×100mm 的毛坯正确安装在机床的三爪卡盘上。

　② 将宽度为 3mm 的切槽刀正确安装在刀架上。

　③ 正确摆放所需工具、量具。

(3) 程序输入与编辑。

　① 开机。

　② 回参考点。

　③ 输入程序。

　④ 程序图形校验。

(4) 零件的数控车削加工。

　① 主轴反转。

　② X 向对刀，Z 向对刀，设置工件坐标系。

(5) 切槽刀对刀。

　① 切槽刀 Z 轴对刀。切刀可以选择左侧刀尖点为到位点。Z 轴对刀过程与外圆精加工车刀基本相同，如图 6-22 所示。

　② 切槽刀 X 轴对刀。切断 X 轴对刀过程与外圆精加工车刀过程基本相同，如图 6-23 所示。

图 6-22　切槽刀 Z 轴对刀

图 6-23　切槽刀 X 轴对刀

③　进行相应刀具参数设置。

④　自动加工。

四、零件检测

对加工完的零件进行自检，使用游标卡尺、塞规等量具对零件进行检测。

五、思考题

(1)　刀宽不等于槽宽的零件应该采取什么样的加工方法？

(2)　车削梯形槽应该采取什么样的加工方法？

六、扩展任务

以 FANUC-0i 系统子程序指令，加工如图 6-24 所示工件上的 5 个槽。

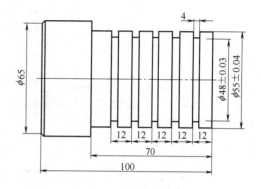

图 6-24　切槽加工零件图

任务二　较宽的径向槽零件外径切槽数控车削加工

一、任务导入

本任务要求运用数控车床加工如图 6-25 所示的较宽的径向槽，零件外圆已加工完毕，材料为 45 钢。

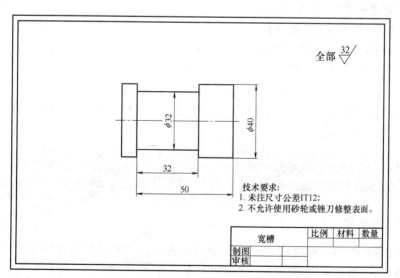

图 6-25　宽槽

二、相关理论知识

1. G75 外径(内径)切槽复合循环

外径槽切削循环功能适合于在外圆柱面上切削沟槽或切断加工,断续分层切入便于处理深沟槽的切屑和散热。G75 外径(X 轴向)沟槽切削循环的切削路线如图 6-26 所示。

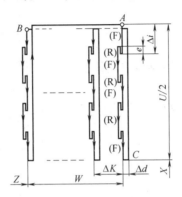

图 6-26　G75 外径(X 轴向)沟槽切削循环的切削路线

也可用于内沟槽加工。当循环起点 X 坐标值小于 G75 指令中的 X 轴向终点坐标值时,自动为内沟槽加工方式。

指令格式:

```
G75 R(e);
G75 X(U)_Z(W)_P(Δi)Q(Δk)R(Δd)F(f);
```

其中:e——每次沿 X 轴向切削后的退刀量。

　　　X——切削终点的 X 绝对坐标。

　　　U——切削终点的 X 增量坐标。

　　　Z——切削终点的 Z 绝对坐标。

　　　W——切削终点的 Z 增量坐标。

　　　Δi——X 轴向每次的切削深度(半径值),单位为 μm。

　　　Δk——每次 Z 轴向移动的间距,单位为 μm。

　　　Δd——切削到终点时 Z 轴向的退刀量,通常不指定,省略 $X(U)$ 和 Δi 时,则视为 0。

　　　F——进给率(mm/r)。

> 注意:　① G75 指令为 X 轴向的切削指令。
> 　　　　② Δi 和 Δk 不需正、负符号。

2. 车削端面直槽

若是精度要求不高,宽度较小,且较浅的直槽,通常采用等宽刀直进法一次车出;如果精度要求较高,通常采用先粗切、后精切的方法进行。

切割较宽的平面沟槽,可采用多次直进法。图 6-27 所示为端面沟槽的车削示意图及端面槽刀的外形。

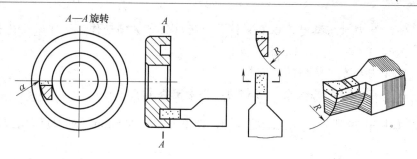

图 6-27 端面沟槽的车削及端面槽刀

3. G74 端面切槽复合循环

该指令除用于深孔钻削加工外，还适用于端面宽大的沟槽的加工。加工过程中，刀具不断重复 Z 轴向进给与退出的动作，还能在 X 轴向作 P 值的移动(钻孔时 P 值不需写)。G74 端面沟槽切削循环的切削路线如图 6-28 所示。

指令格式：

```
G74 R(e);
G74 X(U)_Z(W)_P(Δi)Q(Δk)R(Δd)F(f);
```

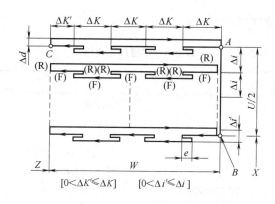

图 6-28 G74 端面沟槽切削循环的切削路径

其中：e——返回量。

X——切削终点的 X 绝对坐标(B 点的 X 坐标)。

U——切削终点的 X 增量坐标(A 点至 B 点的增量值)。

Z——切削终点的 Z 绝对坐标(C 点的 Z 坐标)。

W——切削终点的 Z 增量坐标(A 点至 C 点的增量值)。

Δi——X 轴向的移动量(不需正、负符号)，单位为 μm。

Δk——Z 轴向的切削深度(不需正、负符号)，单位为 μm。

Δd——切削至底部时的退刀量(钻孔时此值为零，端面切槽时该值亦须设为零，否则第一刀的切槽将造成槽刀与槽侧面产生干涉)，单位为 μm。

f——进给速度，单位为 mm/r。

注意: ① X(U)和P被省略时, 以0来计算, 所以仅有Z轴动作, 可作深孔钻自动循环。

② Δd没有指令时, 以0来计算。

③ G74指令为Z轴向的切削指令。

④ G75与G74的指令是相对称的, 指令中各定义皆同。

例6-2 如图6-29所示, 加工端面沟槽, 切槽刀宽度为5mm, 对刀点为上刀点。

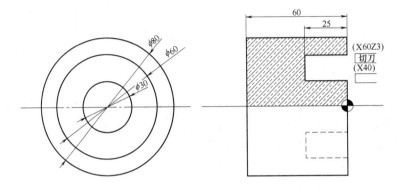

图6-29 G74端槽加工循环

G74端槽加工程序如表6-6所示。

表6-6 端槽加工程序

程 序	说 明
O0603;	程序名
N010T0303;	设工件坐标系
N020G00G96S80X60.0Z3.0M04;	X、Z轴快速定位, 主轴反转, 转速为80m/min
N030G74R1.0;	每切入10mm就空退1mm
N040G74X40.0Z-25.0P4000Q10000F0.1;	X切削终点: 30+刀宽
N050G00X100.0Z150.0;	X、Z向退刀
N060M30;	程序结束

三、任务实施

1. 工艺分析与工艺设计

1) 确定装夹方案

工件选用三爪卡盘装夹, 校正工件轴向与工作台Z轴向平行度, 然后夹紧工件。

2) 确定加工方法和刀具

加工方法与刀具选择如表6-7所示。

表 6-7　切宽槽加工方案

加工内容	加工方法	选用刀具
切宽槽	车削	宽度为 5mm 切槽刀

2. 确定切削用量

各刀具切削参数如表 6-8 所示。

表 6-8　刀具切削参数

刀 具 号	刀具参数	背吃刀量/mm	主轴转速/(r/min)	进给率/(mm/r)
T0202	5mm 宽切槽刀	—	400	0.1

3. 确定工件坐标系和对刀点

加工宽槽时，取工件右端面中心作为对刀点，建立工件坐标系，如图 6-30 所示。采用手动对刀法对刀。

4. 编制程序

参考程序如表 6-9 所示。

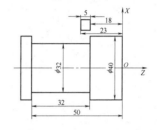

图 6-30　工件坐标系

表 6-9　宽槽加工程序

程　序	说　明
O0604;	程序名
T0202;	设工件坐标系
G00X42.0Z-23.0S300M04;	X、Z 轴快速定位，主轴正转，转速 300r/min
G75R1.0;	分层切削时退刀量为 1(半径值)，也可为 R0
G75X32.0Z-50.0P4000Q4000F0.1;	P4000 为每层最大切深 4mm (从起点 X42 计算槽深);
	Q4000 为切刀 Z 向移动间距 4mm。
G00X100.0Z100.0;	X、Z 向退刀
M30;	程序结束

5. 仿真加工

操作过程同项目四任务二中的相关内容。

6. 机床加工

操作过程同项目四任务二中的相关内容。

四、零件检测

对加工完的零件进行自检，使用游标卡尺、塞规等量具对零件进行检测。

五、思考题

(1) 采用左刀位点对刀和采用右刀位点对刀，对编程有哪些影响？

(2) 切槽时，要保证零件加工精度和表面粗糙度，应采取哪些措施？

六、扩展任务

直槽零件如图 6-31 所示，毛坯为 ϕ65mm 棒料，外圆轮廓不需加工，工件材料为铝合金。请选择合适的加工方案进行编程加工。

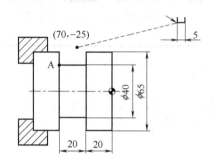

图 6-31　直槽零件

习　　题

(1) 编程加工如图 6-32 所示的零件。

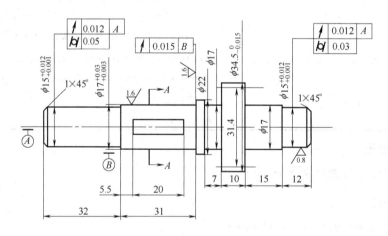

图 6-32　切槽加工零件图(1)

(2) 编程加工如图 6-33 所示的零件。

(3) 编程加工如图 6-34 所示的零件。

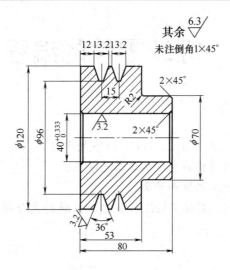

图 6-33　切槽加工零件图(2)

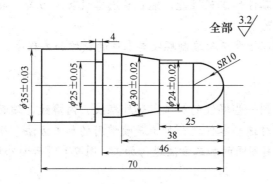

图 6-34　切槽加工零件图(3)

项目七　螺纹零件的编程与加工

在数控加工中常遇到一些螺纹的加工，如外螺纹、内螺纹、端面螺纹和多头螺纹等，采用数控车床编制程序对这些零件进行加工是最常用的加工方法。根据不同的尺寸要求和加工精度要求，可以采用不同的加工方法进行加工。图 7-1 所示为外螺纹车削。图 7-2 所示为内螺纹车削。

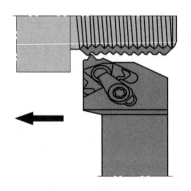

图 7-1　外螺纹车削

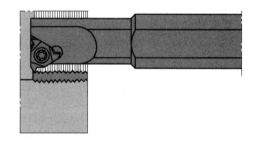

图 7-2　内螺纹车削

数控系统提供的螺纹加工指令包括单一螺纹指令和螺纹固定循环指令。加工要求是主轴上有位移测量系统。数控系统的不同，螺纹加工指令也有差异，实际应用中按所使用的机床要求编程。

任务一　带外螺纹的简单轴类零件车削加工

一、任务导入

本任务要求加工 M30×1.5 的螺纹，如图 7-3 所示，材料为 45 钢。

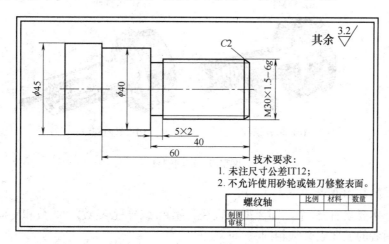

图 7-3　螺纹轴

二、相关理论知识

1. 螺纹零件的车削加工工艺

1) 螺纹形成

一个与轴线共面的平面图形(三角形、梯形等)，绕圆柱面做螺旋运动，可得到一圆柱螺旋体——螺纹，如图 7-4 所示。

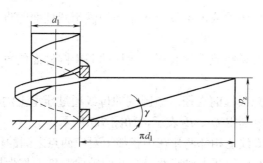

图 7-4　螺纹形成

2) 螺纹的加工

外螺纹和内螺纹如图 7-5(a)和图 7-5(b)所示,车外螺纹和车内螺纹如图 7-5(c)和图 7-5(d)

所示。

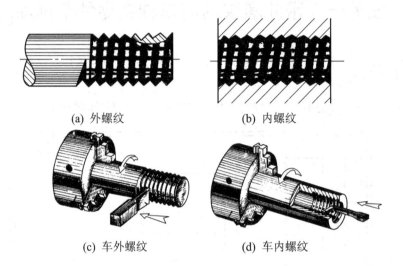

(a) 外螺纹　　　　　　　　　(b) 内螺纹

(c) 车外螺纹　　　　　　　　(d) 车内螺纹

图 7-5　车削螺纹

3)　螺纹的基本要素

螺纹的基本要素有 5 个，即牙型、直径、螺距(或导程/线数)、线数和旋向。内、外螺纹配合时，两者的五要素必须相同。

(1)　螺纹的牙型。在通过螺纹轴线的剖面上，螺纹的轮廓形状为牙型。如图 7-6 所示，常用的牙型有 3 种。

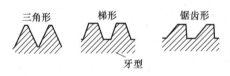

三角形　　　梯形　　　锯齿形
牙型

图 7-6　常用牙型

(2)　螺纹的直径。

①　大径：与外螺纹牙顶或内螺纹牙底相切的假想圆柱面的直径。内、外螺纹的大径分别用 D、d 表示。

②　小径：与外螺纹牙底或内螺纹牙顶相切的假想圆柱面的直径。内、外螺纹的小径分别用 D_1、d_1 表示。

③　中径：一个假想圆柱的直径。该圆柱的母线通过牙型上沟槽和凸起宽度相等的地方。内、外螺纹的中径分别用 D_2、d_2 表示，如图 7-7 所示。

(3)　螺距和导程。螺纹上相邻两牙在中径线上对应两点之间的轴向距离 P 称为螺距。同一条螺纹上相邻两牙在中径线上对应两点之间的轴向距离 L 称为导程。

单线螺纹：$P=L$。多线螺纹：$P=L/n$，n 为螺纹线数。图 7-8 所示为螺纹的螺距和导程。

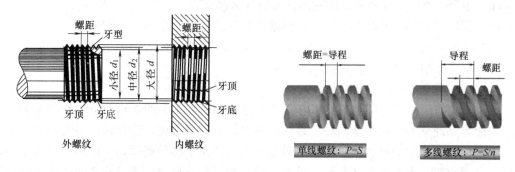

图 7-7　螺纹的要素

图 7-8　螺纹的螺距和导程

(4) 螺纹的线数 n。沿一条螺旋线形成的螺纹叫作单线螺纹；沿两条或两条以上在轴向等距分布的螺旋线所形成的螺纹叫作多线螺纹，如图 7-9 所示。

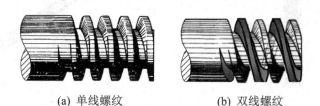

(a) 单线螺纹　　　　　　　(b) 双线螺纹

图 7-9　螺纹的线数

(5) 螺纹的旋向。普通螺纹有左旋螺纹和右旋螺纹之分，按顺时针方向旋进的螺纹，称为右旋螺纹(最为常用)。左旋螺纹应在螺纹标记的末尾处加注 LH 字，如 M20×1.5LH 等，未注明的是右旋螺纹，如图 7-10 所示。

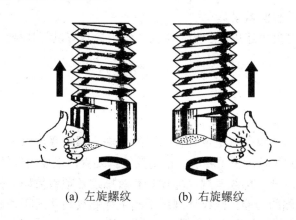

(a) 左旋螺纹　　　　(b) 右旋螺纹

图 7-10　螺纹的旋向

4)　普通三角螺纹的工艺结构

普通螺纹是我国应用最为广泛的一种三角形螺纹，牙型角为 60°。普通螺纹分粗牙普通螺纹和细牙普通螺纹。粗牙普通螺纹螺距是标准螺距，其代号用字母 M 及公称直径表示。细牙螺纹通常用 M× 表示，例如 M20 为粗牙螺纹，M20×1.5 为螺距为 1.5mm 细牙螺纹。

(1) 螺尾。螺纹末端形成的沟槽渐浅部分称为螺尾。

(2) 螺纹退刀槽。供退刀用的槽称为螺纹退刀槽，作用是不产生螺尾。

(3) 螺纹倒角。为了便于装配，在螺纹的始端需加工一小段圆锥面，称为倒角。

(4) 不穿通的螺纹孔。需先钻孔，再加工螺纹。

5) 螺纹类零件加工刀具

螺纹车刀常用的有外螺纹车刀和内螺纹车刀，如图 7-11 和图 7-12 所示。螺纹车刀的材料，一般有高速钢和硬质合金两种。高速钢螺纹车刀刃磨方便，韧性好，刀尖不易爆裂，常用于塑性材料螺纹的粗加工。但高速钢螺纹车刀高温下容易磨损，不能用于高速车削。硬质合金螺纹车刀耐磨和耐高温性能较好，用于加工脆性材料的螺纹和高速切削塑性材料的螺纹，以及批量较大的小螺距($P<4$)螺纹。

图 7-11   外螺纹车刀

图 7-12   内螺纹车刀

安装螺纹车刀时，刀尖角等于螺纹牙型角 $\alpha = 60°$，前角 $\gamma_0 = 0°$，粗加工或螺纹精度要求不高时，前角可以取 $\gamma_0 = 5° \sim 20°$。将刀尖对准工件中心，并用样板对刀，保证刀尖的角平分线与工件的轴线相垂直。硬质合金螺纹车刀高速车削时，刀尖允许高于工件轴线的螺纹大径 1%。

6) 认识螺纹类零件测量量具

检测螺纹类零件精度可运用各种测量手段。常用量具有以下几种。

(1) 游标卡尺。

(2) 千分尺。

(3) 深度千分尺。

(4) 螺纹塞规、环规。

螺纹塞规、环规是检验螺纹是否符合规定的量规。螺纹塞规用于检验内螺纹，螺纹环规用于检验外螺纹。螺纹是一种重要的、常用的结构要素，主要用于结构联结、密封联结、传动、读数和承载等场合。螺纹塞规、环规具有对螺纹各项参数如大径、中径、小径、螺距、牙型半角综合检测的功能。螺纹环规用于测量外螺纹尺寸的正确性，通端为一件，止端为一件。止端环规在外圆柱面上有凹槽。当尺寸在 100mm 以上时，螺纹环规为双柄螺纹环规形式，规格分为粗牙、细牙、管子螺纹 3 种。螺距为 0.35mm 或更小的 2 级精度及高于 2 级精度的螺纹环规和螺距为 0.8mm 或更小的 3 级精度的螺纹环规都没有止端。

①   使用螺纹塞规时，应留意被测螺纹公差等级及偏差代号与环规标识的公差等级、偏差代号相同(如 M24×1.5-6h 与 M24×1.5-5g 两种环规形状相同，其螺纹公差带不相同，错用后就将产生批量不合格品)。测量过程：首先要清理干净被测螺纹油污及杂质，然后在环

规与被测螺纹对正后，用大拇指与食指滚动环规，螺纹塞规使其在自由状态下旋合通过螺纹全部长度判断合格，否则以不通判断。止规使用时，应留意被测螺纹公差等级及偏差代号与环规标识公差等级、偏差代号相同检修丈量过程：首先要清理干净被测螺纹油污及杂质，然后在环规与被测螺纹对正后，用大拇指与食指滚动环规，旋入螺纹长度在 2 个螺距之内为合格，否则判为不合格品。

② 维护与保养。螺纹环规使用完毕后，应及时清理干净丈量部位附着物，存放在划定的量具盒内；生产现场在用量具应摆放在工艺定置位置，轻拿轻放，以防止磕碰而损坏丈量表面。严禁将量具作为切削工具强制旋入螺纹，避免造成早期磨损；可调节螺纹环规严禁非计量工作职员随意调整，确保量具的正确性；环规长时间不用，应交计量治理部门妥善保管。

在用量具应在每个工作日用校对塞规计量一次；经校对塞规计量超差或者达到计量用具周检期的环规，由计量治理职员收回作相应的处理措施；可调节螺纹环规经调整后，丈量部位会产生失圆，此现象由计量修复职员经螺纹磨削加工后再次计量鉴定，各尺寸合格后方可投入使用。

(5) 半径规。

(6) 螺纹千分尺。

螺纹千分尺具有 60° 锥形和 V 形测头，是应用螺旋副传动原理将回转运动变为直线运动的一种量具，主要用于测量外螺纹中径。螺纹千分尺按读数形式分为标尺式和数显式。

注意事项：

① 螺纹千分尺的压线或离线调整与外径千分尺调整方法相同。

② 螺纹千分尺测量时必须使用测力装置以恒定的测量压力进行测量。另外，在使用螺纹千分尺时应平放，使两测头的中心与被测工件螺纹中心线相垂直，以减小其测量误差。

7) 确定加工工艺参数

(1) 螺纹加工切削用量的确定。

① 螺纹切削进给次数与背吃刀量的确定。螺纹切削总余量就是螺纹大径尺寸减去小径尺寸，即牙深 h 的两倍。

$$（牙深）h = 0.6495 \times P（螺距）$$

因一般采用直径编程，所以需换算成直径量。需切除的总余量如下：

$$2 \times 0.6495 \times P = 1.299P（螺距）$$

螺纹小径为螺纹的公称直径减去切除的总余量。

$$螺纹小径 = 公称直径 - 1.299P（螺距）$$

常用螺纹切削的进给次数与背吃刀量如表 7-1 所示。这是使用普通螺纹车刀车削螺纹的常用切削用量，有一定的生产指导意义，操作者应该熟记并学会应用。

② 螺纹车削进给量的确定。在车床上车削单头螺纹时，工件每旋转一圈，刀具前进一个螺距，这是根据螺纹线原理进行加工的，据此单头螺纹加工的进给速度一定是螺距的数值，多头螺纹的进给速度一定是导程的数值。进给速度根据经验值取 2.0mm/r。

③ 螺纹加工时主轴转速的确定。加工螺纹时，主轴转速如下：

$$n \leqslant 1200 / P - k$$

式中：P 为螺距，单位为 mm；k 为保险系数，一般为 80。

表 7-1　常用螺纹切削的进给次数与背吃刀量

螺　距		1.0	1.5	2.0	2.5	3.0	3.5	4.0
牙　深		0.649	0.974	1.299	1.624	1.949	2.273	2.598
背吃刀量及切削次数	1 次	0.7	0.8	0.9	1.0	1.2	1.5	1.5
	2 次	0.4	0.6	0.6	0.7	0.7	0.7	0.8
	3 次	0.2	0.4	0.6	0.6	0.6	0.6	0.6
	4 次	—	0.16	0.4	0.4	0.4	0.6	0.6
	5 次	—	—	0.1	0.4	0.4	0.4	0.4
	6 次	—	—	—	0.15	0.4	0.4	0.4
	7 次	—	—	—	—	0.2	0.2	0.4
	8 次	—	—	—	—	—	0.15	0.3
	9 次	—	—	—	—	—	—	0.2

　　由于车螺纹起始时有一个加速过程，结束前有一个减速过程。在这段距离中，螺距不可能保持均匀，因此车螺纹时，两端必须设置足够的升速进刀段(空刀导入量)δ_1 和减速退刀段(空刀导出量)δ_2。螺纹加工进、退刀点如图 7-13 所示。

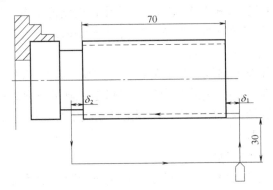

图 7-13　螺纹加工进、退刀点

　　δ_1、δ_2 一般按下式选取。

　　$\delta_1 \geqslant 2 \times$导程；　$\delta_2 \geqslant (1 \sim 1.5) \times$导程

　　为了消除伺服滞后造成的螺距误差，切入空刀行程量，取 2～5mm；切出空刀行程量，取 0.5～1mm。主轴速度根据经验取值 500r/min。

　　一般加工一根螺纹时，从粗车到精车，用同一轨迹要进行多次螺纹切削。因为螺纹切削是在主轴上的位置编码器输出一转信号时开始的，所以零件圆周上的切削点仍然是相同的，工件上的螺纹轨迹也是相同的。因此从粗车到精车，主轴转速必须一定，否则螺纹导程不正确。

　　注意事项：

　　第一，如图 7-13 所示，空刀导入量δ_1，空刀导出量δ_2。由于螺纹切削的开始及结束部分，伺服系统存在一定程度的滞后，导致螺纹导程不规则，为了考虑这部分螺纹尺寸精度，加工螺纹时的指令要比需要的螺纹长度长($\delta_1+\delta_2$)。

第二，螺纹切削时，进给速度倍率开关无效，系统将此倍率固定在100%。

第三，螺纹切削进给中，主轴不能停。若进给停止，切入量急剧增加，很危险，因此进给暂停在螺纹切削中无效。

(2) 螺纹实际直径的确定。螺纹车削会引起牙尖膨胀变形，因此外螺纹的外圆应车到最小极限尺寸，内螺纹的孔应车到最大极限尺寸。螺纹加工前，加工表面的实际直径尺寸可按以下公式计算。

内螺纹加工前的内孔直径：$D_{孔}=d$(内螺纹的公称直径)$-1.0825P$

外螺纹加工前的外圆直径：$D_{外}=D$(外螺纹的公称直径)$-(0.1\sim0.2165)P$

(3) 进刀方式。普通车床上有3种进刀方式，如图7-14所示。

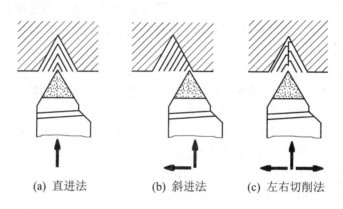

(a) 直进法　　　(b) 斜进法　　　(c) 左右切削法

图 7-14　车螺纹时的进刀方式

① 直进法：车螺纹时，只利用中拖板的垂直进刀，在几次行程中车好螺纹。直进法车螺纹可以得到比较正确的齿形，但由于车刀刀尖全部切削，螺纹不易车光，并且容易产生扎刀现象，因此只适用螺距$t<1$mm的三角螺纹。

② 左右切削法：车削螺纹时，除了用中拖板刻度控制螺纹车刀的垂直吃刀外，同时使用小拖板把车刀左、右微量进给，这样重复切削几次行程，精车的最后一、两刀应采用直进法微量进给，以保证螺纹牙形正确。

③ 斜进法：在粗车时，为了操作方便，除了中拖板进给外，小拖板可先向一个方向进给(车右螺纹时每次吃刀略向左移，车左螺纹时略向右移)。精车时用左右切削法，以使螺纹的两侧面都获得较低的表面粗糙度。

在普通车床上用左右切削法和斜进法车螺纹时，因为车刀是单面切削的，所以不容易产生扎刀现象。精车时，选择很低的切削速度($v_c<5$m/min)，再浇注切削液，可以获得很低的表面粗糙度。用高速钢车刀低速切削螺纹时，上述的两种进刀法都可采用。用YT15硬质合金螺纹车刀高速($v_c=50\sim100$m/min)切削螺纹时，只能用直进法进刀，使切屑垂直于轴线方向排出或卷成球状。如果用左右进刀法，车刀只有一个刀刃参加切削，高速排出的切屑会把另外一面拉毛而影响螺纹的粗糙度。高速切削螺纹比低速切削螺纹的生产效率提高到10倍以上，但高速切削螺纹的最大困难是退刀要十分迅速，尤其是在车削具有阶台的螺纹时，要求在几十分之一秒钟内将刀退出工件，在车床上安装自动退刀装置可解决这个问题。

普通车床所能车削的螺纹相当有限，它只能车削等导程的直、锥面的公、英制螺纹，而且一台车床只能限定加工若干种导程。数控车床能车削增导程、减导程以及要求等导程和变导程之间平滑过渡的螺纹。数控车床车削螺纹时，主轴转向不必像普通车床那样交替变换，它可以一刀又一刀不停顿地循环，直到完成，所以车削螺纹的效率很高。数控车床可以配备精密螺纹切削功能，再加上采用硬质合金成型刀片，以及使用较高的转速，所以车削出来的螺纹精度高、表面粗糙度 R_a 值小。

数控机床螺纹加工常用直进法(G32、G92)和斜进法(G76)两种进刀方式。

① 直进法一般应用于导程小于 3mm 的螺纹加工。

② 斜进法一般应用于导程大于 3mm 的螺纹加工(斜进法使用刀具单侧刃加工，减轻负载)。

(4) 进退刀点及主轴转向。可根据机床刀架是前置或后置、所选用刀具是左偏刀或右偏刀，选择正确的主轴旋转方向和刀具切削进退方向，如右旋外螺纹加工，前置刀架应主轴正转、刀具自右向左进行加工。

8) 螺纹类零件的技术要求

要考虑螺纹类零件加工表面的尺寸精度和粗糙度 R_a 值，零件的结构形状和尺寸大小、热处理情况、材料的性能以及零件的批量等。

(1) 尺寸精度：螺纹大径、中径、小径、螺距、牙型半角长度、深度等。

(2) 形状精度：圆度、圆柱度及轴线的直线度。

(3) 位置精度：同轴度、平行度、垂直度。

(4) 表面质量：表面粗糙度、表面硬度等。

2. 螺纹的编程指令

1) G32 螺纹切削指令

指令功能：切削加工圆柱螺纹、圆锥螺纹和平面螺纹。

指令格式：

```
G00 X_ Z_;
G32 X(U)_ Z(W)_ F_;
```

指令说明：

格式中的 $X(U)$、$Z(W)$ 为螺纹终点坐标，F 为以螺纹长度 L 给出的每转进给率。L 表示螺纹导程，对于圆锥螺纹，其斜角 α 在 45° 以下时，螺纹导程以 Z 轴方向指定；斜角 α 为 45°～90° 时，以 X 轴方向指定，如图 7-15 所示。

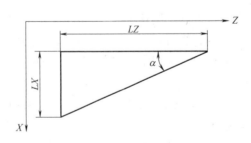

图 7-15　圆锥螺纹的导程

(1) 圆柱螺纹切削加工时，X、U 值可以省略，指令格式为 "G32 Z(W)_ F _；"。

(2) 端面螺纹切削加工时，Z、W 值可以省略，指令格式为 "G32 X(U)_ F _；"。

(3) 螺纹切削应注意在两端设置足够的升速进刀段 δ_1 和降速退刀段 δ_2，即在程序设计时，应将车刀的切入、切出、返回均编入程序中。

2) G92 螺纹切削指令

(1) 圆柱螺纹切削循环。

指令格式：

```
G00 X_Z_;
G92 X(U)_ Z(W) _F_;
```

指令说明：

F_：螺纹导程。

X_Z_：螺纹加工循环起点坐标，即图 7-16 中 A 点的坐标。

X(U)_Z(W)_：螺纹切削循环中螺纹切削终点的坐标，即图 7-16 中 C 点的坐标。

该指令执行图 7-16 所示 $A \rightarrow B \rightarrow C \rightarrow D \rightarrow A$ 的轨迹动作。

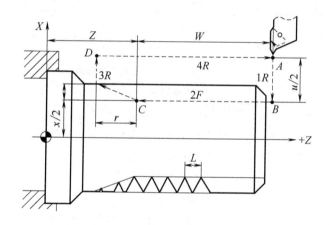

图 7-16　圆柱螺纹切削循环

(2) 锥螺纹切削循环。

指令格式：

```
G92 X__ Z__ R__ F__;
```

指令说明：

X、Z——绝对值编程时，为螺纹终点，即图 7-17 中的 C 在工件坐标系下的坐标；增量值编程时，为螺纹终点 C 相对于循环起点 A 的有向距离，图形中用 U、W 表示。

R——螺纹起点，即图 7-17 中的 B 与螺纹终点 C 的半径差。其符号为差的符号(无论是绝对值编程还是增量值编程)。

F——螺纹导程。

该指令执行图 7-17 所示 $A \rightarrow B \rightarrow C \rightarrow D \rightarrow A$ 的轨迹动作。

例 7-1　某生产厂家，要求加工 M30×2 的螺纹，如图 7-18 所示，材料为 45 钢。

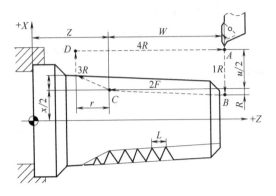

图 7-17 锥螺纹切削循环

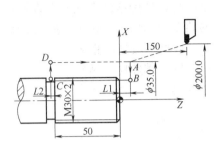

图 7-18 G92 螺纹加工

编制参考程序如表 7-2 所示。

表 7-2 G92 螺纹加工程序

程　序	说　明
O7001;	程序名
T0303;	设工件坐标系
S500M04;	主轴反转，转速为 500r/min
G00X35.0Z8.0M08;	X、Z 轴快速定位到循环起点
G92X29.1Z-52.0F2;	第一次车削 X 值
X28.5;	第二次车削 X 值
X27.9;	第三次车削 X 值
X27.5;	第四次车削 X 值
X27.4;	第五次车削 X 值
G00X100.0Z100.0;	X、Z 快速退刀，回到刀具的初始位置
M05;	主轴停止
M30;	程序结束

三、任务实施

1. 工艺分析与工艺设计

1) 图样分析

图 7-3 所示零件的加工面由端面、外圆柱面、倒角面、台阶面及螺纹组成。形状比较简单，是较典型的短轴类零件。

2) 分析加工方案、加工工艺路线设计

加工顺序卡片见表 7-3。

表 7-3 加工顺序卡片

工步序号	工步内容	确定理由	量具选用 名称	量程	备注
1	车端面	车平端面，建立长度基准，保证工件长度要求。车削完的端面在后续加工中不需再加工	0.02mm 游标卡尺	0～150mm	手动
2	粗车各外圆表面	较短时间内去除毛坯大部分余量，满足精车余量均匀性要求	0.02mm 游标卡尺	0～150mm	自动
3	精车各外圆表面	保证零件加工精度，按图纸尺寸，一刀连续车出零件轮廓	0.02mm 游标卡尺	0～150mm	自动
4	切槽	保证螺纹车削通透，不至于打刀	0.02mm 游标卡尺	0～150mm	自动
5	车螺纹	保证螺纹牙型角，使螺纹配合牢靠	M30×1.5-6g 螺纹千分尺	1.5 螺距	自动

3) 刀具选择

机夹可转位车刀所使用的刀片为标准角度，选择菱形刀片适合加工本工件，刀尖角选择 80°。粗精车外圆主偏角 93°，所选刀片刀尖圆弧半径为 0.4mm，切槽刀选择刀宽 3mm，螺纹刀选择刀尖角为 60°。

4) 确定切削用量

粗加工：首先取 a_p=3.0mm，其次取 f=0.2mm/r，最后取 v_c=120m/min。然后根据公式计算出主轴转速 n=1000r/min，根据公式计算出进给速度 v_f=200mm/min。

精加工：首先取 a_p=0.3mm，其次取 f=0.08mm/r，最后取 v_c=200 m/min。然后根据公式计算出主轴转速 n=1500r/min，根据公式计算出进给速度 v_f=100mm/min，见表 7-4。

表 7-4 切削用量卡片

工步号	刀具号	切削速度 v_c /(m/min)	主轴转数 /(r/min)	进给量 f /(mm/r)	背吃刀量 a_p /mm
1	T01	120	1000	0.2	3
2	T01	200	1500	0.08	0.8
3	T02	60	500	0.05	—
4	T03	200	500	1.5	—

2. 确定工件坐标系和对刀点

以工件右端面中心为工件原点，建立工件坐标系，如图 7-19 所示。

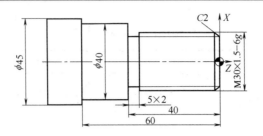

图 7-19 工件坐标系

3. 编制程序

1) 数学处理

图 7-3 所示零件主要尺寸的程序设定值计算如下。

螺纹加工前，先将加工表面加工到实际的直径尺寸。如本例尺寸为 M30×1.5-6g，可按以下公式计算

$$D = D(外螺纹的公称直径) - (0.1 \sim 0.2165)P$$

计算出精车外径尺寸为 $D=30-0.15=29.85$。

切除的总余量是：$h = 1.299P = 1.299 \times 1.5 = 1.96mm$，式中，$h$ 为牙高，P 为导程。

螺纹小径为：$D-h=30-1.96=28.04$。

每次螺纹切削深度为：第一刀切 0.8；第二刀切 0.6；第三刀切 0.4；第四刀切 0.16。

计算出每次进刀点的 X 坐标为 X29.2，X28.6，X28.2，X28.04。

2) 编制程序

程序编制见表 7-5。

表 7-5 螺纹轴加工程序

程　序	说　明
O7002;	程序名
T0101;	建立工件坐标系
M04 S1000;	
G00 X100. Z100.;	
X50 Z2.;	
G71 U3. R0.5;	粗车
G71 P1 Q2 U0.3 W0.05 F0.2;	
N1G00 X24. S1200;	
G01 X29.85 Z-2. F0.1;	
G01 Z-40.;	
X40.;	
Z-60.;	
N2 G01 X50.;	
G70 P1 Q2;	精车
G00 X100. Z100.;	
T0202;	
M04 S500;	换切槽刀
G00X50.Z-40.;	
G01X26.F0.05;	

程　序	说　明
X50.; G00 X100. Z100.; T0303; M04S500; G00 X32.Z6.; G92 X29.2 Z-37.F1.5; X28.6; X28.2; X28.04; G00 X100. Z100.; M05; M30;	 换螺纹刀 循环起点 第一刀 第二刀 第三刀 第四刀

4. 仿真加工

操作过程同项目四任务二中的相关内容。

5. 机床加工

(1) 准备毛坯、刀具、工具、量具。

① 将 ϕ45mm×100mm 的棒料毛坯正确安装在三爪卡盘上。

② 93°外圆车刀正确安装在刀架 1 号刀位上；外切槽刀正确安装在刀架 2 号刀位上；外螺纹刀正确安装在 3 号刀位上。

③ 正确摆放所需工具、量具。

(2) 程序输入与编辑步骤如下。

① 开机。

② 回参考点。

③ 输入程序。

④ 程序图形校验。

(3) 零件的数控车削加工步骤如下。

① 主轴正转。

② X 向对刀，Z 向对刀，设置工件坐标系。

螺纹刀对刀操作如下。

a. 外螺纹刀 X 轴对刀。

第一步：手动模式下，主轴自动正转(转速小于 50 r/min)或用手不断扳动主轴旋转。

第二步：手轮或手动移动刀架，将外螺纹车刀的主切削刃刀尖移动到已加工外圆的外表面，并使主切削刃刀尖与外表面紧密接触，如图 7-20 所示。

第三步：操作系统面板进入刀具补偿存储器界面，将光标移动到相应的刀具补偿号位置处，输入 X 直径值并确认，这样 X 轴对刀结束。

b. 外螺纹刀 Z 轴对刀。

第一步：手动模式下，保持主轴停转状态，同时将主轴机械挡位打到空挡。这样手动搬运主轴旋转时会更容易些。

第二步：手动移动刀具，使外螺纹车刀的主切削刃靠近工件右端面，手动旋转主轴移动刀具主切削刃接触工件右端面。在接触工件过程中要注意控制进给速度，避免由于速度过快导致刀具切削刃撞击工件右端面，如图 7-21 所示。

图 7-20　外螺纹刀 X 轴对刀图

图 7-21　外螺纹刀 Z 轴对刀

第三步：操作系统面板进入刀具补偿存储器界面，将光标移动到相应的刀具补偿号位置处，输入 Z0 并确认，这样 Z 轴对刀结束。

第四步：手动移动刀具使刀具离开工件右端面。

③　进行相应刀具参数设置。

④　自动加工。

四、零件检测

使用游标卡尺、螺纹环规等量具对零件进行检测。

五、思考题

(1)　多头螺纹应该采取什么样的加工方法？

(2)　单头螺纹应该采取什么样的加工方法？

六、扩展任务

加工如图 7-22 所示的工件。

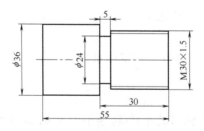

图 7-22　螺纹加工零件图

任务二　内外螺纹复杂零件加工

一、任务导入

本任务要求用 G76 指令编程切削内外螺纹，零件如图 7-23 所示，材料为硬铝。

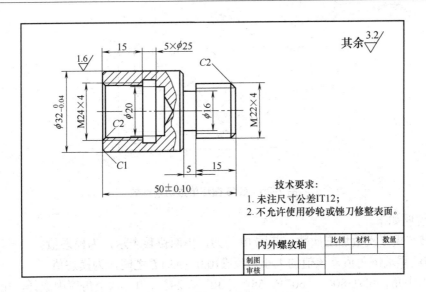

图 7-23　内外螺纹加工零件图

二、相关理论知识

1. G76 螺纹切削复合循环指令

在螺纹的指令中，G32 指令编程时程序烦琐；G92 指令相对较简单且容易掌握，但需计算出每一刀的编程位置；而采用螺纹切削循环指令 G76，给定相应螺纹参数后，只用两个程序段就可以自动完成螺纹粗、精多次路线的加工。

该指令用于多次自动循环车螺纹，数控加工程序中只需指定一次，并在指令中定义好有关参数，就能自动进行加工。车削过程中，除第一次车削深度外，其余各次车削深度自动计算。G76 螺纹切削复合循环的切削路线，如图 7-24 所示。

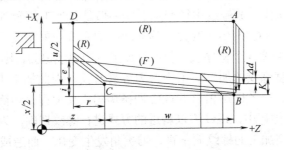

图 7-24　螺纹切削复合循环 G76

指令格式：

G76 P(m)(r)(a) Q(Δd_{min}) R(Δd);

G76 X(u) Z(w) R(i) P(k) Q(Δd) F(L);

G76 循环单边切削参数如图 7-25 所示。

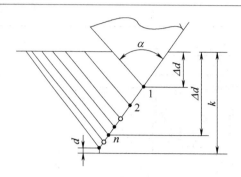

图 7-25　G76 循环单边切削参数

指令说明如下。

m：精车重复次数加工次数，范围 01～99，用两位数表示，为模态值。

r：螺纹尾端倒角值，该值的大小可设在(0.0～9.9) L 之间，为模态值。

a：刀尖角，可在 80°、60°、55°、30°、29°、0° 六个角度中选择，用两位整数来表示，为模态值。

m、r、a 用地址 P 同时指定，例如，$m=2$，$r=1.2L$，$a=60°$，表示为 P021260。

Δd_{min}：最小切削深度(半径值)，通常采用单位为 μm，该参数为模态值。

d：精车余量，用半径值指定，通常采用单位为 μm，该参数为模态值。

i：螺纹锥度值(螺纹两端的半径差)。如 $i=0$，为直螺纹，可省略。

k：螺纹高度(螺纹单边牙深)，通常采用单位为 μm。

Δd：第一刀切削深度(半径值)，通常采用单位为 mm。

L：螺纹导程。

2. 3 种切螺纹指令进刀方法的比较

G32 和 G92 的直进式(径向进刀)切削方法，由于两侧刃同时工作，切削力较大，而且排屑困难，因此在切削时，两切削刃容易磨损。在切削螺距较大的螺纹时，由于切削深度较大，刀刃磨损较快，从而造成螺纹中径产生误差；但是其加工的牙型精度较高，因此一般多用于小螺距螺纹加工。G32 由于其刀具移动切削均靠编程来完成，所以加工程序比较冗长(每次进刀加工至少需要 4 个程序段，若螺纹加工时用斜线退刀，则需要 5 个程序段)，一般多用于小螺距高精度螺纹的加工；由于刀刃容易磨损，因此加工中要做到勤测量。G92 较 G32 它简化了编程。一条语句相当于 G32 四条语句，使编程语句简洁。

在 G76 螺纹切削循环中，螺纹刀以斜进的方式进行螺纹切削，为单侧刃加工，加工刀刃容易损伤和磨损，使加工的螺纹面不直，刀尖角发生变化，而造成牙型精度较差。但由于其为单侧刃工作，刀具负载较小，排屑容易，并且切削深度为递减式，此加工方法一般适用于大螺距低精度螺纹的加工。

如果需加工高精度、大螺距的螺纹，则可采用 G92、G76 混用的办法，即先用 G76 进行螺纹粗加工，再用 G92 进行精加工。需要注意的是，粗精加工时的起刀点要相同，以防止螺纹乱扣的产生。

例 7-2 如图 7-26 所示，用 G76 指令进行圆柱螺纹切削，螺纹底径为 27.4mm。程序如表 7-6 所示。

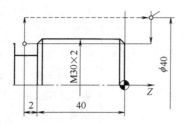

图 7-26 用 G76 车削圆柱螺纹

表 7-6 G76 车削圆柱螺纹程序

程　序	说　明
O7001;	程序名
T0303;	设工件坐标系
S500M04;	主轴反转，转速为 500r/min
G00 X40.0 Z5.0;	X、Z 轴快速定位到循环起点
G76 P011060 Q100 R0.05;	车螺纹
G76 X27.4 Z-42.0 R0 P1299 Q900 F2.0;	螺纹高度为 1.299mm，第一次车削深度为 0.9mm，螺距为 2mm
G00X150.0Z150.0;	刀具回换刀点
M30;	程序结束

例 7-3 如图 7-27 所示，用 G76 指令进行双线圆柱螺纹编程。

零件图中的双线螺纹的标注是 M30×3P1.5，表示螺纹公称直径 30mm，螺纹导程是 3mm，螺距 1.5mm。

程序中第一条螺纹的加工时升速段设定为 6mm，即螺纹起点 Z 坐标设定为 Z6.0。降速段设定为 2mm，即螺纹终点的 Z 坐标为 Z-42.0。

程序中第二条螺纹加工时应将第一条螺纹起点位置向右偏移一个螺距 1.5mm，即螺纹起点 Z 坐标设定为 Z7.5，螺纹终点的 Z 坐标不变。程序如表 7-7 所示。

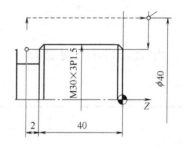

图 7-27 用 G76 车削双线圆柱螺纹

表 7-7 G76 车削双线圆柱螺纹程序

程　序	说　明
O7001;	程序名
T0303;	设工件坐标系
S500M04;	主轴反转，转速为 500r/min

程　序	说　明
G00 X40.0 Z6.0;	X、Z轴快速定位到循环起点
G76 P011060 Q100 R0.05;	车第一条螺纹，精加工余量0.05mm
G76 X27.4 Z-42.0 R0 P974 Q500 F3.0;	螺纹高度为0.974mm，第一次车削深度为0.5mm，导程为3mm
G00 X40.0 Z7.5;	第二条螺纹定位到循环起点
G76 P011060 Q100 R0.05;	车第二条螺纹时，螺纹高度为0.974mm，第一次车
G76X27.4 Z-42.0 R0 P974 Q500 F3.0;	削深度为0.3mm，导程为3mm
G00 X150.0 Z150.0;	
M30;	程序结束

例7-4　如图7-28所示，用G76循环指令编制内螺纹加工程序。内螺纹切削前的底孔尺寸 $D_{孔}=d-1.0825\times P=48-1.624=46.375$。

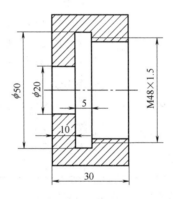

图7-28　用G76车削内螺纹

内螺纹加工程序见表7-8。

表7-8　内螺纹加工程序

程　序	说　明
O7001;	程序名
T0303;	设工件坐标系
S300M04;	主轴反转，转速为300r/min
G00 X40.0 Z5.0;	X、Z轴快速定位到循环起点
G76 P012060 Q100 R0.05;	P012060精加工1次，倒角量2F，60°三角螺纹；最小切深0.1mm(半径)，精加工余量0.05mm
G76 X48.0 Z-18.0 R0 P974 Q500 F1.5;	螺纹大径48mm，R0直螺纹，P974牙深0.974mm，Q500第一刀切0.5mm深(半径值)
G00X100.0Z100.0;	刀具回换刀点
M30;	程序结束

三、任务实施

1. 工艺分析与工艺设计

1) 图样分析

图 7-23 所示的零件毛坯为 $\phi 35mm \times 60mm$ 的硬铝，加工前先钻出 $\phi 20mm$、深度为 28mm 的预孔。

选用机床为 FANUC-0i 系统的 CK6140 型数控车床。

2) 加工方案分析

由于毛坯为棒料，用三爪自定心卡盘夹紧定位。加工方案见表 7-9。

表 7-9 加工方案

加工步骤和内容	加工方法	选用刀具
①车左端面	端面车削	93° 外圆车刀
②粗精车左端外圆	车削循环	93° 外圆车刀
③粗精车内孔	车削循环	90° 内孔车刀
④车左端内槽	切槽	5mm 切槽刀
⑤加工左端内螺纹	内螺纹车削	60° 内螺纹刀
⑥调头切右端面至总长	端面车削	93° 外圆车刀
⑦粗精车右端外圆	车削循环	93° 外圆车刀
⑧加工右端外圆槽	切槽	5mm 切槽刀
⑨加工左端外螺纹	外螺纹车削	60° 外螺纹刀

3) 选择刀具并确定切削用量

确定加工方案和刀具后，选择合适的刀具切削参数，见表 7-10。

表 7-10 切削参数表

刀 具 号	刀具参数	背吃刀量/mm	主轴转/(r/min)	进给率/(mm/r)
T0101	93° 外圆车刀	3	600	粗车 0.2，精车 0.1
T0202	5mm 宽切断刀	—	400	0.05
T0303	内孔刀	2	600	粗车 0.2，精车 0.1
T0404	60° 内螺纹刀	—	300	4
T0505	内孔切槽刀		300	0.1
T0606	60° 外螺纹刀	—	300	4

2. 确定工件坐标系和对刀点

以工件左端面和右端面圆心为工件原点，建立工件坐标系，采用手动对刀方法把左右端面圆心点作为对刀点，如图 7-29 所示。

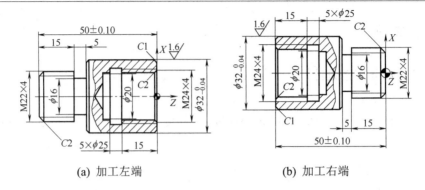

(a) 加工左端　　　　　　　　　　　　(b) 加工右端

图 7-29　工件坐标系

3. 编制程序

因零件精度要求较高，加工本零件时采用车刀的刀具半径补偿，使用 G71 进行粗加工，使用 G70 进行精加工。使用 FANUC-0i 系统编程，程序见表 7-11。

表 7-11　内外螺纹轴程序

程　　序	说　　明
O7002;	程序名
T0101;	建立工件坐标系
M04 S600;	
G00 X35.0 Z0;	
G01 X-1.0 F0.1;	车左端面
G00 X35.0Z2.0;	
G71 U3.0 R0.5;	粗车左端面外圆
G71 P1 Q2 U0.5 W0.2 F0.2;	
N1G00 G42 X25.98;	
G01 X31.98 Z-1.F0.1;	
N2 G40 Z-35.;	
G70 P1 Q2;	精车
G28;	
M05;	
T0303;	换内孔刀
M04 S600;	
G00 X17.5 Z2.0;	
G71 U2. R0.5;	粗车内孔
G71 P3 Q4 U-0.5 W0.2 F0.2;	
N3 G00 G41 X27.67;	
G01 Z0 F0.1;	
X19.67 Z-2.;	
Z-20.;	
X20.;	

续表

程　序	说　明
N4 G40 W-1.0;	
G70 P3 Q4;	精车内孔
G28;	
M05;	
T0505;	换内切槽刀
M04 S400;	
G00 X15. Z2.;	
Z-20.;	
G01 X25. F0.05;	切内槽
X15.;	
Z2.;	
G28;	
M05;	
T0404;	换内螺纹刀
M04 S300;	
G00 X20.Z2.;	切螺纹
G76 P010060 Q100 R0.05;	
G76 X24. Z-16. P2599 Q500 F4.;	
G28;	
M05;	
M30;	调头
0002;	
T0101;	
M03S500;	建立工件坐标系
G00X42.Z0.;	
G01X-1.F0.1;	
G00X42.Z2.;	切端面
G71U3.R0.5;	
G71P1Q2U0.5W0.2F0.2;	粗车外圆
N1G00G42X19.6;	
G01 Z0 F0.1;	
X21.6Z-2.;	
Z-20.;	
X27.98;	
X31.98Z-22.;	
N2 G40Z-5.;	
G70P1Q2;	精车
G28;	
M05;	
T0202;	换切槽刀
M04 S400;	

续表

程　序	说　明
G00 X33.0 Z-20.0;	定位
G01 X16.0 F0.05;	切槽
X33.0;	
G28;	
T0606;	换外螺纹刀
G00 X24.0 Z2.0;	
G76P010060 Q100 R0.05;	切螺纹
G76 X16.804 Z-15.0 P2599 Q500 F4.0;	
G28;	
M05;	
M30;	

4. 仿真操作

操作过程同项目二任务一中的相关内容。

5. 机床加工

操作过程同项目二任务一中的相关内容。

1) X 轴对刀

(1) 手轮或手动移动刀架，将内螺纹车刀的主切削刃刀尖移动到已加工内孔的外表面，并使主切削刃刀尖与内表面紧密接触，如图 7-30 所示。

(2) 操作系统面板进入刀具补偿存储器界面，将光标移动到相应的刀具补偿号位置处，输入 X 直径值并确认，这样 X 轴对刀结束。

2) Z 轴对刀

(1) 手轮或手动移动刀具，使内螺纹车刀的主切削刃靠近工件右端面，手动旋转主轴移动刀具主切削刃接触工件右端面。在接触工件过程中，要注意控制进给速度，避免由于速度过快导致刀具切削刃撞击工件右端面，如图 7-31 所示。

(2) 操作系统面板进入刀具补偿存储器界面，将光标移动到相应的刀具补偿号位置处，输入 Z0 并确认，这样 Z 轴对刀结束。

(3) 手动移动刀具，使刀具离开工件右端面。

图 7-30　内螺纹刀 X 轴对刀图

图 7-31　内螺纹刀 Z 轴对刀图

四、零件检测

1)　基本检测

(1)　切削加工工艺制定正确与否。

(2)　切削用量选择是否合理。

(3)　程序是否简单、规范。

2)　零件的检测

(1)　使用游标卡尺、R 规等量具对零件进行检测。

(2)　在零件质量检测结果报告单上填写检测结果。

五、思考题

(1)　螺纹刀如何对刀？

(2)　切螺纹时，要保证零件加工精度和表面粗糙度要求，应采取哪些措施？

六、扩展任务

螺纹球面短轴零件如图 7-32 所示，请选择合适的加工方案进行编程加工。

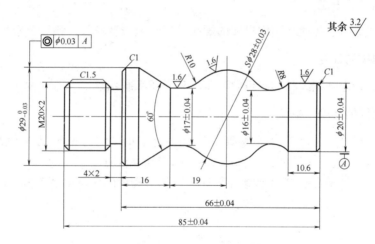

图 7-32　螺纹球面短轴零件

拓展训练一　梯形螺纹加工

一、任务导入

本任务要求运用数控车床加工如图 7-33 所示的梯形螺纹零件，毛坯为 ϕ40mm×180mm 棒料，材料为 45 钢。

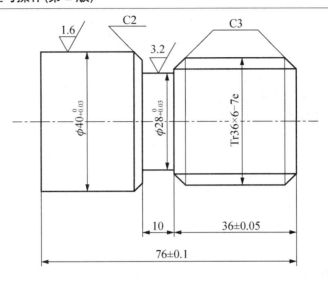

图 7-33　梯形螺纹零件

二、相关理论知识

1. 梯形螺纹的用途

梯形螺纹广泛用于传动结构如机床的螺纹等，一般长度较长，精度要求较高。

2. 梯形螺纹的种类

梯形螺纹分为米制螺纹和英制螺纹，本节只介绍米制螺纹。

3. 梯形螺纹的代号、标记

梯形螺纹的代号用字母 Tr 及公称直径×螺距表示，单位均为 mm。左旋螺纹需在尺寸规格之后加注 LH，右旋则不用标注。例如 Tr36×6、Tr44×8LH 等。

国标规定，公制梯形螺纹的牙型角为 30°。梯形螺纹的牙型如图 7-34 所示。

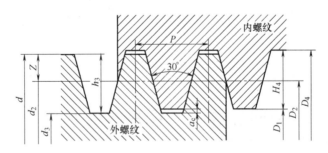

图 7-34　梯形螺纹的牙型

4. 梯形螺纹的中径公差

梯形外螺纹的中径公差等级有 6、7、8、9 四种；公差带位置有 h、e、c 三种。梯形内螺纹的中径公差等级有 7、8、9 三种；公差带位置只有 H 一种，其基本偏差为零。

5. 常用的螺纹测量器具和测量方法

1) 用螺纹百分尺测量中径

测量外螺纹中径时，可以使用带插入式测量头的螺纹百分尺测量。它的构造与外径千分尺相似，差别仅在于两个测量头的形状。螺纹百分尺的测量头做成和螺纹牙型相吻合的形状，即一个为 V 形测量头，与螺纹牙型凸起部分相吻合；另一个为圆锥形测量头，与螺纹牙型沟槽相吻合，如图 7-35 所示。这种螺纹百分尺有一套可换测量头，每对测量头只能用来测量一定螺距范围的螺纹。螺纹百分尺有 0～25mm 直至 325～350mm 等数种规格。

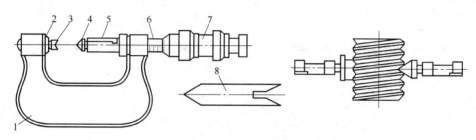

图 7-35　螺纹百分尺

1—螺纹百分尺的弓架；2—架砧；3—V 形测量头；4—圆锥形测量头；

5—主量杆；6—内套筒；7—外套管；8—校对样板

用螺纹百分尺测量外螺纹中径时，读得的数值是螺纹中径的实际尺寸，不包括螺距误差和牙型半角误差在中径上的当量值。但是螺纹百分尺的测量头是根据牙型角和螺距的标准尺寸制造的，当被测量的外螺纹存在螺距和牙型半角误差时，测量头与被测量的外螺纹不能很好地吻合，所以测出的螺纹中径的实际尺寸误差相当显著，一般误差为 0.05～0.20mm，因此螺纹百分尺只能用于工序间测量或对粗糙级的螺纹工件进行测量，而不能用来测量螺纹切削工具和螺纹量具。

2) 用单针量法和三针量法测量螺纹中径

(1) 用单针量法测量螺纹中径。单针量法用于测量直径较大的外螺纹工件。测量时，利用已加工好的外螺纹大径作为测量基准，如图 7-36 所示，测出单针外母线与外螺纹大径间的跨距 M 值，通过计算求得螺纹中径 d_2。为了消除螺纹大径、中径的圆度误差和螺纹的偏心误差对测量结果的影响，可在 $180°$ 方向各测一次 M 值，取算术平均值。

(2) 用三针量法测量螺纹中径。三针量法是将三根直径相同的量针，如图 7-37 所示那样放在螺纹牙型沟槽中间，用接触式量仪或测微量具测出三根量针外母线之间的跨距 M，根据已知的螺距 P、牙型半角 $\alpha/2$ 及量针直径 d_0 的数值算出中径 d_2。

三针量法的测量精度，与所选量仪的示值误差和量针本身的误差有关，还与被检螺纹的螺距误差和牙型半角误差有关。

为了消除牙型半角误差对测量结果的影响，应选最佳量针 d_0，使它与螺纹牙型侧面的接触点恰好在中径线上，如图 7-38 所示。

若对每一种螺距给以相应的最佳量针的直径，量针的种类将增加到二十多种，这是该量法不足之处。但是可计算出螺纹的单一中径。

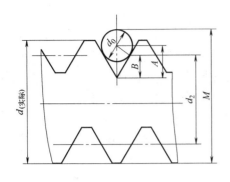

图 7-36　单针量法测量螺纹中径

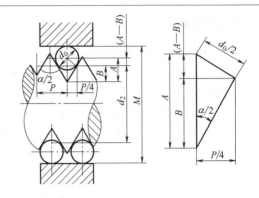

图 7-37　三针量法测量螺纹中径

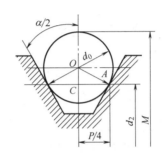

图 7-38　最佳量针

三针的精度分为两个等级，即 0 级与 1 级：0 级三针主要用来测量螺纹中径公差在 4～8μm 的螺纹工件；1 级量针用来测量螺纹中径公差在 8μm 以上的螺纹工件。

用三针量法的测量精度比目前常用的其他方法的测量精度要高，且应用也较方便。

3)　用工具显微镜测量螺纹各参数

工具显微镜是一种以影像法作为测量基础的精密光学仪器，有万能、大型、小型 3 种。它可以测量精密螺纹的基本参数，如大径、中径、小径、螺距、牙型半角，也可以测量轮廓复杂的样板、成型刀具、冲模以及其他各种零件的长度、角度、半径等，因此在工厂的计量室和车间中应用普遍。

6. 梯形螺纹车刀

(1)　两侧车削刃夹角：高速钢车刀一般取 30°±10′，硬质合金车刀一般取 30°±(-5″～-15″)。

(2)　横车削刃的宽度：$W = 0.366P - 0.536a_c$，应用牙顶间隙 a_c 时查《金属切削手册》。

(3)　纵向前角：一般取 0°，必要时也可以取 5°～10°，但其前刀面上的两侧车削刃夹角要做相应修改，否则将影响牙型角。

(4)　纵向后角：一般取 6°～8°。

(5)　两侧切削刃后角：$\alpha_{左}=(3°～5°)±\Psi$，$\alpha_{右}=(3°～5°)±\Psi$（Ψ 为螺旋升角，即 $\tan\Psi = P/\pi d_2 = P/\pi D_2$）。

车右旋螺纹时，Ψ 取正号；车左旋螺纹时，Ψ 取负号，如图 7-39 所示。

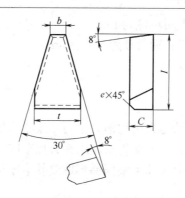

图 7-39　梯形螺纹车改

7. 梯形螺纹的加工方法

梯形螺纹在数控车床上的加工方法如图 7-40 所示。

(1) 直进法。螺纹车刀沿 X 向间歇性进给切削至牙底处，如图 7-40(a)所示。这种方法在数控车床上可以采用 G92 来实现。采用这种方法加工梯形螺纹时，螺纹车刀的三面刃都参加切削，加工排屑困难，导致切削力和切削热增加，刀尖磨损严重。当进刀量过大时，还可能产生"扎刀"和"打刀"现象。这种方法不太可取。

(2) 斜进法。螺纹车刀沿牙型角斜向间歇性进给至牙底处，如图 7-40(b)所示。这种方法在数控车床可以采用 G76 来实现。采用这种方法加工梯形螺纹时，螺纹车刀始终只有一个侧刃参加切削，从而使排屑比较顺利，刀尖的受力和受热情况有所改善。

(3) 左右车削法。螺纹车刀沿牙型角方向左、右交错进给至牙深，如图 7-40(c)所示。这种方法类同于斜进法，G76 螺纹切削循环指令还有另外一种功能，就是用固定切深的左右切削法来加工梯形螺纹。

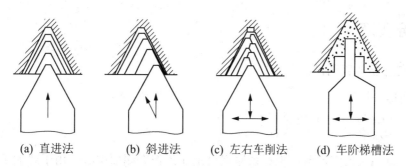

(a) 直进法　　(b) 斜进法　　(c) 左右车削法　　(d) 车阶梯槽法

图 7-40　车较宽梯形槽的方法

用固定切深的左右切削法来加工梯形螺纹指令格式如下：

```
G76P(m)(r)(a)Q(Δdmin)R(d);
G76XU_ ZW_ K_D_ F_ A_P2;
```

其中，G76 第一程序段中各项参数的含义同前。

G76 第二段程序段中参数含义如下。

XU_ ZW_：螺纹切削终点坐标。

K：螺纹牙形高度，通常使用单位为μm。

D：第一次进给的背吃刀量。通常使用单位为μm。

F：导程。

A：牙型角角度。

P2：采用交错螺纹切削。

(4) 车阶梯槽法。这种方法是先用切槽刀粗切螺纹槽，如图 7-40(d)所示，再用梯形螺纹车刀加工螺纹两侧面，这种方法的编程与加工在数控车床上较难实现。

梯形螺纹的相关尺寸及公差计算可根据梯形螺纹基本牙型计算公式计算出来。

8. Z 向刀具偏置量计算

在梯形螺纹的实际加工中，若刀尖宽度不等于槽底宽，通过一次 G76 循环切削无法控制螺纹中径等各项尺寸达到规定要求，为此可采用道具 Z 向偏置后再进行一次 G76 循环加工来达到要求。刀具 Z 向的偏置量必须经过精确计算,其计算方法可以从图7-41中的 ΔAO_1O_2 推得：刀具 Z 向偏置量$=AO_2=AO_1 \times \tan 15° =0.268 AO_1$。图中 $M_{理论}$ 为梯形螺纹要求的中径值，$M_{实测}$为实际测得的中径值。

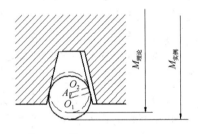

图 7-41　刀具 Z 向偏置量

三、任务实施

1. 工艺分析与工艺设计

1)　图样分析

图 7-33 所示零件为梯形螺纹轴。

2)　工艺分析

三爪卡盘装夹工作，工作坐标系原点设定在工作右端面中心，由于要加工螺纹的螺纹距为 6mm，螺距较大，因此螺纹切削时，选择主轴的转速要低，否则机床进给会失步，出现螺纹烂牙现象。刀具及加工方案见表 7-12。

表 7-12　刀具及加工方案

刀 具 号	刀具名称及规格	加工表面
T0101	93° 机夹外圆刀，80° 菱形刀片	外表面、端面
T0202	宽度为 6mm 的切槽刀	ϕ29mm×10mm 沟槽
T0303	30° 外螺纹机夹车刀	梯形螺纹

2. 车削螺纹的方法

斜进法或左右切削法。

3. 编制程序

(1) 计算梯形螺纹各尺寸，并查表确定其公式。

螺纹大径：$d=36\text{mm}$，公差为 $\phi36^{0}_{-0.375}$。

螺纹中径：$d_2=d-0.5P+36-3=33\text{mm}$。

螺纹牙高：$h_3=0.5P+a_c=3.5\text{mm}$。

螺纹小径：$d_3=d-2h_3=36-7=29\text{mm}$，公差为 $\phi33^{-0.119}_{-0.453}$。

螺纹牙顶宽：$f=0.366P=2.196\text{mm}$。

螺纹牙底宽：$w=0.366P-0.536a_c=2.196-0.268=1.928\text{mm}$。

螺纹牙顶槽宽：$e=P-f=6-2.196=3.804\text{mm}$。

(2) 用 G76 指令斜进法编程加工梯形螺纹，程序如表 7-13 所示。

表 7-13　用 G76 指令斜进法编程加工梯形螺纹程序

程　序	说　明
O7001;	程序名
T0101;	1 号外圆车刀
M04 S1500;	
G00 X47.Z2.;	
G94 X-1.Z0.F0.1;	车端面
G71　U1.　R1.;	外圆切削循环
G71 P1 Q2 U0.5 W0.2 F0.2 S1200;	
N1 G00 X26.S1500;	
G01 X36.Z-3.F0.1;	
Z-46.;	
X40.W-2.;	
N2 Z-76.;	
G00 X100.Z100.;	
T0202 S600;	2 号切槽刀
G00 X42.;	
Z-46.;	
G01 X28.5 F0.1;	第一次切槽
X42.;	
G00 W4.;	
G01 X28.5;	第二次切槽
X38.;	
G00 W4.;	
G01 X30.W-4.;	倒角
X28.;	第三次切槽
Z-46.;	
X42.;	

续表

程　序	说　明
G00 X100.Z100.;	
T0303 S100;	3 号梯形螺纹刀
G00 X37.Z3.;	
G76 P020530 Q50 R0.05;	精加工两次，精加工余量 0.16mm，倒角为 0.5 螺距，牙型角 30°，最小切深 0.05mm
G76 X28.75 Z-40.P3500 Q600 F6.;	螺纹牙高 3.5mm，第一刀切深 0.6mm
G00　X100. Z100.;	
M30;	

(3) 用固定切深的左右切削法来加工图 7-33 所示梯形螺纹零件，参考程序如表 7-14 所示。

表 7-14　用固定切深的左右切削法来加工梯形螺纹程序

程　序	说　明
O7011;	程序名
T0101;	1 号外圆车刀
M04 S1500;	
G00 X47.Z2.;	
G94 X-1.Z0.F0.1;	车端面
G71　U1.　R1.;	外圆切削循环
G71 P1 Q2 U0.5 W0.2 F0.2 S1200;	
N1 G00 X26.S1500;	
G01 X36.Z-3.F0.1;	
Z-46.;	
X40.W-2.;	
N2 Z-76.;	
G00 X100.Z100.;	
T0202 S600;	2 号切槽刀
G00 X42.;	
Z-46.;	
G01 X28.5 F0.1;	第一次切槽
X42.;	
G00 W4.;	
G01 X28.5;	第二次切槽
X38.;	
G00 W4.;	
G01 X30.W-4.;	倒角
X28.;	第三次切槽
Z-46.;	
X42.;	
G00 X100.Z100.;	
T0303 S100;	3 号梯形螺纹刀
G00 X37.Z3.;	
G76 P020530 Q50 R0.05;	精加工两次，精加工余量 0.16mm，倒角为 0.5 螺距，牙型角 30°，最小切深 0.05mm
G76 X28.75 Z-40 K3500 D600 F6 A30 P2;	螺纹牙高 3.5mm，第一刀切深 0.6mm
G00　X100. Z100.;	
M30;	

4. 仿真操作

操作过程同项目四任务二中的相关内容。

5. 机床加工

操作过程同项目四任务二中的相关内容。

四、零件检测

测量零件，修正零件尺寸。

五、思考题

(1) 梯形螺纹的代号、标记是什么？

(2) 梯形螺纹中径测量方法是什么？

(3) 梯形螺纹的车削方法是什么？

六、扩展任务

编程加工如图 7-42 所示的零件。

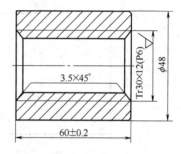

图 7-42　螺纹零件加工

拓展训练二　变导程螺纹加工

一、任务导入

本任务要求运用数控车床加工如图 7-43 和图 7-44 所示的变导程螺纹零件。

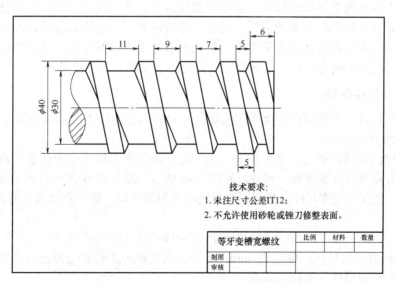

图 7-43　等牙变槽宽螺纹

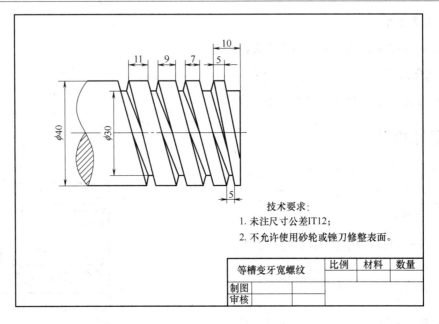

技术要求:
1. 未注尺寸公差IT12;
2. 不允许使用砂轮或锉刀修整表面。

等槽变牙宽螺纹	比例	材料	数量
制图			
审核			

图 7-44 等槽变牙宽螺纹

二、相关理论知识

随着对机械结构功能要求的不断提高,对一些零件的结构也提出了很高的要求,变导程螺纹就是其中的一个代表。变导程螺纹的应用十分广泛,如饮料罐装机械,在饮料灌装过程中,需要将包装容器定时、定距、平稳地输送到包装工位,实现依次定距供送容器的目的,完成这一要求的装置称为定距分隔定时供给装置。其主传动部分就是变导程螺旋杆。除此之外,变导程螺纹在航空传输机械、塑料挤压机械、饲料机械、船舶上的变导程螺旋桨、高速离心泵上的变导程诱导轮、变导程螺旋桨动力装置以及汽车前转向悬挂上的变导程弹簧减振器等方面都有关键的应用。但是,如何精密加工出变导程螺纹却一直没能很好地解决。长期以来都是在铣床上采用手工加工的方法完成,精度低,劳动强度大,且经常出现废品。用数控车削方法加工变导程螺纹,提高了效率和加工质量。

1. 变导程螺纹参数

变导程螺纹是一个导程按规律变化的螺纹。如图 7-45 所示的变导程螺纹,其导程是以增量值 K 递增变化的。

变导程螺纹内槽表面是一个螺旋面,加工时,成型车刀切削刃上任意一点的轨迹是一条螺旋线,沿圆周方向展开为一直线,如图 7-46 所示。图 7-46 中横坐标为圆周长,纵坐标为导程,由于是变导程螺旋线,相邻圆周直线段的斜率不同,每一直线段的升角增量为$\Delta\alpha$,其数值为

$$\Delta\alpha = \arctan\{(\Delta T \cdot S) \,/\, [S2 + T_{\mathrm{m}}(T_{\mathrm{m}} + \Delta T)]\}$$

式中:T_{m} 为任意一段导程,单位为 mm;S 为刀具切削刃上任意一点的回转周长,单位为 mm;ΔT 为变导程增量,单位为 mm。

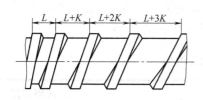

图 7-45　变导程螺纹

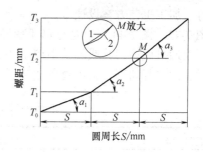

图 7-46　圆周方向展开后的螺旋线

根据上式可以得出Δα与导程增量、导程变化以及螺纹外径变化之间的关系，当Δα 较大时，为了保证两相邻螺旋线间平滑过渡，采取圆弧或直线连接。因此，整个变导程螺纹由两组曲线组成。对于大升角变导程螺纹，还须在过渡处修正。

2. 变导程螺纹的数控加工方法

1)　变导程螺纹分类

变导程螺纹分两种：一种是等槽变牙宽螺纹(如图 7-44 所示)，另一种是等牙变槽宽螺纹(如图 7-43 所示)。

数控车床提供了车削变导程螺纹的功能，这也是数控车床优越性的一个重要体现。用一定宽度的螺纹刀，加工槽宽相等、牙宽均匀变化的变导程螺纹时，在数控机床上可以用一定宽度的螺纹刀和变导程螺纹切削指令 G34 进行加工。等牙变槽宽螺纹要保证牙宽相等，槽宽均匀变化，加工相对要难些。

2)　变导程螺纹的切削指令 G34

指令格式：

```
G34  X(U)__  Z(W)__  F___K±___;
```

其中：X、Z——车削的终点坐标值。

　　　U、W——切削终点相对起点的增量坐标值。

　　　F——螺纹的基本导程，这些与螺纹切削指令 G32 的意义相同。

　　　K——螺纹每导程的变化量，其增(减)量的范围，在系统参数中设定。

G34 指令与螺纹切削 G32 指令的应用规则相同。在加工时，根据具体情况应注意以下几点。

(1)　合理选择刀具宽度。

(2)　正确设定 F 起始值和起刀点的位置。

(3)　由于变导程螺纹的螺纹升角随着导程的增大而变大，所以刀具左侧切削刃的后角应为工作后角加上最大螺纹升角 φ，即 $\alpha_0 = (3^\circ \sim 5^\circ) + \varphi$。

三、任务实施

1. 工艺分析与工艺设计

1)　图样分析

图 7-43 所示是等牙变槽宽导程螺纹。图 7-44 所示是等槽变牙宽导程螺纹。

2) 加工工艺方案设计

图 7-43、图 7-44 所示是方形牙变导程螺纹的加工，内槽表面是一个螺旋面的变导程螺纹，可以通过成型刀具或加工中使 X 轴向尺寸按要求变化加工出内槽螺旋面。变导程螺纹要进行多次重复切削，采用直进法分层切削螺纹加工方案见表 7-15。

表 7-15 变导程螺纹加工方案

加工内容	加工方法	选用刀具
粗车外圆 精车外圆	外圆留 0.8mm 精车余量，轴向留 0.4mm 精车余量	90°机夹正偏刀
车螺纹	分层切削	螺纹车刀

3) 刀具选择和确定切削用量

由于要加工螺纹的螺距较大，因此主轴转速要低，否则，机床进给会失步。刀具切削参数选用见表 7-16。

表 7-16 刀具切削参数选用表

刀具编号	刀具参数	主轴转速/(r/min)	进给率/(mm/r)	切削深度/mm
T0101	90°机夹正偏刀	500	0.2	3
T0202	5mm 方牙螺纹车刀	100	—	0.3
T0303	2mm 方牙螺纹车刀	100	—	0.2

2. 确定工件坐标系和对刀点

以工件右端面圆心为工件原点，建立工件坐标系，采用手动对刀方法把右端面圆心点作为对刀点，如图 7-47 所示。

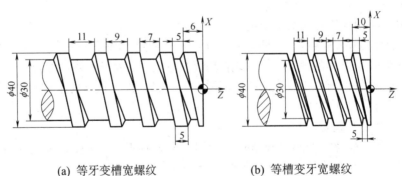

(a) 等牙变槽宽螺纹　　　　　　　(b) 等槽变牙宽螺纹

图 7-47 工件坐标系

3. 编制程序

(1) 用 G34 指令加工等槽变牙宽螺纹。

① 螺纹切削起点位置的确定。工件坐标系原点设定在工件右端面中心，变导程螺纹工件上的第一个导程标注是 10mm，故刀具起刀点到端面的距离应该等于 8mm(第一个导

程减去导程变化量)。

② 变导程螺纹切削程序段为：G34 Z-60.0 F8.0 K2.0;

图 7-44 中的加工外圆略，螺纹主程序如表 7-17 所示，子程序如表 7-18 所示。

表 7-17 等槽变牙宽主程序

程 序	说 明
O7001;	程序名
T0202;	设工件坐标系
S100M04;	主轴反转，转速为100r/min
G00 X39.7 Z8.0;	X、Z轴快速定位到螺纹加工起点
M98 P0066;	调用螺纹加工子程序
G00 X39.4 Z8.0;	每次X向递进0.3mm，重复调用螺纹加工子程序
M98 P0066;	螺纹半精加工
...;	
G00 X30.06 Z8.0;	
M98 P0066;	
G00 X30.02 Z8.0;	
M98 P0066;	
G00 X30.0 Z8.0;	螺纹精加工
M98 P0066;	
G00X100.0Z100.0;	刀具返回换刀点
M05;	
M30;	

表 7-18 等槽变牙宽子程序

程 序	说 明
O0066;	程序名
G34Z-60.0 F8.0 K2.0;	
G01 X41.0;	X向退刀
G00 Z8.0;	Z向返回加工起点
M99;	

(2) 用宏程序指令加工图 7-43 所示等牙变槽宽螺纹程序如表 7-19 所示(宏程序相关内容详见项目八任务一)。

表 7-19 等牙变槽宽螺纹程序

程 序	说 明
O7001;	程序名
N1 T0303;	采用方牙螺纹车刀，刀宽2mm
N5 S100 M04;	主轴反转，转速为100r/min
N10 #2=5;	起始螺距设置为5mm
N15 #1=39.8	螺纹大径为39.8mm
N20 G00 X#1 Z5.0;	快速移动至起点

续表

程　序	说　明
N25 G34 X#1 Z-60.0 F#2 K2.0;	变螺距切削 K2.0 表示每转螺距增加 2mm
N30 G00 X42.0	
N35 Z4.0;	
N40 #1=#1-0.2;	每刀切削深度 0.2mm
N45 IF[#1GE30] GOTO 20;	螺纹小径大于等于 30mm 时返回 N20 程序段
N50 #2=#2+0.2;	起始螺距增加 0.2mm
N55 IF[#2LE6] GOTO 20;	起始螺距小于等于 6mm 时返回 N20 程序段
N60 G00 X100.0;	
N65 Z100.0;	刀具返回换刀点
N70 M05 M30;	

4. 仿真操作

操作过程同项目二任务一中的相关内容。

5. 机床加工

操作过程同项目二任务一中的相关内容。

四、零件检测

测量零件，修正零件尺寸。

五、思考题

(1) 变导程螺纹的分类有哪些？

(2) 变导程螺纹的指令是什么？

(3) 变导程螺纹的车削方法是什么？

六、扩展任务

编程加工如图 7-48 所示的零件。

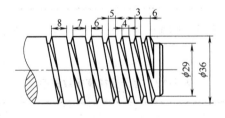

图 7-48　加工零件图

螺纹车削常见问题分析

螺纹车削常见问题分析见表 7-20。

表 7-20　螺纹车削常见问题

常见问题	产生原因	解决方法
螺纹牙型角超差	①车刀刀尖角刃磨不准确 ②车刀安装不正确 ③车刀磨损严重	①重新刃磨车刀 ②车刀刀尖对准工件轴线,使车刀刀尖角角平分线与工件轴线垂直 ③及时换刀,用耐磨材料制造车刀,提高刃磨质量,降低切削用量
螺距超差	计算和编程错误	仔细检查计算,改正错误
螺距周期性误差超差	①机床主轴或机床丝杠轴向窜动太大 ②主轴、丝杠径向圆跳动太大 ③中心孔圆度超差、孔深太浅或与顶尖接触不良 ④工件弯曲变形	①调整机床主轴和丝杠,消除轴向窜动 ②按技术要求调整主轴、丝杠径向圆跳动 ③中心孔锥面和标准顶尖接触面不少于 85%,机床顶尖不要太尖,以免和中心孔底部相碰;两端中心孔要研磨,使其同轴 ④合理安排工艺路线,降低切削用量,充分冷却
螺距累积误差超差	①机床导轨对工件轴线的平行度超差或导轨的直线度误差 ②工件轴线对机床丝杠轴线的平行度超差 ③丝杠副磨损超差 ④环境温度变化太大 ⑤切削热、摩擦热使工件伸长,而冷却后测量时工件缩短 ⑥刀具磨损太严重 ⑦顶尖顶力太大,使工件变形	①调整尾座,使工件轴线和导轨平行,或刮研机床导轨,使直线度合格 ②调整丝杠或机床尾座,使工件和丝杠平行 ③更换新的丝杠副 ④工作地点要保持温度在规定范围内变化 ⑤合理选择切削用量和切削液,切削时加大切削液流量和压力 ⑥选用耐磨性强的刀具材料,提高刃磨质量 ⑦车削过程中,经常调整尾座顶尖压力
螺纹中径几何形状超差	①中心孔质量低 ②机床主轴圆柱度超差 ③刀具磨损大	①提高中心孔质量,刮研或磨削中心孔,保证圆度和接触精度 ②调整主轴,使其符合要求 ③提高工件外圆精度 ④提高刀具耐磨性,降低切削用量,充分冷却
螺纹牙型表面粗糙度参数值超差	①刀具刃口质量差 ②精车时进给太小,产生刮挤现象 ③切削速度选择不当 ④切削液的润滑性不佳 ⑤机床振动大 ⑥刀具前、后角太小 ⑦工件切削性能差 ⑧切削刮伤已加工面	①降低各刃磨面的粗糙度参数值,减小刀尖圆弧半径 ②使切削厚度大于刀尖圆弧半径 ③合理选择切削速度,避免加工时积屑瘤产生 ④选用有极性添加剂的切削液或采用动(植)物油极化处理,以提高油膜的抗压强度 ⑤调整机床各部位间隙,采用弹性刀杆,硬质合金车刀刀尖适当装高 ⑥适当增加前、后角 ⑦车螺纹前增加调质工序 ⑧改为径向进刀

续表

常见问题	产生原因	解决方法
扎刀和打刀	①刀杆刚性差 ②车刀安装高度不当 ③进给量太大 ④进刀方式不当 ⑤机床各部间隙太大 ⑥车刀前角太大,径向切削分力将车刀推向切削面 ⑦工件刚性差	①刀头伸出刀架的长度应不大于1.5倍的刀杆高度,采用弹性刀杆,内螺纹车刀刀杆选较硬的材料,并淬火35~45HRC ②车刀刀尖应对准工件轴线,硬质合金车刀高速车螺纹时,刀尖应略高于轴线;高速钢车刀低速车螺纹时,刀尖应略低于工件轴线 ③降低进给量 ④改径向进刀为斜向或轴向进刀 ⑤调整车床各部间隙,特别是减小车床主轴和拖板间隙 ⑥减小车刀前角 ⑦改进工件装夹方式
螺纹乱扣	①螺纹起刀位置或终点位置设定不对 ②程序中的螺距 F 值不是相同的值 ③数控系统故障	①仔细校验程序,将程序中的起刀点和终点坐标设定正确 ②校验程序,将螺距值设定正确 ③排除数控系统故障

习　　题

(1) 编程加工如图 7-49 所示的零件。注: 毛坯为 ϕ55mm 棒料,零件还没有进行粗加工。

(2) 编程加工如图 7-50 所示的零件。

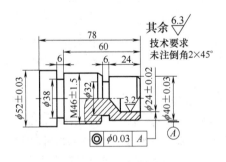

图 7-49　螺纹零件加工(1)

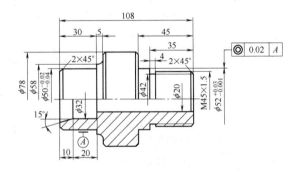

图 7-50　螺纹零件加工(2)

(3) 编程加工如图 7-51 所示的零件。

(4) 编程加工如图 7-52 所示的零件。

(5) 编程加工如图 7-53 所示的零件。

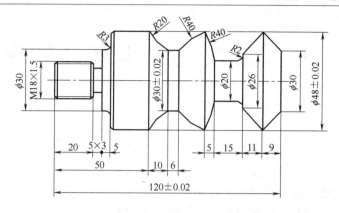

图 7-51　螺纹零件加工(3)

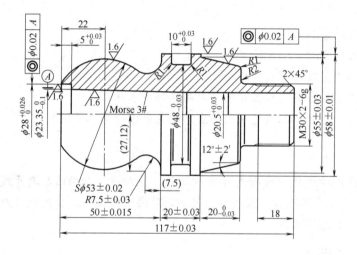

图 7-52　螺纹零件加工(4)

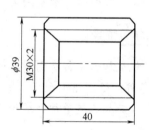

图 7-53　螺纹零件加工(5)

项目八　非圆二次曲线类零件的车削加工

知识目标

- 掌握宏程序的概念及特征。
- 掌握变量的概念及用法。
- 掌握变量运算指令的格式及用法。
- 掌握 G65、G66 调用宏程序的指令格式及用法。

能力目标

- 使用宏指令进行零件程序编制。
- 认识和熟练使用量具检测零件。
- 会进行轮廓尺寸精度的测量及尺寸精度分析。
- 能够正确运用仿真软件及数控车床加工非圆二次曲线轴类零件。
- 能够遵守安全操作规程，按照职业道德及文明生产的要求进行加工。

学习情景

机械加工中常有由复杂曲线所构成的非圆曲线(如椭圆曲线、抛物线、双曲线和渐开线等)零件，如图 8-1 所示。随着工业产品性能要求的不断提高，非圆曲线零件的作用就日益重要，其加工质量往往成为生产制造的关键。

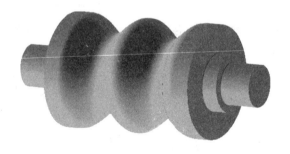

图 8-1　非圆曲线轴

很多零件的轮廓上有椭圆、双曲线、抛物线等非圆二次曲线，数控机床的数控系统一般只具有直线插补和圆弧插补功能。非圆曲线形状的工件在数控车削中属于较复杂的零件类别，一般运用拟合法来进行加工。而此类方法的特点是根据零件图纸的形状误差要求，把曲线用许多小段的直线来代替。如果能灵活运用宏程序，则可以方便简捷地进行编程，从而提高加工效率。本项目就对 FANUC-0i 系统的数控车床对非圆曲线的编程与加工进行学习。

任务一 宏程序入门

一、什么是宏程序

某光轴零件，其尺寸在图 8-2 中用 $\phi 40 \times 50$ 表示，这是常量形式。如图 8-3 所示是用符号 $D \times L$ 表示，图 8-4 则是用数控车床认识的符号，#1×#2 表示，不难理解，其实仅是用不同的表示符号进行置换而已。

设工件坐标原点在工件右端面与轴线的交点上，数控车削精加工路线为 A→B，可编制加工程序分别为"G01X40Z-50"，"G01XD Z -L"和"G01X#1 Z-#2"，其中"G01X#1 Z-#2"就是一个宏程序语句，符号"#1"，"#2"就是变量！

定义有了:含有"#i"(变量)符号程序就叫宏程序!很简单的

比较一下，"G01X40Z-50"只能加工出"$\phi 40 \times 50$"的圆柱面；"G01XD Z-L"数控机床无法识别，而"G01X#1 Z-#2"，若令#1=40，#2=50，可加工出"$\phi 40 \times 50$"的圆柱面。

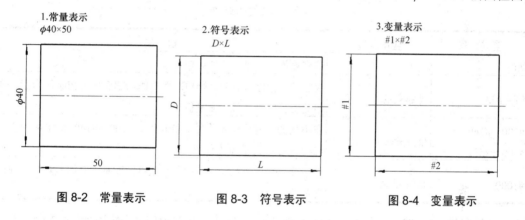

图 8-2 常量表示   图 8-3 符号表示   图 8-4 变量表示

二、变量及变量的使用方法

1. 变量

1) 变量的形式

变量是指可以在宏程序的地址上代替具体数值，在调用宏程序时再用引数进行赋值的符号。使用变量可以使宏程序具有通用性。宏程序中可以使用多个变量，以变量号码进行识别。

变量是用符号#后面加上变量号码所构成的，即：

#i (i=1, 2, 3, …)

例如： #5
        #109
        #1005

在宏程序中也可用"#[表达式]"的形式来表示，如：#[#100]、#[#1001-1]、 #[#6/2]。

2) 变量的引用

在地址符后的数值可以用变量置换。如若写成 F#33，则当#33=1.5 时，与 F1.5 相同。Z-#18，当#18=20.0 时，与 Z-20.0 指令相同。

但需要注意，作为地址符的 O、N 等，不能引用变量，如 O#27、N#1 等，都是错误的。

3) 未定义变量

当变量值未定义时，这样的变量称为空变量。变量#0 总是空变量。

4) 定义变量

当在程序中定义变量值时，整数值的小数点可以省略，例如：当定义#10=120 时，变量#10 的实际值是 120.000。

5) 变量的种类

变量从功能上主要可归纳为两种。

(1) 系统变量(系统占用部分)，用于系统内部运算时各种数据的存储。

(2) 用户变量，包括局部变量和公共变量，用户可以单独使用，系统把用户变量作为处理资料的一部分。变量的类型见表 8-1。

表 8-1 变量的类型

变 量 号	变量类型	功　能
#0	空	该变量值总为空，不能赋值
#1~#33	局部变量	仅在其宏程序内有效。断电时所有的局部变量被初始化为空。调用此宏程序时，代入变量值
#100~#149 #500~#531	公共变量	在不同的宏程序中都有效。断电时，#100~#149 初始化为空，#500~#531 的数据被保存
#1000	系统变量	用于读、写数控系统运行中各种数据的变量，例如刀具的当前位置和补偿量

局部变量(#1~#33)是在宏程序中局部使用的变量。当宏程序 1 调用宏程序 2 而且都有变量#1 时，由于变量#1 服务于不同的局部，所以宏程序 1 中的#1 与宏程序 2 中的#1 不是同一个变量，因此可以赋予不同的值，且互不影响。

公共变量(#100~#199、#500~#999)贯穿于整个程序过程。同样，当宏程序 1 调用宏程序 2 而且都有变量#100 时，由于#100 是公共变量，所以宏程序 1 中的#100 与宏程序 2 中的#100 是同一个变量。

2. 变量的赋值

赋值是指将一个数据赋予一个变量。例如#1=0，则表示#1 的值是 0，其中#1 代表变量，"#"是变量符号(注意：根据数控系统的不同，它的表示方法可能有差别)，0 就是给变量#1 赋的值。"="是赋值符号，起语句定义作用。

赋值的规则如下。

(1) 赋值号"="两侧内容不能随意互换，左侧只能是变量，右侧可以是表达式、数值或变量。

(2) 一个赋值语句只能给一个变量赋值。

(3) 可以多次给一个变量赋值，新变量值将取代原变量值(即最后赋的值生效)。

(4) 赋值语句具有运算功能，它的一般形式为：变量=表达式。在赋值运算中，表达式可以是变量自身与其他数据的运算结果，如#1=#1+1，则表示#1 的值为#1+1，这一点与数学运算是有所不同的。

(5) 赋值表达式的运算顺序与数学运算顺序相同。

(6) 辅助功能(M 代码)的变量有最大值限制。

3. 关于变量的说明

(1) 当用表达式指定变量时，要将表达式放在方括号中。例如，#[#1＋#2]。

(2) 当在程序中定义变量时，小数点可以省略。例如，当定义#1=123，变量#1 的实际值是 123.000。

(3) 被引入变量的值根据地址的最小设定单位自动舍入。例如，当"G00 X #1;"以 1/1000mm 的单位执行时，CNC 12.3456 赋值给变量#1，实际指令值为"G00 X12.346;"。

(4) 改变引用的变量值的符号，要把负号放在"#"的前面。例如"G00X- #1"。

三、运算指令

1. 运算指令

宏程序具有赋值、算术运算、逻辑运算、函数运算等功能。变量之间进行运算的通用表达形式是：#i＝(表达式)。

(1) 变量的定义和替换。

#i =#j

(2) 加减运算。

#i =#j + #k　　　　　#i =#j － #k

(3) 乘除运算。

#i =#j × #k　　　　　#i =#j ÷ #k

(4) 函数运算。

#i =SIN [#j]：正弦函数(单位为度)。

#i =COS [#j]：余函数(单位为度)。

#i =TANN [#j]：正切函数(单位为度)。

#i =ATAN [#j/#k]：反正切函数(单位为度)。

#i =SQRT [#j]：平方根。

#i =ABS [#j]：取绝对值。

2. 运算的优先顺序

第一，函数；第二，乘除、逻辑与；第三，加减、逻辑或、逻辑异或。

例如，#1= #2- #3*COS[#4]

其运算顺序为：第一，函数：COS[#4]；第二，乘：#3*；第三，减：#2-。可以用"[]"

来改变顺序，最多可到 5 重。

例 8-1　数控车削加工如图 8-2 所示 ϕ40mm×50mm 外圆柱面，试用变量编制其精加工程序。

圆柱直径设为#1，长度设为#2，工件坐标原点在工件右端面与轴线的交点上，表 8-2 是分别用普通程序(常量)和宏程序(变量)编制的该外圆柱面精车程序。

表 8-2　外圆柱面精车程序

普通程序		宏程序	
O0801;		O0802;	
G00 X100.0 Z50.0	(快进到起刀点)	#1=40	(将直径值 40 赋给#1)
X40.0 Z2.0	(快进到切削起点)	#2=50	(将长度值 50 赋给#2)
G01 Z-50.0 F0.1	(精车外圆柱面)	G00 X100.0 Z50.0	(快进到起刀点)
G00 X50.0	(退刀)	X#1 Z2.0	(快进到切削起点)
X100.0 Z50.0	(返回)	G01 Z -#2 F0.1	(车削加工)
		G00 X[#1+10]	(退刀)
		X100.0 Z50.0	(返回)

若令#1=40，#2=50，可加工出 ϕ40mm×50mm 的圆柱面，若令#1=15，#2=30，则可加工出 ϕ15mm×30mm 的圆柱面，所以宏程序可以仅改变变量的值即可加工出任意直径和长度的外圆柱面。

四、控制指令

通过控制指令可以控制用户宏程序主体的程序流程，常用的控制指令有无条件转移、条件转移和循环 3 种。

1. 无条件转移(GOTO 语句)

指令格式：

GOTO　n;

n 为顺序号(1～99999)。语句表示转移(跳转)到标有顺序号 n(即俗称的行号)的程序段。当指定 1～99999 以外的顺序号时，会触发 P/S 报警 No.128。

例如：GOTO　99，即转移至第 99 行。

2. 条件转移(IF 语句)

IF 之后指定条件表达式。

1)　IF [<条件表达式>] GOTO n

指令格式：

IF　[条件式]　GOTO　n;

语句表示如果指定的条件表达式满足时，则转移到标有顺序号 n 的程序段；如果不满足指定的条件表达式，则顺序执行下个程序段。图 8-5 的含义为：如果变量#1 的值大于 100，则转移到顺序号为 N99 的程序段。

图 8-5 条件转移语句举例

IF 语句说明如下。

(1) 如果条件表达式的条件得以满足，则转而执行程序中程序号为 *n* 的相应操作，程序段号 *n* 可以由变量或表达式替代。

(2) 如果表达式中条件未满足，则顺序执行下一段程序。

(3) 如果程序作无条件转移，则条件部分可以被省略。

(4) 表达式可按如下格式书写：

#j	EQ #k	表示=
#j	NE #k	表示≠
#j	GT #k	表示>
#j	LT #k	表示<
#j	GE #k	表示≥
#j	LE #k	表示≤

例 8-2 求 1～10 之间的所有自然数的和，并使刀具按运算结果走出相应的轨迹，代码如下。

```
O0801;                          宏程序号
N10 T0101;
N20  #1=0;                      结果的初值
N30  #2=1;                      加数的初值
N40 IF [#2 GT 10] GOTO 90;      若加数大于 10，则程序转移到标号 90 的程序段
N50 #1=#1+#2;                   计算结果
N60 #2=#2+1;                    下一个加数
N70 G01 X#1 Z#2 F0.1;           刀具运动，到达运算所得的坐标点
N80 GOTO 40;                    程序转移到标号 40 的程序段
N90 M30;                        程序结束
```

2) IF [<条件表达式>] THEN

如果指定的条件表达式满足时，则执行预先指定的宏程序语句，而且只执行一个宏程序语句。例如：

```
IF [#1 EQ #2] THEN #3=10;
```

表示如果#1 和#2 的值相同，10 赋值给#3。

3. 循环(WHILE 语句)

格式：

```
WHILE  [条件式]  DO  m;
         ...
END  m;
```

在 WHILE 后指定一个条件表达式。当指定条件满足时，则执行从 DO 到 END 之间的程序。否则，转到 END 后的程序段。

DO 后面的号是指定程序执行范围的标号，值为 1、2、3。如果使用了 1、2、3 以外的值，会触发 P/S 报警 No.126。WHILE 语句的使用方法如图 8-6 所示。

(1) 嵌套。在 DO～END 循环中的标号(1～3)可根据需要多次使用。但是需要注意的是，无论怎样多次使用，标号永远限制在 1、2、3；此外，当程序有交叉重复循环(DO 范围重叠)时，会触发 P/S 报警 No.124。以下为关于嵌套的详细说明。

① 标号(1～3)可以根据需要多次使用，如图 8-7 所示。

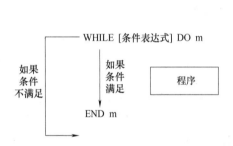

图 8-6　WHILE 语句的用法

图 8-7　标号 1～3 可以多次使用

② DO 的范围不能交叉，如图 8-8 所示。

③ DO 循环可以 3 重嵌套，如图 8-9 所示。

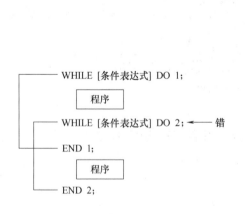

图 8-8　DO 的范围不能交叉

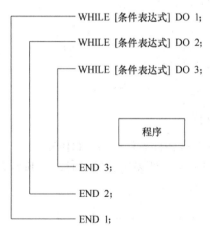

图 8-9　循环可以 3 重嵌套

④　条件转移可以跳出循环的外边，如图 8-10 所示

⑤　条件转移不能进入循环区内，如图 8-11 所示。

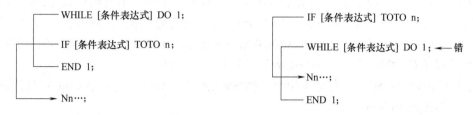

图 8-10　条件转移可以跳出循环　　　　图 8-11　条件转移不能进入循环区内

(2)　关于循环(WHILE 语句)的其他说明。

①　DO m 和 END m 必须成对使用，而且 DO m 一定要在 END m 指令之前。用识别号 m 来识别。

②　无限循环：当指定 DO 而没有指定 WHILE 语句时，将产生从 DO 到 END 之间的无限循环。

③　未定义的变量：在使用 EQ 或 NE 的条件表达式中，值为空和值为零将会有不同的效果。而在其他形式的条件表达式中，空即被当作零。

④　条件转移(IF 语句)和循环(WHILE 语句)的关系：显而易见，从逻辑关系上说，两者不过是从正反两个方面描述同一件事情；从实现的功能上说，两者具有相当程度的相互替代性；从具体的用法和使用的限制上说，条件转移(IF 语句)受到系统的限制相对更少，使用更灵活。

例 8-3　求 1～10 之和。

```
O0802;
#1=0;
#2=1;
WHILE [#2 LE 10] DO 1;
#1 =#1+#2;
#2=#2+1;
END 1;
M30;
```

五、宏程序调用

1. 宏程序的使用格式

宏程序的使用格式与子程序相同。其格式如下：

```
O___;        宏程序号，O 后面为 4 位数，范围为 0001～8999
N10 …;       指令
...
N__ M99;
```

上述宏程序内容中，除通常使用的编程指令外，还可使用变量、算术运算指令及其他控制指令。变量值在宏程序调用指令中赋值。

2. 调用方法

宏程序调用和一般子程序调用之间有差别。首先，宏程序的调用可以在调用语句中传递数据到宏程序内部，而子程序的调用(M98)则没有这功能。其次，M98 程序段可以与另一数据指令共处同一条指令，如 G01 X100.0 M98 P1000，在执行时，先执行 G01 X100.0，然后运行子程序 O1000，而宏程序调用语句是独立自成一行。

宏程序的调用方法有单纯调用(G65)、模态调用(G66，G67)、用 G 代码或 M 代码调用等。

1) 单纯调用(G65)

用指令 G65 可调用地址 P 指令的宏程序，并将赋值的数据送到用户宏程序中，G65 是非模态调用，即只在 G65 程序段调用宏程序。

指令格式：G65 P__ L__ ；(引数赋值)

说明：

G65—— 宏调用代码。

P__ ——P 之后为宏程序主体的程序号码。

L__ —— 循环次数(省略时为1)。

(引数赋值)——由地址符及数值(有小数点)构成，给宏主体中所对应的变量赋予实际数值。

引数赋值有两种形式：引数赋值Ⅰ和引数赋值Ⅱ。

(1) 引数赋值Ⅰ。除去 G、L、N、O、P 地址符以外都可作为引数赋值的地址符，大部分无顺序要求，但对 I、J、K 则必须按字母顺序排列。没使用的地址可省略。引数赋值Ⅰ的地址与变量号码之间的对应关系如表 8-3 所示。

表 8-3 引数赋值Ⅰ的地址与变量号码之间的对应关系

地 址	变 量	地 址	变 量	地 址	变 量
A	#1	E	#8	T	#20
B	#2	F	#9	U	#21
C	#3	H	#11	V	#22
I	#4	M	#13	W	#23
J	#5	Q	#17	X	#24
K	#6	R	#18	Y	#25
D	#7	S	#19	Z	#26

(2) 引数赋值Ⅱ。A、B、C 只能用一次，I、J、K 作为一组引数最多可指定 10 组。当给三维坐标赋值时，使用此种参数。引数赋值Ⅱ的地址与变量号码之间的对应关系如表 8-4 所示。

表 8-4 引数赋值Ⅱ的地址与变量号码之间的对应关系

地 址	变 量	地 址	变 量	地 址	变 量
A	#1	K_3	#12	J_7	#23
B	#2	I_4	#13	K_7	#24
C	#3	J_4	#14	I_8	#25

续表

地　址	变　量	地　址	变　量	地　址	变　量
I_1	#4	K_4	#15	J_8	#26
J_1	#5	I_5	#16	K_8	#27
K_1	#6	J_5	#17	I_9	#28
I_2	#7	K_5	#18	J_9	#29
J_2	#8	I_6	#19	K_9	#30
K_2	#9	J_6	#20	I_{10}	#31
I_3	#10	K_6	#21	J_{10}	#32
J_3	#11	I_7	#22	K_{10}	#33

2)　模态调用(G66)

指令格式:

```
G66  P__ L__ ;      引数赋值
G67;                取消用户宏程序
```

当指定了模态调用 G66 后,在用 G67 取消之前,每执行一段轴移动指令的程序段,就调用一次宏程序。G66 程序段或只有辅助功能的程序段不能模态调用宏程序。

例如:

```
O0803;                      O9100;
...                         ...
N30  G66  P9100  L2  A1.0  B2.0;   N40  G00  Z#1;
N40  G00  G90  X100.0;      N50  G01  Z-#2  F0.3;
N50  Z120. ;                ...
N60  X150. ;                N100  M99;
N70  G67;
...
N90  M30
```

当主程序执行完 N40 后调用宏程序 O9100 两次,执行完 N50 后调用 O9100 两次,执行完 N60 后调用 O9100 两次,直到 G67 停止调用。

3)　G 代码宏调用方法

宏主体除了用 G65、G66 方法调用外,还可以用 G 代码调用。将调用宏程序用的 G 代码号设定在参数上,然后就可以与单纯调用 G65 一样调用宏程序。

格式:

```
G×× <引数赋值>;
```

可将调用指令的形式换为 G(参数设定值) <引数赋值>。例如,将宏主体 O9010 用 G81 调用,其做法如下。

(1) 将所使用宏程序号设为 O9010。

(2) 将与 O9010 对应的参数号码(第 6050 号)上的值设定为 81。

(3) 用 G81 调用宏程序 O9010。

六、思考题

(1) 什么是用户宏程序？用户宏程序有哪些特征？

(2) 试写出运算的优先顺序。

任务二　椭圆零件编程与加工

一、任务导入

本任务要求编程并加工如图 8-12 所示零件的椭圆面的加工。工件材质为 45 钢，毛坯为直径 ϕ40mm×48mm 光轴。

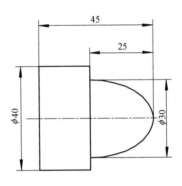

图 8-12　椭圆零件图

二、相关知识

1. 加工椭圆的思路

图 8-13 所示零件的右端由椭圆构成，用 G01、G02、G03 等直线、圆弧插补常规方法较难处理这部分，拟合的节点计算也相当烦琐复杂，而且表面质量和尺寸要求都很难保证。最好的方法是用宏程序加工椭圆。

宏程序编程首先得理解曲线方程，加工思路如下：用直线段逼近，按 Z 方向进行变化，Δi 越小，越接近轮廓，求出每一个点(X, Z)值，如图 8-14 所示。运用以上非圆曲线宏程序模板，就可以快速准确地实现零件公式曲线轮廓的编程和加工。

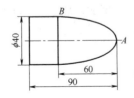

图 8-13　零件

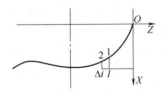

图 8-14　步长为 Δi 时刀具的 X、Z 的值示意图

2. 含曲线类零件曲线段车削加工模板

应用宏程序编程，对可以用函数公式描述的工件轮廓或曲面进行数控加工，是现代数控系统的一个重要新功能和方法。但是使用宏程序编程用于数控加工含公式曲线零件轮廓时，需要具有一定的数学和高级语言基础，要快速、熟练、准确地掌握较为困难。

事实上，数控加工公式曲线段的宏程序编制具有一定的规律性，编制含公式曲线零件曲线段加工宏程序的基本步骤的变量处理见表 8-5。

表 8-5　编制含公式曲线零件曲线段加工宏程序的基本步骤的变量处理

步骤	步骤内容	变量表示		宏变量
第 1 步	选择自变量(X、Z 二选一)	X	Z	#i
第 2 步	确定自变量的定义域	X[Xa　Xb]	Z[Za　Zb]	
第 3 步	用自变量表示因变量的表达式	Z=f(x)	X=f(z)	#j= f(#i)

1)　选择自变量

(1)　公式曲线中的 X 和 Z 坐标任意一个都可以被定义为自变量。

(2)　一般选择变化范围大的一个作为自变量。数控车削加工时，通常将 Z 坐标选定为自变量。

(3)　根据表达式情况来确定 X 或 Z 作为自变量。

(4)　宏变量的定义可根据个人习惯设定。

2)　确定自变量的起止点坐标值(即自变量的定义域)

自变量的起止点坐标值是相对于公式曲线自身坐标系的坐标值(如椭圆自身坐标原点为椭圆中心，抛物线自身坐标原点为其顶点)。其中起点坐标为自变量的初始值，终点坐标为自变量的终止值。

3)　确定因变量相对自变量的宏表达式

$$#j=f(#i)$$

2. 公式曲线宏程序编程模板

编制公式曲线的精加工宏程序时，可按表 8-6 进行编程，表中的 6 个步骤在实际工作中可当成编程模板套用。

表 8-6　程序流程

步　骤	程　序	说　明
	...	
第 1 步	N10 #i=a	给自变量#i 赋值 a
第 2 步	N20 WHILE [#i ? b] DO m	条件判断。如果满足条件，执行 N30 程序段
第 3 步	N30 #j= f(#i)	用自变量表示因变量表达式
第 4 步	N40 G01 X[2*#X+g] Z[#Z+h]	直线拟合曲线 g 为曲线本身坐标原点在工件坐标系下的 X 坐标值 h 为曲线本身坐标原点在工件坐标系下的 Z 坐标值
第 5 步	N50 #i=#i±△	自变量递变一个步长△
第 6 步	N60 END m	条件不满足时结束循环

以本任务的椭圆轴为例,含椭圆曲线零件加工宏程序变量处理见表 8-7、表 8-8。

表 8-7　含椭圆曲线零件用标准公式加工宏程序变量处理

步骤	步骤内容	宏　变　量	
第 1 步	选择自变量	Z	#26
第 2 步	确定自变量的定义域	Z[25　0]	
第 3 步	用自变量表示因变量的表达式	$X = \dfrac{2b}{a}\sqrt{a^2 - Z^2}$	$\#24 = [2*\#2/\#1]*SQRT[\#1*\#1 - \#26*\#26]$

编制精加工椭圆曲线段宏程序为:

```
#1=25
#2=15
#26=25 ;
WHILE[ #26 GE 0] DO 1;
#24=[2*2/#1]*SQRT[#1*#1-#26*#26]
G01 X[#24] Z[#26-25] F0.1;
#26=#26-1
END1;
```

表 8-8　含椭圆曲线零件用参数方程加工宏程序变量处理

步　骤	步骤内容	宏　变　量	
第 1 步	选择自变量	α 为椭圆上某点的极坐标角度	#4
第 2 步	确定自变量的定义域	Z[0　90]	—
第 3 步	用自变量表示因变量的表达式	$X = b\sin\alpha$ $Z = a\cos\alpha$	$\#24 = 2*\#2*SIN[\#4]$ $\#26 = \#1*COS[\#4]$

编制精加工椭圆曲线段宏程序为:

```
#1=25
#2=15
#4=0 ;
WHILE[ #4 LE 90] DO 1;
#24=2*#2*SIN[#4]
#26=#1*COS[#4]
G01 X[#24] Z[#26-25] F0.1;
#4=#4+1
END 1;
```

三、任务实施

1. 确定加工工步及加工路线

1) 加工顺序的确定

该零件先粗车加工椭圆面，再精车椭圆面。

2) 加工路线的确定

粗加工为半精加工和精加工留径向单边留 0.5mm，轴向留 0.2mm 的余量。粗车用 G71 方式路线进行切削加工，精加工用 G01 方式路线进行加工。

2. 选择刀具与量具

加工该工件所用刀具如图 8-15 所示。外圆柱面的粗加工时先用图 8-15(a)的 93°硬质合金右偏外圆粗车刀进行粗加工，副偏角为 5°～15°，刀号为 T01，选用图 8-15(b)所示的 93°硬质合金右偏外圆精车刀进行椭圆面的粗精车，副偏角为 55°(刀尖角为 35°)，刀号为 T02。

(a) 93°右偏外圆粗车刀　　　　(b) 刀尖角为 35°精车刀

图 8-15　加工用刀具

3. 确定切削用量

粗加工时的背吃刀量 3～4mm，主轴转速 S=800 r/min，进给量 f=0.2 mm/ r。

精加工时的背吃刀量 0.1～0.5mm，主轴转速 S=1500 r/min，进给量 f=0.1mm/ r。

4. 编制程序

1) 确定工件坐标系

以工件椭圆圆心为工件原点，建立工件坐标系。

2) 编制程序

(1) 标准方程编程;

椭圆曲线用标准方程表示为 $X = \dfrac{2b}{a}\sqrt{a^2 - Z^2}$，若选择 Z 作为自变量，则函数变换后的表达为 $\#24 = [2*\#2/\#1]*\text{SQRT}[\#1*\#1 - \#26*\#26]$。

椭圆面的粗加工程序见表 8-9。

表 8-9 椭圆粗加工程序

粗加工程序	程序说明
O0008	
T0101	调 1 号刀，建立工件坐标系
S800 M03	
G00 X42.0 Z25.0	到达端面
G01 X-1.0 F0.1;	
G00 X43.0 Z27.;	
G71 U2.5 R0.5;	粗车椭圆面
G71 P1 Q2 U0.5 W0.2 F0.2;	
N1 G00 G42 X0 S1000;	
G01 Z0;	椭圆长半轴赋值
#1=25	椭圆短半轴赋值
#2=15	自变量 Z 初始赋值
#26=25	条件判断
WHILE [#26 GE 0] DO 1	用自变量 Z 表示因变量 X 表达式
#24=[2*#2/#1]*SQRT[#*#1-#26*#26]	直线拟合曲线
G01 X#24 Z#26 F0.1;	自变量递变一个步长
#26=#26-1.	
END1;	
G01 X41.0 ;	
N2 G40 G00 X42.;	
Z50.0;	
M05;	
M30;	

(2) 参数方程编程。

椭圆面的精加工程序见表 8-10。

表 8-10 精车椭圆程序

精加工程序	程序说明
O0006;	
T0202;	调 2 号精车刀
S1500M03;	
G00 X0	
Z25.0	
#1=25;	椭圆长半轴赋值
#2=15;	椭圆短半轴赋值
#4=0;	自变量角度初始赋值
WHILE[#4LE90] DO 1;	条件判断
#24=2*#2*SIN[#4];	用自变量表示因变量 X 表达式
#26=#1*COS[#4];	用自变量表示因变量 Z 表达式
G01 X#24 Z#26 F0.1;	直线拟合曲线
#4=#4+1;	自变量递变一个步长
END1;	
G01 X41.;	
Z50.;	
M05;	
M30;	

四、仿真加工

操作过程同项目四任务二中的相关内容。

五、机床加工

操作过程同项目四任务二中的相关内容。

六、精度检测

测量零件，修正零件尺寸。

七、扩展任务

编写如图 8-16 所示零件的精加工程序。

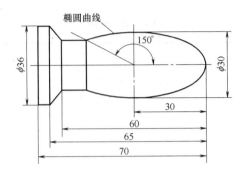

图 8-16　零件图

任务三　抛物线零件加工

一、任务导入

本任务要求编程并加工如图 8-17 所示的抛物线零件,毛坯为 ϕ 85mm 棒料,材料为 45 钢。

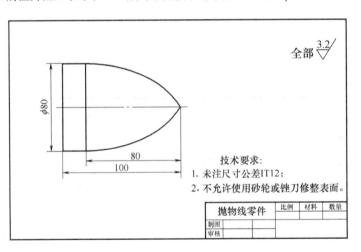

图 8-17　抛物线零件

二、相关理论知识

图 8-18　抛物线

1. 抛物线的定义

抛物线其定义为:动点 P 到一定点 F(焦点)和一定直线 L(准线)的距离相等时,动点 P 的轨迹。图 8-18 中,$|PF|=|PQ|$。

2. 抛物线的特征

平面内与一个定点 F 和一条定直线 L(L 不经过 F 点)距离相等的点的轨迹叫作抛物线。

点 F 叫作抛物线的焦点。直线 L 叫作抛物线的准线。

3. 抛物线的方程

(1) 直角坐标方程 $y^2=2px$，$p>0$。

(2) 极坐标方程 ρ=极径，θ=方向角，转换公式：$\rho*\rho=x*x+y*y$;$x=\rho\cos(\theta)$;$y=\rho\sin(\theta)$。

(3) 抛物线参数方程为 $x=2pt^2$，$y=2pt$。

4. 宏程序的结构流程图

宏程序的结构流程图如图 8-19 所示。

5. 编程注意的问题

(1) 车削后工件的精度与编程时所选择的步距有关。步距值越小，加工精度越高；但是减小步距会造成数控系统工作量加大，运算繁忙，影响进给速度的提高，从而降低加工效率。因此，必须根据加工要求合理选择步距，一般在满足加工要求前提下，尽可能选取较大的步距。

(2) 对于抛物线中心与 Z 轴不重合的零件，需要将工件坐标系偏置后按文中实例所述的方法进行加工。

(3) 编程时要考虑曲线的凸凹情况，两者区别在于直线插补逼近曲线程序段中的 X 坐标变化。

(4) 抛物线内轮廓车削编程与外轮廓相似，主要考虑中心点位置、凹凸情况及起止点位置。

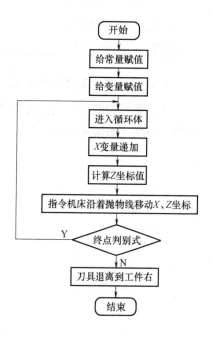

图 8-19　宏程序的结构流程图

三、任务实施

1. 工艺分析与工艺设计

1) 图样分析

如图 8-17 所示，零件由抛物线构成。

2) 加工工艺路线设计

一般对用于数控车床加工的零件，首先可以使用外圆粗车循环指令(G71~G73)和精加工循环指令(G70)进行粗加工，然后使用宏程序对抛物线轮廓进行去除余量，最后调用宏程序对抛物线轮廓进行精加工。加工方案见表 8-11。

表 8-11　加工方案

加工步骤和内容	加工方法	选用刀具
①粗精加工右端	先粗车再精车	90°外圆车刀
②加工总长	切断	3mm 宽切断刀

(1) 粗加工外轮廓。

(2) 精加工外轮廓。

(3) 切断。

2. 确定切削用量

确定加工方案和刀具后，选择合适的刀具切削参数，见表 8-12。

表 8-12 切削参数表

刀 具 号	刀具参数	背吃刀量/mm	主轴转速/(r/min)	进给率/(mm/r)
T0101	90°外圆车刀	3	600	粗车 0.2，精车 0.1
T0202	3mm 宽切断刀	—	400	0.05

3. 确定工件坐标系和对刀点

以工件右端面圆心为工件原点，建立工件坐标系，采用手动对刀方法把右端面圆心点作为对刀点，如图 8-20 所示。

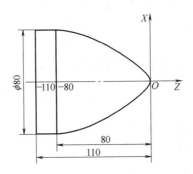

图 8-20　工件坐标系

4. 编制程序

下面只编写零件的精加工程序，如表 8-13 所示。

表 8-13　抛物线零件程序

主 程 序	宏 程 序
O0814;　　　　　　　程序号	O9010;　　　　　　　宏程序号
N10 G50 X200.0 Z400.0；设定工件坐标系	N10　#6=#8;　　　　　赋初始值
N20　M03S700；主轴正转启动，转速为700r/min	N20　#10=#6+#1;　　加工步距(直径编程)
N30　T0101;　　选择 1 号刀具，1 号刀补	N30　#11=#10/#2;　　求半径(方程中的 X)
N40 G42 G00 X0 Z3.0；建立刀尖圆弧半径补偿	N40#15=#11*#11;求半径的平方(方程中的 X)
N50 G01 Z0 F0.05;	N50　#20=#15/#3;　求 X/20
N60 G65 P9010 A0.01 B2.C20.D-80.E0	N60　#25=-#20;　　　求-X/20
F0.03;	N70　#12=#11*#2;　　求 2X(直径)
N70G01Z-110.0F0.05;	N80　G99　G01 X#12 Z#25 F#9；走直线进行加工
N80 G40 G00 X200.0 Z400.0 T0100；取消刀补，	N90　#6=#10;　　　　变换动点
M05;　　主轴停止	N100　IF　[#25 GT #7] GOTO 20；终点判别
N90　M02;程序结束	N110　M99;　　　　宏程序结束

5. 仿真加工

操作过程同项目四任务二中的相关内容。

6. 机床加工

操作过程同项目四任务二中的相关内容。

四、精度检测

测量零件，修正零件尺寸。

五、思考题

(1) 抛物线的特征有哪些？
(2) 抛物线的方程是什么？
(3) 编写抛物线宏程序思路是什么？

六、扩展任务

编写图 8-21 所示零件的精加工程序。

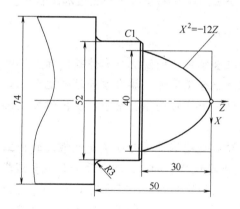

图 8-21 零件图

项目九　配合套件的编程与加工

知识目标

● 掌握带螺纹配合类零件、带锥面配合类零件、带螺纹和椭圆配合类零件的结构特点和加工工艺特点。

● 掌握带螺纹配合类零件、带锥面配合类零件、带螺纹和椭圆配合类零件的工艺编制方法。

● 掌握带螺纹配合类零件、带锥面配合类零件、带螺纹和椭圆配合类零件的程序编程方法。

能力目标

● 针对加工零件，能分析带螺纹配合类零件、带锥面配合类零件和椭圆配合类零件的结构特点、加工要求，理解加工技术要求。

● 会分析、能正确选择设备、刀具、夹具与切削用量，能编制数控加工工艺卡。

● 能使用相应的指令正确编制配合零件的数控加工程序。

学习情景

螺纹配合零件、锥面配合零件、椭圆配合零件是实际应用中使用非常多的几类零件，在数控加工中常遇到的螺纹配合类零件主要有螺栓螺母配合、管道的内外管配合和螺纹传动配合等。锥面配合类零件主要有锥面锥孔配合、莫氏锥度配合和主轴锥孔与刀具锥柄配合等。

采用数控车床编制程序对这些零件进行加工是最常用的加工方法。对于一般的螺纹加工，可采用 G32 或 G92 简单螺纹指令加工；对于复杂的或多线螺纹零件，只能用螺纹复合循环指令进行加工。对于一般的锥面加工，可采用 G01 简单直线指令加工；对于复杂的带锥面零件，只能用轮廓复合循环指令进行加工。对于一般的椭圆加工，可采用宏程序指令加工，对于复杂的椭圆类零件，可用自动编程的方法进行加工。这里采用宏程序进行编程，主要是巩固前面所学宏程序编程指令。

任务一　螺纹配合件的编程与加工

一、任务导入

某生产厂家，要求加工一批螺纹配合零件，配合精度及尺寸要求如图 9-1 所示。零件材料为 45 钢，每一套件所给毛坯尺寸为 ϕ50mm×115mm。

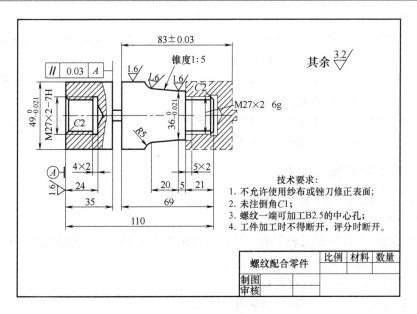

图 9-1 螺纹配合零件

二、相关理论知识

1. 确定加工工艺参数

1) 车削背吃刀量的确定

(1) 外圆车削的背吃刀量 a_p 是垂直于已加工表面方向所量得的切削层厚度的数值。车削加工的背吃刀量 a_p 按照经验值，粗加工时单边取 1～3mm，精加工时取 0.1～0.5mm。

(2) 内圆车削的背吃刀量 a_p 是垂直于已加工表面方向所量得的切削层厚度的数值。由于内轮廓加工的刀具刚性差，又由于内轮廓加工的余量一般都比较小，所以内圆车削加工的背吃刀量 a_p 按照经验取值，粗加工时单边取 1～1.5mm，精加工时取 0.1～0.5mm。

(3) 螺纹加工的背吃刀量按照螺纹的螺距或导程确定，本螺纹配合件螺距为 2mm，按照经验分 5 次走刀切削，分别为 0.9mm、0.6mm、0.6mm、0.4mm、0.1mm。

(4) 切断、车外沟槽一般为横向进给切削，背吃刀量 a_p 是垂直于已加工表面方向所量得的切削层宽度的数值。车削加工的背吃刀量 a_p 按照经验值，精加工时取 0.1～0.5mm。该工件的切槽加工为退刀槽，因精度不高，切削余量不大，可直接切到槽底。切断时，可手动进给切削。

2) 车削进给量的确定

(1) 在外圆和内轮廓粗加工循环时，为提高加工效率，应选用较大的进给量，进给速度根据经验值取 0.2～0.5mm/r。在外圆和内轮廓精加工循环时，为提高加工精度，应选用较小的进给量，进给速度根据经验值取小于 0.1mm/r。

(2) 切断和车槽时，因为切断刀和车槽刀刀头刚性不足，所以不宜选较大的进给量。进给速度根据经验值取 0.07mm/r。

3) 切削速度

(1) 在外圆和内轮廓粗加工循环时，为增加切削力，增加主轴扭矩，应选用较小的主轴转速，主轴转速根据经验值取 600～800r/min。

(2) 在外圆和内轮廓精加工循环时，为提高加工精度，应选用较大的主轴转速，主轴转速根据经验值应不低于 1200r/min。

(3) 切断和车槽时，用高速钢车刀切断钢料件时，v_c=30～40m/min；切断铸铁材料件时，v_c=15～20m/min。主轴速度根据经验值取 1200r/min。

2. 螺纹配合零件的加工方案

选择本零件表面加工方案时，要注意以下两点。

1) 螺纹配合零件的技术要求

要考虑螺纹配合零件加工表面的尺寸精度和粗糙度 R_a 值，零件的结构形状和尺寸大小、热处理情况、材料的性能以及零件的批量等。

(1) 尺寸精度：长度、深度等。

(2) 形状精度：圆度、圆柱度及轴线的直线度。

(3) 位置精度：同轴度、平行度、垂直度。

(4) 表面质量：表面粗糙度、表面硬度等。

(5) 配合零件的配合尺寸、精度要求等。

2) 常用加工方案及特点

(1) 对于既有外表面又有内表面的零件，为保证加工精度和零件的刚度，应遵循先外后内的加工原则。

(2) 对于这样的螺纹配合零件，应先加工内表面配合件，后加工外表面配合件，遵循先简单后复杂的原则。

(3) 对于外表面的螺纹加工，应放在加工最后一道工序完成。

(4) 精度要求较高的零件，在精车之前进行切槽；精度要求不高的零件，可在精车后车槽。本零件车槽属于车削精度不高的和宽度较窄的沟槽，可用刀宽等于槽宽的车槽刀，采用一次直进法车出。

(5) 切断要用切断刀。切断刀刀头窄而长，容易折断。切断方法常用的有直进法和左右借刀法两种。直进法常用于切断铸铁等脆性材料，左右借刀法常用于切断钢等塑性材料。

具体切断方法如下。

① 直进法切断工件。直进法是指在垂直于工件轴线的方向进行切断。

② 左右借刀法切断工件。在切削系统(刀具、工件、车床)刚性不足的情况下，可采用左右借刀法切断。

切断(切槽)注意事项如下。

① 工件的切断处尽量靠近卡盘，增强刚性。

② 切断刀刀尖与工件中心等高，防止工件留有凸台。

③ 切断刀中心线与工件中心线成 90°，以获得理想的加工面，减少振动。

④ 切断刀伸出刀架长度要短，进给要缓慢均匀。

⑤ 切铸铁时可不加切削液，切钢件时要加切削液。

三、任务实施

1. 工艺分析与工艺设计

1) 图样分析

分析图 9-1 所示螺纹配合零件的加工。

2) 确定装夹方案

工件选用三爪卡盘装夹。

3) 确定加工方法和刀具

图 9-1 中的零件为内外螺纹配合零件，选择的加工方案为先加工左端的内配合零件，后加工右端的外配合零件，具体加工方案如下。

(1) 加工左端工件，工艺路线为：车端面—车外圆—打中心孔—用 ϕ20mm 麻花钻钻孔，保证深度 24mm—车内孔—车内槽—车内孔螺纹。

(2) 调头加工右端工件，工艺路线为：调头车端面保证总长—车外圆—车退刀槽—车螺纹—切断。

加工方法与刀具选择如表 9-1、表 9-2 所示。

表 9-1　螺纹配合左端零件加工方案

加工内容	加工方法	选用刀具
车端面	端面车削	T0101　93°菱形外圆车刀
车外圆	外圆车削	T0101　93°菱形外圆车刀
打中心孔	钻削	T0707　中心钻
钻孔	钻削	T0808　麻花钻(ϕ20mm)
车内孔	内孔加工	T0404　内孔镗刀
车内槽	车内槽	T0505　内切槽刀(刀宽 4mm)
车内孔螺纹	内螺纹车削	T0606　60°内螺纹车刀

表 9-2　螺纹配合右端零件加工方案

加工内容	加工方法	选用刀具
车端面	端面车削	T0101　93°菱形外圆车刀
车外圆	外圆车削	T0101　93°菱形外圆车刀
车槽	车退刀槽	T0202　切槽刀(刀宽 5mm)
车螺纹	外螺纹车削	T0303　60°外圆螺纹刀
切断	切断	T0202　切槽刀(刀宽 5mm)

4) 确定切削用量

各刀具切削参数与补偿值如表 9-3 所示。

表 9-3　刀具切削参数与刀具补偿选用表

刀 具 号	刀具参数	背吃刀量/mm	主轴转速/(r/min)	刀具补偿	进给率/(mm/r)
T0101	93°菱形外圆车刀	3	700	D01	0.2
T0202	切槽刀(刀宽5mm)车刀	—	500	D02	0.06
T0303	60°外圆螺纹刀	—	400	D03	2
T0404	内孔镗刀	2	700	D04	0.1
T0505	内切槽刀(刀宽4mm)	—	400	D05	0.05
T0606	60°内螺纹车刀	—	400	D06	2
T0707	中心钻	—	1000	H07	—
T0808	麻花钻(ϕ20mm)	—	1000	H08	—

5)　确定工件坐标系和对刀点

图 9-1 是两个独立的零件,以各自工件右端面中心为工件原点,建立工件坐标系。采用手动对刀法对刀。

2. 编制参考程序

螺纹配合左端零件加工程序见表 9-4,螺纹配合右端零件加工程序见表 9-5。

表 9-4　螺纹配合左端零件加工程序

程　序	说　明
O0001;	程序名
T0101;	换1号刀
M03　S700;	主轴正转,转速700r/min
G00　X52.　Z3.;	X、Z轴快速定位
G94　X20.　Z0　F0.2;	端面切削循环
G00　X49.;	
G01　Z-75.F0.2;	
X52.;	
G00　X100.　Z100.;	X、Z快速退刀,回到刀具的初始位置
T0404;	换4号内孔刀
M03　S700;	主轴正转,转速700r/min
G00　X20.　Z3.;	X、Z轴快速定位
G71　U1.5　R1.;	内孔粗车削循环
G71　P1　Q2　U-0.4　W0.1　F0.2;	
N1　G00　X28.4　;	内孔轮廓加工程序
G01　Z0　F0.1;	
X24.4　Z-2.;	
Z-24.;	
N2　X20.;	
G70　P1　Q2;	内孔精车削循环
G00　　Z100.;	X、Z快速退刀,回到刀具的初始位置
X100.;	
T0505;	换5号内孔刀
M03　S400;	主轴正转,转速400r/min

程　序	说　明
G00　X20.0　Z3.0;	X、Z轴快速定位
G00　Z-24.0;	
G01　X28.4　F0.1;	内槽车削
X20.0　F0.2;	
G00　Z100.0;	X、Z快速退刀，回到刀具的初始位置
X100.0;	
T0606;	换6号内螺纹刀
M03　S400;	主轴正转，转速400r/min
G00　X20.0　Z3.0;	X、Z轴快速定位
G92　X25.3　Z-22.0　F2.0;	内螺纹车削第一刀
G92　X25.9　Z-22.0　F2.0;	内螺纹车削第二刀
G92　X26.5　Z-22.0　F2.0;	内螺纹车削第三刀
G92　X26.9　Z-22.0　F2.0;	内螺纹车削第四刀
G92　X27.0　Z-22.0　　F2.0;	内螺纹车削第五刀
G00　Z100.0;	快速退刀，回到刀具的初始位置
X100.0;	
M05;	主轴停转
M30;	程序结束

表9-5　螺纹配合右端零件加工程序

程　序	说　明
O0002;	程序名
T0101;	换1号刀
M03　S700;	主轴正转，转速700r/min
G00　X52.0　Z3.0;	X、Z轴快速定位
G94　X0　Z0　F0.2;	端面切削循环
G71　U2.　R1.　;	外圆粗车削循环
G71　P1　Q2　U0.6　W0.0　1F0.2;	
N1　G00　X23.0;	外圆轮廓加工程序
G01　Z0　F0.1;	
X27.0　Z-2.0;	
Z-21.0;	
X36.0;	
W-5.0;	
X39.027　W-20.371;	
G02　X49.0　Z-51.　R5.0;	
N2　G01　X52.0;	
G70　P1　Q2;	外圆精车削循环

续表

程　序	说　明
G00　X100.0　Z100.0;	X、Z 快速退刀，回到刀具的初始位置
T0202;	换 2 号切槽刀
M03　S500;	主轴正转，转速 500r/min
G00　X50.0　Z3.0 ;	X、Z 轴快速定位
Z-21.0 ;	
X38.0 ;	
G01　X23.0　F0.1;	退刀槽车削
X40.0　F0.0 2;	
G00　X100.0　Z100.0 ;	X、Z 快速退刀，回到刀具的初始位置
T0303;	换 3 号外螺纹刀
M03　S400;	主轴正转，转速 400r/min
G00　X20.0　Z3.0 ;	X、Z 轴快速定位
G92　X26.1　Z-18.0　F2.0 ;	外螺纹车削第一刀
G92　X25.5　Z-18.0　F2.0 ;	外螺纹车削第二刀
G92　X24.9　Z-18.0　F2.0 ;	外螺纹车削第三刀
G92　X24.5　Z-18.0　F2.0 ;	外螺纹车削第四刀
G92　X24.4　Z-18.0　F2.0 ;	外螺纹车削第五刀
G00　X100.0 ;	X、Z 快速退刀，回到刀具的初始位置
Z100.0 ;	
M05;	主轴停转
M30;	程序结束

3. 仿真加工

操作过程同项目四任务二中的相关内容。仿真
加工的结果如图 9-2 所示。

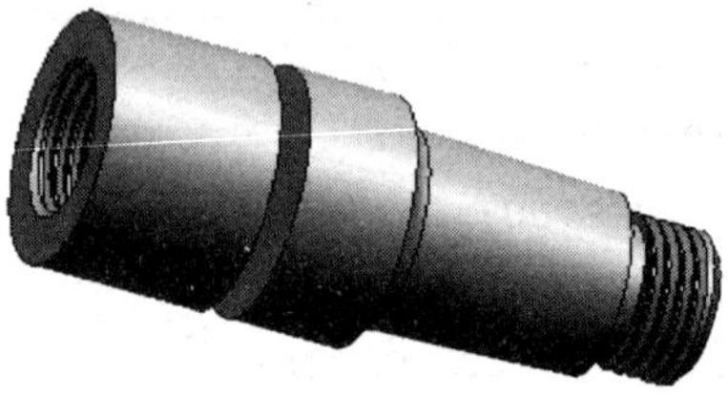

4. 机床加工

操作过程同项目四任务二中的相关内容。

图 9-2　实体图

四、零件检测

对加工完的零件进行精度检验和工件配合检验，使用游标卡尺、塞规等量具对零件进
行检测。

五、思考题

(1) 分析加工后两工件出现配合过松或过紧的原因及措施。

(2) 分析本项目零件是否还有其他更合理的加工工艺并说明原因。

六、扩展任务

加工如图 9-3 所示零件。

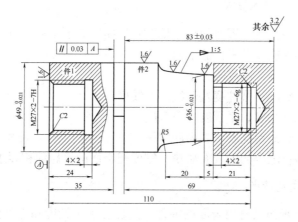

图 9-3　零件图

任务二　锥面配合件的编程与加工

一、任务导入

某生产厂家，要求加工一批锥面配合零件，配合精度及尺寸要求如图 9-4 所示。零件材料为 45 钢，每一套件所给毛坯尺寸 ϕ50mm×180mm。

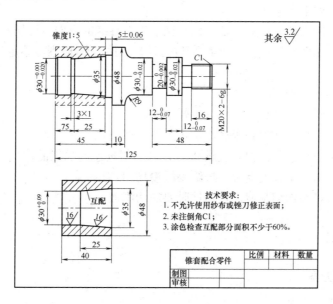

技术要求:
1. 不允许使用纱布或锉刀修正表面;
2. 未注倒角C1;
3. 涂色检查互配部分面积不少于60%。

锥套配合零件		比例	材料	数量
制图				
审核				

图 9-4　锥套配合零件

二、相关理论知识

选择零件表面加工方案时，要注意以下两点。

1. 锥面配合零件的技术要求

要考虑锥面配合零件加工表面的尺寸精度和粗糙度 R_a 值，零件的结构形状和尺寸大小、热处理情况、材料的性能以及零件的批量等。

(1) 尺寸精度：长度、深度等。

(2) 形状精度：圆度、圆柱度及轴线的直线度。

(3) 位置精度：同轴度、平行度、垂直度。

(4) 表面质量：表面粗糙度、表面硬度等。

(5) 锥度配合零件配合面的表面质量、锥度配合面的接触面积要求等。

2. 常用加工方案及特点

(1) 对于既有外表面又有内表面的零件，为保证加工精度和零件的刚度，应遵循先外后内的加工原则。

(2) 对于锥面配合零件，应先加工内表面配合件，后加工外表面配合件。对于外表面配合件，遵循先简单后复杂及便于工件装夹的原则。

(3) 对于外表面的螺纹加工，应放在加工最后一道工序完成。

(4) 精度要求较高的零件，在精车之前进行切槽；精度要求不高的零件，可在精车后车槽。本零件车槽属于车削精度不高的和宽度较窄的沟槽，可用刀宽等于槽宽的车槽刀，采用一次直进法车出。本项目的沟槽采用多次走刀完成。

(5) 切断要用切断刀。切断刀刀头窄而长，容易折断。切断方法常用的有直进法和左右借刀法两种。直进法常用于切断铸铁等脆性材料，左右借刀法常用于切断钢等塑性材料。

具体切断方法如下。

① 直进法切断工件。直进法是指在垂直于工件轴线的方向进行切断。

② 左右借刀法切断工件。在切削系统(刀具、工件、车床)刚性不足的情况下，可采用左右借刀法切断。

切断(切槽)注意事项如下。

① 工件的切断处尽量靠近卡盘，增强刚性。

② 切断刀刀尖与工件中心等高，防止工件留有凸台。

③ 切断刀中心线与工件中心线成90°，以获得理想的加工面，减少振动。

④ 切断刀伸出刀架长度要短，进给要缓慢均匀。

⑤ 切铸铁时可不加切削液，切钢件时要加切削液。

三、任务实施

1. 确定装夹方案

工件选用三爪卡盘装夹。

2. 选择加工方案

图 9-4 中的零件为内外锥面配合零件，选择的加工方案为先加工轴套配合零件，后加工长轴外配合零件，具体加工方案如下。

(1) 加工轴套工件，工艺路线为：车端面—车外圆—打中心孔用，$\phi 20$mm 麻花钻钻孔，加工深度 45mm—车内孔—用车槽刀切断(保证轴套长度 40mm)。

(2) 加工长轴工件。考虑到便于工件装夹，采用先加工零件的右端，后加工零件的左端的加工方法。加工长轴右端工艺路线为：车端面—车外圆—车槽—车螺纹。加工长轴左端工艺路线为：调头车端面保证总长—车外圆—车槽。

3. 确定加工方法和刀具

加工方法与刀具选择如表 9-6～表 9-8 所示。

表 9-6　锥套零件加工方案

加工内容	加工方法	选用刀具
车端面	端面车削	T0101　93°菱形外圆车刀
车外圆	外圆车削	T0101　93°菱形外圆车刀
打中心孔	钻削	T0505　中心钻
钻孔	钻削	T0606　麻花钻($\phi 20$mm)
车内孔	内孔加工	T0404　内孔镗刀

表 9-7　长轴零件右端加工方案

加工内容	加工方法	选用刀具
车端面	端面车削	T0101　93°菱形外圆车刀
车外圆	外圆车削	T0101　93°菱形外圆车刀
车槽	车退刀槽	T0202　切槽刀(刀宽 3mm)
车螺纹	外螺纹车削	T0303　60°外圆螺纹刀
切断	切断	T0202　切槽刀(刀宽 3mm)

表 9-8　长轴零件左端加工方案

加工内容	加工方法	选用刀具
车端面	端面车削	T0101　93°菱形外圆车刀
车外圆	外圆车削	T0101　93°菱形外圆车刀
车槽	车退刀槽	T0202　切槽刀(刀宽 3mm)

4. 确定切削用量

各刀具切削参数与补偿值如表 9-9 所示。

表 9-9　刀具切削参数与刀具补偿选用表

刀 具 号	刀 具 参 数	背吃刀量/mm	主轴转速/(r/min)	进给率/(mm/r)
T0101	93°菱形外圆车刀	3	700	0.2
T0202	切槽刀(刀宽 3mm)	—	500	0.06
T0303	60°外圆螺纹刀	—	400	2
T0404	内孔镗刀	2	700	0.1
T0505	中心钻	—	1000	—
T0606	麻花钻(ϕ20mm)	—	1000	—

5. 确定工件坐标系和对刀点

图 9-4 由于是加工两个独立的零件，以各自工件右端面中心为工件原点，建立工件坐标系。采用手动对刀法对刀。

6. 编制参考程序

轴套加工程序如表 9-10 所示，长轴右端零件加工程序如表 9-11 所示，长轴左端零件加工程序如表 9-12 所示。

表 9-10　轴套加工程序

程　序	说　明
O1003;	程序名
T0101;	换 1 号刀
M03 S1000;	主轴正转，转速 1000r/min
G00　X52.0 Z3.0;	X、Z 轴快速定位
G94　X20.0 Z0 F0.1;	端面切削循环
G00　X48.0;	
G01　Z-45.0 F0.1;	
G00　X100.0;	X、Z 快速退刀，
Z100.0;	回到刀具的初始位置
T0404;	换 4 号内孔刀
M03 S700;	主轴正转，转速 700r/min
G00 X20.0 Z3.0;	X、Z 轴快速定位
G71 U2.0 R1.0;	内孔粗车削循环
G71 P1 Q2 U-0.4 W0.1 F0.2;	
N1 G00 X35.0;	内孔轮廓加工程序
G01　Z0 F0.1;	
X30.0 W-25.0;	
Z-45.0;	
N2 X20.0;	
G70 P1 Q2;	内孔精车削循环
G00　Z100.0;	X、Z 快速退刀，
X100.0;	回到刀具的初始位置
M05;	主轴停转
M30;	程序结束

表 9-11　长轴右端零件加工程序

程　序	说　明
O1001	程序名
T0101	换 1 号刀
M03　S700;	主轴正转，转速 700r/min
G00　X52.0　Z3.0;	X、Z 轴快速定位
G94　X0　Z0　F0.2;	端面切削循环
G71　U2.0　R1.0;	外圆粗车削循环
G71　P1　Q2　U0.0　4W0.2　F0.2;	
N1　G00　X16.0;	外圆轮廓加工程序
G01　Z0　F0.1;	
X20.0　Z-2.0;	
Z-24.0;	
X30.0;	
Z-61.0;	
G02　X48.0　W-9.0　R9.0;	
W-12.0;	
N2　X52.0;	
G70　P1　Q2;	外圆精车削循环
G00　X100.0;	X、Z 快速退刀，
Z100.0;	回到刀具的初始位置
T0202;	换 2 号切槽刀
M03　S400;	主轴正转，转速 400r/min
G00　X34.0　Z-48.0;	X、Z 轴快速定位
G01　X20.0　F0.1;	外圆车槽第一刀
X34.0;	
W3.0;	
G01　X20.0　F0.0　1;	外圆车槽第二刀
X34.0;	
W3.0;	
G01　X20.0　F0.1;	外圆车槽第三刀
X34.0;	
W3.0;	
G01　X20.0　F0.0　1;	外圆车槽第四刀
Z-48.0;	
G00　　X34.0;	
X100.0;	X、Z 快速退刀，
Z100.0;	回到刀具的初始位置
T0303;	换 3 号外螺纹刀
M03　S400;	主轴正转，转速 400r/min
G00　　X24.0　Z3.0　;	X、Z 轴快速定位
G92　X19.0　1　Z-16.0　F2.0;	外螺纹车削第一刀

续表

程　　序	说　　明
92　X18.0　5　Z-16.0　F2.0;	外螺纹车削第二刀
G92　X17.0　9　Z-16.0　F2.0;	外螺纹车削第三刀
G92　X17.0　5　Z-16.0　F2.0;	外螺纹车削第四刀
G92　X17.0　4　Z-16.0　F2.0;	外螺纹车削第五刀
G00　X100.0;	*X*、*Z*快速退刀,
Z100.0;	回到刀具的初始位置
M05;	主轴停转
M30;	程序结束

表 9-12　长轴左端零件加工程序

程　　序	说　　明
O1002;	程序名
T0101;	换 1 号刀
M03　S700;	主轴正转，转速 700r/min
G00　X52.0　Z3.0;	*X*、*Z*轴快速定位
G94　X0　Z0　F0.2;	端面切削循环
G71　U2.0　R1.0;	外圆粗车削循环
G71　P1　Q2　U0.0　4W0.0　1　F0.0　2;	
N1　G00　X28.0;	外圆轮廓加工程序
G01　Z0　F0.1;	
X30.0　Z-1.0;	
Z-15.0;	
X35.0　W-25.0;	
Z-45.0;	
N2　X52.0;	
G70　P1　Q2;	外圆精车削循环
G00　X100.0;	*X*、*Z*快速退刀,
Z100.0;	回到刀具的初始位置
T0202;	换 2 号切槽刀
M03　S400;	主轴正转，转速 400r/min
G00　X35.0　Z3.0;	*X*、*Z*轴快速定位
Z-15.0;	
G01　X28.0　F0.1;	
X35.0;	退刀槽车削
G00　X100.0;	*X*、*Z*快速退刀,
Z100.0;	回到刀具的初始位置
M05;	主轴停转
M30;	程序结束

7. 仿真加工

操作过程同项目二任务一中的相关内容，仿真加工的结果如图9-5所示。

图9-5　锥套配合零件实体图

8. 机床加工

1)　锥套零件机床加工

(1)　准备毛坯、刀具、工具、量具。

刀具：根据表9-6、表9-7、表9-8选择相应的刀具。

量具：0～125mm游标卡尺、0～25mm内径千分尺、深度尺、0～150mm钢尺、螺纹规、涂色剂若干(每组1套)。

材料：45钢ϕ50mm×180mm。

①　将ϕ50mm×180mm的毛坯正确安装在机床的三爪卡盘上。

②　将T0101和T0404加工锥套配合件的两把刀具正确安装在刀架上。

③　正确摆放所需工具、量具。

(2)　程序输入与编辑。

①　开机。

②　回参考点。

③　输入程序。

④　程序图形校验。

(3)　零件的数控车削加工。

①　主轴正转。

②　X向对刀，Z向对刀，设置工件坐标系。

③　进行相应刀具参数设置。

④　在尾座上安装中心钻钻中心孔。

⑤　在尾座上安装麻花钻钻孔。

⑥　自动加工。

(4)　按照尺寸要求将工件切断，保证锥套长度40mm。

2)　长轴配合零件右端机床加工

(1)　准备毛坯、刀具、工具、量具。

①　调头将工件正确安装在机床的三爪卡盘上。

②　将T0101、T0202、T0303加工长轴右端配合件的3把刀具正确安装在刀架上。

③　正确摆放所需工具、量具。

(2) 程序输入与编辑。

① 开机。

② 回参考点。

③ 输入程序。

④ 程序图形校验。

(3) 零件的数控车削加工。

① 主轴正转。

② X 向对刀，Z 向对刀，设置工件坐标系。

③ 进行相应刀具参数设置。

④ 自动加工。

3) 长轴配合零件左端机床加工

(1) 准备毛坯、刀具、工具、量具。

① 调头将工件正确安装在机床的三爪卡盘上。

② 将 T0101、T0202 加工长轴左配合件的两把刀具正确安装在刀架上。

③ 正确摆放所需工具、量具。

(2) 程序输入与编辑。

① 开机。

② 回参考点。

③ 输入程序。

④ 程序图形校验。

(3) 零件的数控车削加工。

① 主轴正转。

② X 向对刀，Z 向对刀，设置工件坐标系。

③ 进行相应刀具参数设置。

④ 自动加工。

四、零件检测

对加工完的零件进行精度检验和进行工件配合检验，看锥面配合是否符合要求。使用游标卡尺、塞规等量具对零件进行检测。

五、思考题

(1) 分析加工后两工件出现配合接触面达不到要求的原因及措施。

(2) 分析本项目零件是否还有其他更合理的加工工艺并说明原因。

六、扩展任务

加工如图 9-6 所示的零件。

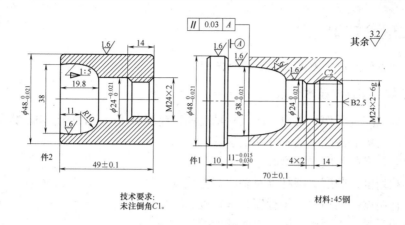

技术要求：
未注倒角C1。

图 9-6　零件图

任务三　椭圆配合件的编程与加工

一、任务导入

某生产厂家，要求加工一批椭圆配合零件，配合精度及尺寸要求如图 9-7 所示。零件材料为 45 钢，每一套件所给毛坯尺寸 $\phi 50mm \times 160mm$。

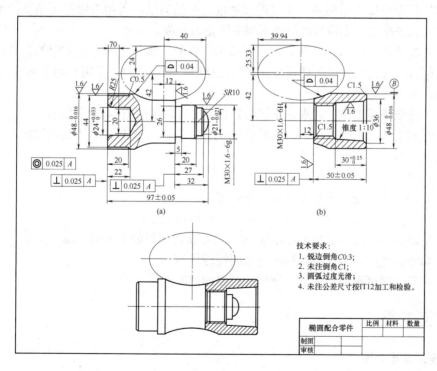

技术要求：
1. 锐边倒角C0.3;
2. 未注倒角C1;
3. 圆弧过渡光滑;
4. 未注公差尺寸按IT12加工和检验。

椭圆配合零件	比例	材料	数量
制图			
审核			

图 9-7　椭圆配合零件

二、相关理论知识

椭圆配合零件的加工方案要注意以下两点。

1. 椭圆配合零件的技术要求

要考虑椭圆配合零件加工表面的尺寸精度和粗糙度 R_a 值，零件的结构形状和尺寸大小、热处理情况、材料的性能以及零件的批量等。

(1) 尺寸精度：长度、深度等。

(2) 形状精度：圆度、圆柱度及轴线的直线度。

(3) 位置精度：同轴度、平行度、垂直度。

(4) 表面质量：表面粗糙度、表面硬度等。

(5) 椭圆配合零件配合面的表面质量、椭圆配合面的精度要求等。

2. 常用加工方案及特点

(1) 对于既有外表面又有内表面的零件，为保证加工精度和零件的刚度，应遵循先外后内的加工原则。

(2) 对于椭圆配合零件，应先加工内表面配合件，后加工外表面配合件。对于外表面配合件，遵循先简单后复杂及便于工件装夹的原则。

(3) 对于外表面的螺纹加工，应放在本零件加工最后一道工序完成。

(4) 精度要求较高的零件，在精车之前进行切槽；精度要求不高的零件，可在精车后车槽。本零件车槽属于车削精度不高的和宽度较窄的沟槽，可用刀宽等于槽宽的车槽刀，采用一次直进法车出。本项目的沟槽采用多次走刀完成。

(5) 切断要用切断刀。切断刀刀头窄而长，容易折断。切断方法常用的有直进法和左右借刀法两种。直进法常用于切断铸铁等脆性材料，左右借刀法常用于切断钢等塑性材料。

具体切断方法如下。

① 直进法切断工件。直进法是指在垂直于工件轴线的方向进行切断。

② 左右借刀法切断工件，在切削系统(刀具、工件、车床)刚性不足的情况下，可采用左右借刀法切断。

切断(切槽)注意事项如下。

① 工件的切断处尽量靠近卡盘，增强刚性。

② 切断刀刀尖与工件中心等高，防止工件留有凸台。

③ 切断刀中心线与工件中心线成 90°，以获得理想的加工面，减少振动。

④ 切断刀伸出刀架长度要短，进给要缓慢均匀。

⑤ 切铸铁时可不加切削液，切钢件时要加切削液。

三、任务实施

1. 确定装夹方案

工件选用三爪卡盘装夹。

2. 选择加工方案

图 9-7 中的零件为椭圆配合零件，选择的加工方案为先加工带有内螺纹的配合零件 b，后加工带有外螺纹的配合零件 a，件 b 旋入件 a，以件 a 右端面为编程零点，组合加工椭圆面，具体加工方案如下。

(1) 加工件 b 右端、ϕ48mm 外圆、锥孔及螺纹底孔至尺寸。

(2) 切断，保证长度 50mm。

(3) 调头校正，倒角并加工 M30×1.5 内螺纹。

(4) 加工件 a 左端 ϕ44mm、ϕ48mm 及内腔至尺寸。

(5) 调头夹 ϕ44mm×20mm，加工右端 SR10 球面、ϕ23mm、ϕ29.8mm 至尺寸。

(6) 切槽 ϕ26mm×5mm，加工外螺纹 M30×1.5。

(7) 将件 b 旋入件 a，以件 a 右端面为编程零点，组合加工椭圆表面。

3. 确定加工方法和刀具

加工方法与刀具选择如表 9-13～表 9-17 所示。

表 9-13 椭圆配合零件 b 右端加工方案

加工内容	加工方法	选用刀具
车端面	端面车削	T0101 93°菱形外圆车刀
车外圆	外圆车削	T0101 93°菱形外圆车刀
打中心孔	钻削	T0707 中心钻
钻孔	钻削	T0808 麻花钻(ϕ20mm)
车内孔	内孔加工	T0404 内孔镗刀
车槽	车退刀槽	T0202 切槽刀(刀宽 4mm)

表 9-14 椭圆配合零件 b 左端加工方案

加工内容	加工方法	选用刀具
车内孔	内孔加工	T0404 内孔镗刀
车内孔	内孔加工	T0606 内螺纹车刀

表 9-15 椭圆配合零件 a 左端加工方案

加工内容	加工方法	选用刀具
车端面	端面车削	T0101 93°菱形外圆车刀
车外圆	外圆车削	T0101 93°菱形外圆车刀
车内孔	内孔加工	T0404 内孔镗刀
打中心孔	钻削	T0707 中心钻
钻孔	钻削	T0808 麻花钻(ϕ20mm)

表 9-16 椭圆配合零件 a 右端加工方案

加工内容	加工方法	选用刀具
车端面	端面车削	T0101 93°菱形外圆车刀
车外圆	外圆车削	T0101 93°菱形外圆车刀
车槽	车退刀槽	T0202 切槽刀(刀宽 4mm)
车外螺纹	外螺纹加工	T0303 外螺纹车刀

表 9-17 椭圆配合零件椭圆配合部分加工方案

加工内容	加工方法	选用刀具
车端面	端面车削	T0101 93°菱形外圆车刀
车外圆	外圆车削	T0101 93°菱形外圆车刀

4. 确定切削用量

各刀具切削参数与补偿值如表 9-18 所示。

表 9-18 刀具切削参数与刀具补偿选用表

刀 具 号	刀具参数	背吃刀量/mm	主轴转速/(r/min)	刀具补偿	进给率/(mm/r)
T0101	93°菱形外圆车刀	3	700	D01	0.2
T0202	切槽刀(刀宽 4mm)车刀	—	500	D02	0.06
T0303	60°外圆螺纹刀	—	400	D03	2
T0404	内孔镗刀	2	700	D04	0.1
T0505	内切槽刀(刀宽 3mm)	—	400	D05	0.05
T0606	60°内螺纹车刀	—	400	D06	2
T0707	中心钻		1000	H07	—
T0808	麻花钻(ϕ20mm)		1000	H08	—

5. 确定工件坐标系和对刀点

由于本项目为椭圆配合件，a、b 是两个独立的零件加工，依据简化编程、便于加工的原则，确定各工件右端面中心为独立的工件坐标系原点，建立工件坐标系。对于椭圆配合零件椭圆配合部分的加工，应建立统一的坐标系，合成一个零件进行加工。件 b 旋入件 a，以件 a 右端面为编程零点，建立工件坐标系。采用手动对刀法对刀。

6. 编制参考程序

(1) 椭圆配合零件 b 右端加工程序如表 9-19 所示。

表 9-19   椭圆配合零件 b 右端加工程序

程　序	说　明
O931;	程序名
T0101;	转速 800r/min，换 1 号刀 93°菱形外圆车刀
M03　S800;	
G00　X55.0　Z0;	车端面
G01　X30.0　F0.2;	快进到外径粗车循环起刀点
G00　X52.0　Z2.0;	外径粗车循环
G71　U1.5　R1.0;	
G71P60　Q80 U0.5 W0.1 F0.1;	
N60　G01　X45.0;	进到倒角起点
Z0;	倒角
X48.0　Z-1.5;	N60～N80 为外径轮廓循环程序
Z-55.0;	精加工循环
N80 X50.0;	主轴停转
G70　P60　Q80.0;	程序暂停
M05;	转速 800r/min，换 4 号内孔镗刀
M00;	快进到内径粗车循环起刀点
M03　S800　T0404;	内径粗车循环
G00　X20.0　Z5.0;	
G71　U1.0　R0.5;	
G71 P145 Q175 U-0.5 W0.1 F0.2;	
G00　Z100.0;	退刀，撤销半径补偿
G00　Z100.0;	主轴停转
G40　X100.0;	程序暂停
M05;	精车转速 800r/min，进给率 0.2mm/r
M00;	进刀
M03　S800　T0404　F0.2;	引入半径补偿
G00　X20.0　Z5.0;	进到内径循环起点
G41　G01　X37.4142 ;	内径循环轮廓程序
Z0;	
X36.0　Z-0.7071;	
X33.0　Z-30.;	X 向退刀
X31.3;	
X28.3　Z-31.5;	退刀，撤销半径补偿
Z-55.0;	主轴停转
X19.5;	程序暂停
G00　Z100.0;	转速 600r/min，换切断刀
G40　X100.0;	
M05;	进刀
M00;	切断
M03　S600　T0202;	X 向退刀
G00　X50.0;	Z 向退刀
Z-54.0;	主轴停转
G01　X27.　F0.1;	程序停止
G00　X100.0;	
Z100.0;	
M05;	
M30;	

(2) 椭圆配合零件 b 左端加工程序如表 9-20 所示。

表 9-20　椭圆配合零件 b 左端加工程序

程　　序	说　　明
O0932;	程序名
T0101;	
S800　M03　T0404　F0.2;	转速 800r/min，进给 0.2mm/r，换 4 号内孔镗刀
G00　X32.0　Z1.0;	快进到倒角起点
G01　X28.0　Z-1.0;	倒角
G00　Z100.0;	
X100.0;	退刀
M05;	主轴停转
M00;	程序暂停
M03　S800　T0606;	转速 800r/min，换 6 号 60° 内螺纹刀
G00　X27.0　Z5.0;	进到内螺纹复合循环起刀点
G92　X28.85　Z-21　F1.5;	内螺纹加工第一刀
X29.45;	内螺纹加工第二刀
X29.85;	内螺纹加工第三刀
X30.0;	内螺纹加工第四刀
G00　Z100.0;	
X100.0;	退刀
M05;	主轴停转
M30;	程序停止

(3) 椭圆配合零件 a 左端加工程序如表 9-21 所示。

表 9-21　椭圆配合零件 a 左端加工程序

程　　序	说　　明
O0933;	程序名
M03　S800　T0101;	换 1 号 93° 菱形外圆车刀
G00　X55.0　Z0;	
G00　X55.0　Z0;	进刀
G01　X18.0　F0.2;	车端面
G00　X52.0　Z2.0;	进到外径粗车循环起刀点
G71　U1.5　R1.0;	
G71　P60　Q90　U0.5　W0.1　F0.2;	
N60　G01　X42.0　F0.1;	
Z0;	
X44.0　Z-1.0;	倒角

程　序	说　明
Z-20.0;	
X48.0;	
Z-35.0;	
N90　　X50.0;	N60～N90 为外径轮廓循环程序
G70　P60　Q90	外径轮廓精加工循环
G00　X100.0　Z100.0;	退刀
M05;	主轴停转
M00;	程序暂停
M03　S800　T0404;	主轴转速 800r/min，换 4 号内孔镗刀
G00　G41　X19.5　Z5.0　D04;	进到内径粗车循环起刀点
G71　U1.0　R0.5;	
G71　P155　Q170　U-0.5　W0.1　F0.2;	
N155 G01　X28.172;	
Z0;	进到内径循环起点
G02　X24.　Z-10.　R25.;	
N170　　　Z-22.0;	N155～N170 为内径循环轮廓程序
X19.5;	退刀
G70　P155　Q170	内径精加工循环
G00　Z100.0;	
G40　X100.0;	退刀，撤销半径补偿
M05;	主轴停转
M30;	程序停止

(4) 椭圆配合零件 a 右端加工程序如表 9-22 所示。

表 9-22　椭圆配合零件 a 右端加工程序

程　序	说　明
O0935;	程序名
M03　S800　T0101;	主轴转速 800r/min，换 1 号 93°菱形外圆车刀
G00　X55.0　Z0;	快速进刀
G01　X0　F0.1;	车端面
G00　G42　X52.0　Z2.0　D01;	进到外径粗车循环起刀点
G71　U1.5　R1;	
G71　P65　Q130　U0.5　R0.1　F0.2;	
N65　　　G01　　x0;	
z0;	
G03　X17.32　Z-5.0　R10.0;	

程　序	说　明
G01　X21.0;	
X23.0　Z-6.0;	
Z-12.0;	
X28.0;	
X29.08　Z-13.0;	
Z-32.0;	
X39.0;	
Z-44.0;	
X48.05;	
Z-72.0;	
N130　　X50.0;	N65~N130 为外径循环轮廓程序
G70 P65 Q130 ;	外径精加工循环
G40　G00　X100.0　Z100.0;	退刀，撤销半径补偿
M05;	主轴停转
M00;	程序暂停
M03　S600　T0202　F0.01;	主轴转速 600r/min，进给率 0.1mm/r，换 2 号切槽刀
G00　X33.0　Z-31.0;	快速进刀
G01　X26.02　F0.01;	切槽
X30.0;	退刀
Z-32.0;	进刀
X26.0;	切槽
Z-31.0;	精加工槽底
G00　X100.0;	退刀
Z100.0;	
M05;	
M00;	
M03　S1000　T0303;	转速 1000r/min，换 3 号 60°外螺纹刀
G00　X32.0　Z-5.0;	快进至外螺纹复合循环起刀点
G92　X29.2　Z-30　F1.5;	内螺纹加工第一刀
X28.6;	内螺纹加工第二刀
X28.2;	内螺纹加工第三刀
X28..05.;	内螺纹加工第四刀
G00　X100.0　Z100.0;	退刀
M05;	主轴停转
M30;	程序停止

(5) 零件 a 和零件 b 组合加工程序如表 9-23 所示。

表 9-23 零件 a 和零件 b 组合加工程序

程 序	说 明
O0933;	程序名
M03 S800 T0101;	换 1 号 93° 菱形外圆车刀 主轴转速 800r/min，换 1 号 93° 菱形外圆车刀 快进到椭圆凹槽外径粗车循环起刀点
G00 G42 X55.0 Z-15.0 D01;	
G73 U18 W 0 R10.0;	
G73 P60 Q110 U0.8 W0.3 F0.1;	P60 为精加工第一程序段号，Q110 为精加工最后程序段号
N60 X50.0;	椭圆长轴
#1=40;	椭圆短轴
#2=24;	Z 轴变量起始尺寸
#3=26.4575;	椭圆插补 X 变量
#4=24*SQRT[#1*#1-#3*#3]/40;	
G01 X[2*42-2*#4] Z[#-44];	Z 轴每次步距
#1=#1-0.4;	判断 Z 轴尺寸是否达到终点
IF [#3 GE] -26.4575 GOTO N85;	
G01 X48. Z-70.4575;	
N110 X50.0;	N60～N110 为凹槽外径循环轮廓程序
G70 P60 Q110;	撤销半径补偿，退刀
G00 G40 X100.0 Z100.0;	主轴停转
M05;	程序停止
M30;	

7. 仿真加工

操作过程同项目二任务一中的相关内容，仿真加工的结果如图 9-8 所示。

图 9-8 实体图

8. 机床加工

1) 椭圆配合件机床加工

(1) 准备毛坯、刀具、工具、量具。

刀具：根据前面刀具参数表选择相应的刀具。

量具：0～125mm 游标卡尺、0～25mm 内径千分尺、深度尺、0～150mm 钢尺、螺纹规、椭圆样板(每组 1 套)。

材料：45 钢 ϕ50mm×160mm。

① 将 ϕ50mm×160mm 的毛坯正确安装在机床的三爪卡盘上。

② 将 T0101、T0202、T0404、T0606 加工椭圆配合件 b 的四把刀具正确安装在刀架上。

③ 正确摆放所需工具、量具。

(2) 程序输入与编辑。

① 开机。

② 回参考点。

③ 输入程序。

④ 程序图形校验。

(3) 零件的数控车削加工。

① 主轴正转。

② X 向对刀，Z 向对刀，设置工件坐标系。

③ 进行相应刀具参数设置。

④ 在尾座上安装中心钻钻中心孔。

⑤ 在尾座上安装麻花钻钻孔。

⑥ 自动加工。

(4) 按照尺寸要求将工件切断，保证椭圆配合件 b 长度 50mm。

(5) 调头装夹椭圆配合件 b；重复以上步骤加工完成。

2) 椭圆配合件 a 左端机床加工

(1) 准备毛坯、刀具、工具、量具。

① 调头将工件正确安装在机床的三爪卡盘上。

② 将 T0101、T0404 加工椭圆配合件 a 左端的两把刀具正确安装在刀架上。

③ 正确摆放所需工具、量具。

(2) 程序输入与编辑。

① 开机。

② 回参考点。

③ 输入程序。

④ 程序图形校验。

(3) 零件的数控车削加工。

① 主轴正转。

② X 向对刀，Z 向对刀，设置工件坐标系。

③ 进行相应刀具参数设置。

④ 自动加工。

3) 椭圆配合件 a 右端机床加工

(1) 准备毛坯、刀具、工具、量具。

① 调头将工件正确安装在机床的三爪卡盘上。

② 将 T0101、T0202、T0303 加工椭圆配合件 a 右端的三把刀具正确安装在刀架上。

③ 正确摆放所需工具、量具。

(2) 程序输入与编辑。

① 开机。

② 回参考点。

③ 输入程序。

④ 程序图形校验。

(3) 零件的数控车削加工。

① 主轴正转。

② X 向对刀，Z 向对刀，设置工件坐标系。

③ 进行相应刀具参数设置。

④ 自动加工。

4) 椭圆配合零件椭圆配合部分加工。

(1) 毛坯、刀具、工具、量具准备。

① 将椭圆配合零件 a 与 b 两工件组合在一起，正确安装在机床的三爪卡盘上。

② 选择 T0101 刀具。

③ 正确摆放所需工具、量具。

(2) 程序输入与编辑。

① 开机。

② 回参考点。

③ 输入程序。

④ 程序图形校验。

(3) 零件的数控车削加工。

① 主轴正转。

② X 向对刀，Z 向对刀，设置工件坐标系。

③ 进行相应刀具参数设置。

④ 自动加工。

四、零件检测

对加工完的零件进行精度检验和进行工件配合检验，用椭圆样板检验加工的椭圆是否符合要求。使用游标卡尺、塞规等量具对零件进行检测。

五、思考题

(1) 分析加工后两工件出现椭圆配合面达不到精度要求的原因及措施。

(2) 分析本项目零件是否还有其他更合理的加工工艺并说明原因。

(3) 怎样才能使配合在一起的两工件的配合螺纹不受损伤？

六、扩展任务

加工如图 9-9 所示的零件。

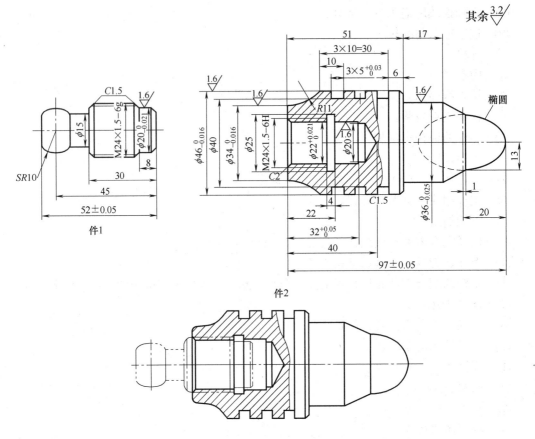

件2

技术要求:
1. 锐边倒钝C0.3;
2. 未注倒角C1;
3. 圆弧过度光滑;
4. 未注尺寸公差按GB/T 1804−m加工和检验。

图9-9　零件图

项目十　中高级数控车工技能培训题样

- 根据零件图和技术资料，进行工艺分析。
- 熟练运用 FANUC-0i 数控系统 F、S、T、G、M 代码的编程格式编制数控加工程序，并通过仿真软件进行程序走刀路线的检验。
- 制订加工计划，按照操作规程，在数控车床上进行零件加工。
- 合理选择量具，对零件进行测量，并填写零件的检验记录。

- 能够根据零件图和技术资料，提取数控加工所需的信息资料。
- 能够设计数控车加工工艺方案，编制数控加工程序卡。
- 能够计算数控车削加工所需的工艺数据和几何数据。
- 能够编写数控车削加工程序，通过模拟仿真软件检查和优化加工程序。
- 能够制订工作计划和刀具、量具、夹具计划。
- 能够按照操作规程熟练操作数控车床对工件进行加工，并监控加工过程。
- 能够对工件进行检测，评价加工效果，分析产品质量，提出解决方案。

在数控加工中，常遇到包括圆柱面、锥面、圆弧面、螺纹、退刀槽、密封槽和孔等各种特征的综合轴类零件，数控车床操作工能根据零件图和技术资料，进行工艺分析，根据不同的尺寸要求和加工精度要求，采用相应的加工方法加工出正确的零件。

任务一　中级职业技能考核综合训练一

一、任务导入

加工如图 10-1 所示的密封轴零件，毛坯规格 ϕ56mm×100mm。要求制订数控加工工艺方案，编制数控加工程序，并进行仿真加工，在数控车床上加工出合格的零件，未标注公差尺寸允许误差±0.07。

二、任务分析并确定加工方案

图 10-1 中含有 3 处密封槽的台阶轴零件，两端均为简单台阶，根据加工要求确定加工方案、选择刀具并确定合适的切削用量。

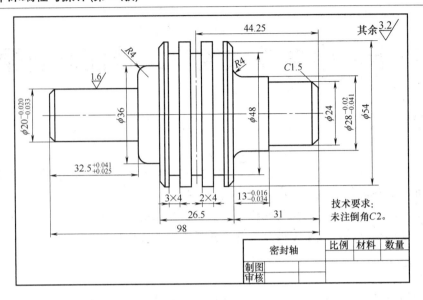

图 10-1　密封轴

1. 加工方案

(1) 根据零件结构特点，选用三爪卡盘直接装夹工件。

(2) 根据零件尺寸和加工精度，选择合理的加工方法，确定加工工艺路线并选择相应的刀具，如表 10-1 所示。

表 10-1　加工方案

加工步骤和内容	加工方法	选用刀具
①粗精加工右端(忽略槽)	先粗车再精车	93°外圆车刀
		35°外圆车刀
②车 3 个密封槽	切槽	3mm 宽切槽刀
③调头，粗精加工左端	先粗车再精车	93°外圆车刀
		35°外圆车刀

2. 确定切削用量

各刀具切削参数值如表 10-2 所示。

表 10-2　切削参数表

刀 具 号	刀具参数	背吃刀量/mm	主轴转速/(r/min)	进给率/(mm/r)
T0101	93°外圆车刀	3	600	0.2
T0202	35°外圆车刀	0.5	1000	0.1
T0303	3mm 宽切槽刀	—	400	0.05

3. 确定工件坐标系

以工件左、右端面中心为原点，建立工件坐标系，采用刀具偏置法进行对刀。

三、任务实施

1. 编制数控加工程序

根据制订的加工方案和确定的切削参数，对图 10-1 所示的零件编制数控加工程序，如表 10-3 和表 10-4 所示。

表 10-3　加工密封轴右端参考程序

程　序	注　释
O1001;	程序编号
G28;	回参考点
T0101;	调用 1 号刀以及 1 号刀设置的工件坐标系
M04 S600;	主轴旋转
G00 X58.Z2.0;	快速定位至循环起点
G71 U3.0 R1.0;	粗加工右端
G71 P1 Q2 U1.0 W0.5 F0.2;	
N1 G42 GOO X17.0;	精加工路线开始段，建立刀补
G01 X24.0 W-2.0 F0.1;	
Z-18.026;	
X27.97;	
W-8.974;	
G02 X31.97 W-4.0 R4.0;	
G01 X50.0;	
X54.0 W-2.0;	
W-26.0;	
N2 G40X60.0;	精加工路线结束段，取消刀补
G28;	
T0202;	换 2 号刀准备进行精车
G00 X58.Z2.0;	
G70 P1 Q2;	精加工
G28;	
T0303;	换 3 号刀准备进行车密封槽
M04 S400;	
G00 X56.0 Z-37.75;	
G01 X46.0 F0.05;	
X55.0;	

续表

程　序	注　释
W0.5;	
G01 X54.0;	
X46.0 W-0.5;	
X55.0;	
W-0.5;	
G01 X54.0;	
X46.0 W0.5;	
X55.0;	
G00 W-8.0;	
G01 X46.0;	
X55.0;	
W0.5;	
X54.0;	
X46.0 W-0.5;	
X55.0;	
W-0.5;	
X54.0;	
X46.0 W0.5;	
X55.0;	
W-8.0;	
X46.0;	
X55.0;	
W0.5;	
X54.0;	
X46.0 W-0.5;	
X55.0;	
W-0.5;	
X54.0;	
X46.0 W0.5;	
X56.;	
G28;	
M30;	

表 10-4　加工密封轴左端参考程序

程　序	注　释
O1002;	程序编号
G28;	回参考点
T0101;	调用 1 号刀以及 1 号刀设置的工件坐标系

续表

程　序	注　释
M04 S600;	主轴旋转
G00 X60.0 Z0.0 M08;	快速定位至平端面的起点
G01 X-1.0 F0.1;	平端面
G00 X60.0 Z2.0;	快速定位至循环起点
G71 U4.0 R1.0;	粗加工左端
G71 P1 Q2 U0.5 W0.2 F0.2;	
N1 G00 G42 X11.97 S1000;	精加工路线开始段，建立刀补
G01 X19.97 W-4.0 F0.1;	
Z-32.53;	
X28.0;	
G03 X36.0 W-4.0 R4.0;	
G01Z-40.5;	
X50.0	
X56.0 W-3.0;	
N2 G40X60.0;	精加工路线结束段，取消刀补
G28;	
T0202;	换 2 号刀准备进行精车
G00 X58.Z2.0;	
G70 P1 Q2;	精加工左端
G28;	
M05;	
M30;	

2. 仿真加工

操作过程同项目四任务二中的相关内容，仿真加工的结果如图 10-2 所示。

3. 机床加工

1) 准备毛坯、刀具、工具、量具
(1) 刀具：93°外圆车刀、35°外圆车刀、3mm 车槽刀。
(2) 量具：0～125 游标卡尺、0～150 钢尺（每组 1 套）。
(3) 毛坯：45 钢 ϕ58mm×100mm。
① 将 ϕ50mm×122mm 的毛坯正确安装在机床的三爪卡盘上。

图 10-2　密封轴实体图

② 将 93°外圆车刀、35°外圆车刀、3mm 宽切槽刀正确安装在刀架上。
③ 正确摆放所需工具、量具。
2) 程序输入与编辑
(1) 开机。

(2) 回参考点。

(3) 输入程序。

(4) 程序图形校验,必要时修改编辑程序。

3) 零件的数控车削加工

(1) 设置工件坐标系。

① 后置刀架车床主轴反转(前置刀架车床主轴正转)。

② X 向对刀,进行相应刀具参数设置。

③ Z 向对刀,进行相应刀具参数设置。

(2) 自动加工。

四、零件检测

对加工完的零件进行自检,使用游标卡尺等量具对零件进行检测。

五、思考题

(1) 加工等间隔等宽度的多处槽,使用哪个循环指令?

(2) 加工宽度大于刀宽的槽,使用槽加工循环指令时,应注意什么问题?

(3) 加工有槽的轴部分,精加工路线应该怎么布置?

六、扩展任务

加工如图 10-3 所示的零件。

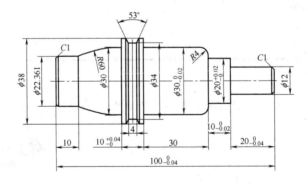

图 10-3 支承轴

任务二 中级职业技能考核综合训练二

一、任务导入

加工如图 10-4 所示的连接半轴零件,毛坯规格 $\phi58mm×102mm$。要求制订数控加工工艺方案,编制数控加工程序,并进行仿真加工,在数控车床上加工出合格的零件,未标注公差尺寸的允许误差为±0.07。

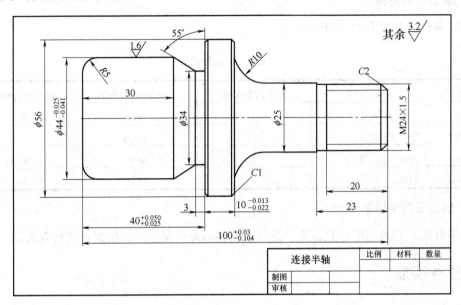

图 10-4 连接半轴

二、任务分析并确定加工方案

如图 10-4 所示的轴零件，有一处螺纹，一处斜槽，两处圆弧面。根据加工要求，确定加工方案、选择刀具并确定合适的切削用量。

1. 加工方案

(1) 根据零件结构特点，选用三爪卡盘直接装夹工件。

(2) 根据零件尺寸和加工精度选择合理的加工方法，确定加工工艺路线并选择相应的刀具，如表 10-5 所示。

表 10-5 加工方案

加工步骤和内容	加工方法	选用刀具
①粗精加工左端(忽略槽)	粗车	93°外圆车刀
	精车	35°外圆车刀
②车削斜槽	切槽	3mm 宽切槽刀
③调头，粗精加工右端(忽略螺纹)	粗车	93°外圆车刀
	精车	35°外圆车刀
④M24×1.5 螺纹	车螺纹	60°螺纹车刀

2. 确定切削用量

各刀具切削参数值如表 10-6 所示。

表 10-6　切削参数表

刀 具 号	刀 具 参 数	背吃刀量/mm	主轴转速/(r/min)	进给率/(mm/r)
T0101	93° 外圆车刀	4	600	0.2
T0202	35° 外圆车刀	0.5	1000	0.1
T0303	3mm 宽切槽刀	3	400	0.05
T0404	螺纹刀	—	720	1.5

3. 确定工件坐标系

以工件左、右端面中心为原点，建立工件坐标系，采用刀具偏置法进行对刀。

三、任务实施

1. 编制数控加工程序

根据制订的加工方案和确定的切削参数，对图 10-4 中的零件编制数控加工程序，如表 10-7 和表 10-8 所示。

表 10-7　加工连接半轴左端参考程序

程 序	注 释
O1003;	程序编号
G28;	回参考点
T0101;	调用 1 号刀以及 1 号刀设置的工件坐标系
M04 S600;	主轴旋转
G00 X60. Z2.0;	快速定位至循环起点
G71 U4.0 R1.0;	粗加工左端
G71 P1 Q2 U1.0 W0.5 F0.2;	
N1 G00 G42 X58.0 S1000;	精加工路线开始段，建立刀补
Z0;	
G01 X33.967 F0.1;	
G03 X43.967 Z-5.0 R5.0;	
G01 Z-40.035;	
X54.0;	
X56.0 W-1.0;	
Z-55.0;	
N2 G00 G40 X60.0;	精加工路线结束段，取消刀补
G28;	
T0202;	换 2 号刀准备进行精车
G00 X60.0 Z2.0;	快速定位至循环起点
G70 P1 Q2;	精加工

程　序	注　释
G28; T0303; G00 X58.0 S400; Z-40.035;	换 3 号刀准备进行车削沟槽
G01 X34.0 F0.05; G04 X3.0; G00 X46.0; G01 X43.967 Z-32.918 F0.05; G01 X34.0 Z-40.035; X46.0; G28; M05; M30;	车削沟槽 槽底暂停 3s

表 10-8　加工连接半轴右端参考程序

程　序	注　释
O1004;	程序编号
G28;	回参考点
T0101;	调用 1 号刀以及 1 号刀设置的工件坐标系
M04 S600;	主轴旋转
G00 X60.0 Z2.0;	快速定位至平端面的起点
G71 U4.0 R1.0;	平端面
G71 P1 Q2 U1.0 W0.5 F0.2;	快速定位至循环起点
N1 G42 G00 X15.8 S1000;	粗加工左端
G01 X23.8 Z-2.0 F0.1;	精加工路线开始段，建立刀补
Z-20.0;	
X24.0;	
Z-23.0;	
X25.0;	
Z-39.942;	
G02 X45.0 W-10.0 R10.0;	
G01X54.0;	
X56.0 W-1.0;	
W-10.0;	精加工路线结束段，取消刀补
N2 G40 G00 X60.0;	
G28;	
T0404;	换 2 号刀准备进行精车
G70 P1 Q2;	精加工左端
G28;	
T0404;	调用 4 号螺纹刀
M04 S720;	
G00 X26.0 Z2.0;	
G76 P010060 Q100 R50;	车削 M24×1.5 螺纹
G76 X22.052 Z-20.0 P975 Q500 F1.5;	
M05;	
M30;	

2. 仿真加工

操作过程同项目四任务二中的相关内容,仿真加工的结果如图 10-5 所示。

3. 机床加工

1) 准备毛坯、刀具、工具、量具

(1) 刀具:93°外圆车刀、35°外圆车刀、3mm 车槽刀、60°螺纹车刀。

(2) 量具:0～125mm 游标卡尺、螺纹样尺(每组 1 套)。

(3) 毛坯:45 钢 ϕ60mm×102mm。

① 将 ϕ50mm×102mm 的毛坯正确安装在机床的三爪卡盘上。

图 10-5　连接半轴实体图

② 将 93°外圆偏刀、35°外圆车刀、3mm 车槽刀和 60°螺纹车刀正确安装在刀架上。

③ 正确摆放所需工具、量具。

2) 程序输入与编辑

(1) 开机。

(2) 回参考点。

(3) 输入程序。

(4) 程序图形校验,必要时修改编辑程序。

3) 零件的数控车削加工

(1) 设置工件坐标系。

① 后置刀架车床主轴反转(前置刀架车床主轴正转)。

② X 向对刀,进行相应刀具参数设置。

③ Z 向对刀,进行相应刀具参数设置。

(2) 自动加工。

四、零件检测

使用游标卡尺等量具对加工完的零件进行检测。

五、思考题

(1) 在数控加工螺纹时,为什么可以不用退刀槽?

(2) 简述各螺距螺纹的牙深与螺距为 1 的牙深的关系。

(3) 加工多线螺纹时应该注意什么?

六、扩展任务

加工如图 10-6 所示的零件。

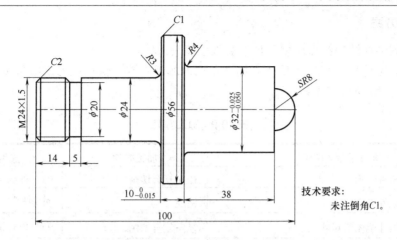

图 10-6 零件图

任务三 中级职业技能考核综合训练三

一、任务导入

加工如图 10-7 所示的曲面轴零件，毛坯规格 $\phi50mm\times122mm$。要求制订数控加工工艺方案，编制数控加工程序，并进行仿真加工，在数控车床上加工出合格的零件，未标注公差尺寸的允许误差为±0.07。

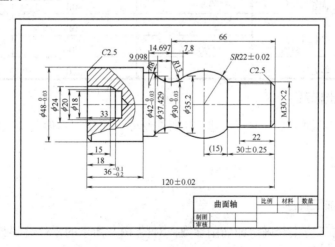

图 10-7 曲面轴

二、任务分析并确定加工方案

图 10-7 中的曲面轴零件，有一处螺纹，一处内孔，三处圆弧面，根据加工要求确定加工方案、选择刀具并确定合适的切削用量。

1. 加工方案

(1) 根据零件结构特点选用三爪卡盘直接装夹工件。

(2) 根据零件尺寸和加工精度先加工左端再加工右端，依据换刀次数最少原则，选择合理的加工方案，如表 10-9 所示。

表 10-9 加工方案

加工步骤和内容	加工方法	选用刀具
①粗精加工左端外圆	径向复合切削	93°外圆车刀
②钻内孔至 $\phi16$ 深 20	钻削	$\phi16$ 钻头
③粗精加工内孔至图纸尺寸	径向复合切削	95°内孔镗刀
④调头，粗精加工右端(忽略螺纹)	按轮廓复合切削	35°外圆车刀
⑤M30×2 螺纹	车螺纹	60°螺纹车刀

2. 确定切削用量

各刀具切削参数值如表 10-10 所示。

表 10-10 切削参数表

刀 具 号	刀具参数	背吃刀量/mm	主轴转速/(r/min)	进给率/(mm/r)
T0101	35°外圆车刀	2	800	0.2
		0.25	1000	0.1
T0202	钻头 $\phi16$	—	400	0.05
T0303	95°内孔车刀	2	800	0.2
		0.25	1000	0.1
T0404	螺纹车刀	—	520	2

3. 确定工件坐标系

以工件左、右端面中心为原点，建立工件坐标系，采用刀具偏置法进行对刀。

三、任务实施

1. 编制数控加工程序

根据制订的加工方案和确定的切削参数，对图 10-7 所示的零件编制数控加工程序，如表 10-11 和表 10-12 所示。

表 10-11 加工曲面轴左端参考程序

程　序	注　释
O1005;	程序编号
G28;	回参考点

程 序	注 释
T0101;	调用 1 号刀以及 1 号刀设置的工件坐标系
S800M04;	主轴旋转
G00X50.0Z2.0;	快速定位至循环起点
G71U2.0R1.0;	粗加工左端外圆
G71P1Q2U0.5W0.2F0.2;	
N1 G00G42X40.85S1000;	精加工路线开始段，建立刀补
G01X47.85Z-2.5F0.1S1000;	
Z-40.0;	
N2 G00G40X50.0;	精加工路线结束段，取消刀补
G70P1Q2;	
G28;	
T0202;	换 2 号刀准备进行钻孔
S400M03;	主轴正转
G00X0Z6.0;	
G01Z-22.0F0.08;	钻孔
G00Z6.0;	
G28;	
T0303;	换 3 号刀准备进行车削内孔
S800M04;	
G00X16.0Z2.0;	
G71U2.0R1.0;	粗加工内孔
G71P3Q4U-0.5W0.2F0.2;	
N3 G00G41X24.0;	
G01Z-15.0;	
X20.0Z-18.0;	
X18.0;	
Z-22.15;	
X15.0;	
N4 G00G40X14.0;	
G70P3Q4;	精加工内孔
G28;	
M30;	

表 10-12 加工曲面轴右端参考程序

程 序	注 释
O1006;	程序编号
G28;	回参考点
T0101;	调用 1 号刀以及 1 号刀设置的工件坐标系

续表

程　　序	注　释
S800M04;	主轴旋转
G00X52.Z0;	快速定位至平端面的起点
G01X-2.0F0.08;	平端面
G00X50.0Z2.0;	快速定位至循环起点
G73U12.0W0R6;	按轮廓粗加工右端
G73P1Q2U0.5W0.2F0.2;	
N1 G00G42X15.8 Z2.0;	精加工路线开始段，建立刀补
G01X29.8Z-2.5S1000F0.1;	
Z-22.0;	
X30.0;	
Z-30.0;	
X32.19;	
G03X35.2Z-58.2R22.0;	
G02X37.429Z-75.098R13.0;	
G03X41.82Z-80.697R8.0;	
G01Z-84.15;	
X50.0;	
N2 G00G40X52.0;	精加工路线结束段，取消刀补
G70P1Q2;	
G28;	
T0404;	调用 4 号螺纹车
S400M04;	
G00X32.0Z2.0;	
G76P011060Q100R50;	车削 M30×2 螺纹
G76X27.4Z-22.0P1299Q500F2;	
G28;	
M05;	
M30;	

2. 仿真加工

操作过程同项目四任务二中的相关内容，仿真加工的结果如图 10-8 所示。

3. 机床加工

1) 准备毛坯、刀具、工具、量具

(1) 刀具：35°外圆车刀、ϕ16 钻头、95°内孔镗刀、60°螺纹车刀。

(2) 量具：0～200mm 游标卡尺、螺纹样尺(每组

图 10-8　曲面轴实体图

1 套)。

(3) 毛坯：45 钢 ϕ 50mm×122mm。

① 将 ϕ 50mm×122mm 的毛坯正确安装在机床的三爪卡盘上。

② 将 35°外圆偏刀、95°内孔镗刀、ϕ 16mm 钻头和 60°螺纹车刀正确安装在刀架上。

③ 正确摆放所需工具、量具。

2) 程序输入与编辑

(1) 开机。

(2) 回参考点。

(3) 输入程序。

(4) 程序图形校验，有必要时修改编辑程序。

3) 零件的数控车削加工

(1) 设置工件坐标系。

① 后置刀架车床主轴反转(前置刀架车床主轴正转)。

② X 向对刀，进行相应刀具参数设置。

③ Z 向对刀，进行相应刀具参数设置。

(2) 自动加工。

四、零件检测

对加工完的零件进行自检，使用游标卡尺等量具对零件进行检测。

五、思考题

(1) G71、G72 和 G73 各适合什么样的加工场合？

(2) 加工内孔应该注意什么？

(3) G73 能用来粗加工内孔吗？

六、扩展任务

加工如图 10-9 所示的零件。

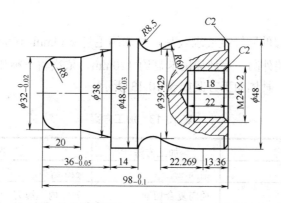

图 10-9　连接轴

任务四　高级职业技能考核综合训练一

一、任务导入

如图 10-10 所示为一零件，要求制订合理的数控加工工艺方案，编制数控加工程序并进行加工，未标注公差尺寸的允许误差为±0.07。

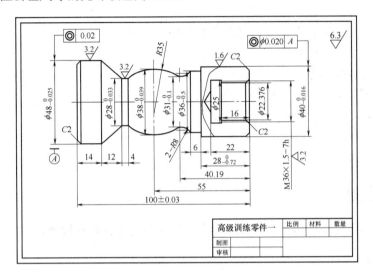

图 10-10　高级训练零件

二、任务分析并确定加工方案

如图 10-10 所示，零件外轮廓由圆柱表面、圆锥表面、凸圆弧表面、凹圆弧表面及环形槽组成，内轮廓表面包括 M24×1.5-7h 内螺纹及螺纹退刀槽，零件两端面及螺纹孔口均有 2×45° 倒角。根据加工要求确定加工方案、选择刀具并确定合适的切削用量。

1. 加工方案

由于零件两端外圆的同轴度要求较高，故选用毛坯 ϕ50mm×150mm，采用一次装夹，三爪卡盘夹住零件左端外圆，毛坯伸出卡盘约 120mm，依次粗、精加工出内轮廓及外轮廓所有表面，最后切断。具体加工方案如表 10-13 所示。

表 10-13　加工方案

加工步骤和内容	加工方法	选用刀具
①钻内孔至 ϕ20 深22	钻削	ϕ20 钻头
②加工内孔至要求尺寸	径向复合切削	93° 内孔镗刀
③加工内孔退刀槽	车削槽	4mm 宽内孔切槽刀

续表

加工步骤和内容	加工方法	选用刀具
④M24×1.5-7h	车内螺纹	60°内孔螺纹车刀
⑤加工外圆	粗、精车	93°外圆车刀(刀尖角55°)
⑥$\phi 36_{-0.05}^{0}×6$	车削槽	4mm宽外圆切槽刀

2. 确定切削用量

各刀具切削参数值如表 10-14 所示。

表 10-14　切削参数表

刀 具 号	刀具参数	背吃刀量/mm	主轴转速/(r/min)	进给率/(mm/r)
T0101	钻头 $\phi 20$	—	400	0.05
T0202	93°内孔车刀	1	800	0.15
		0.25	1000	0.1
T0303	内孔螺纹车刀	—	720	1.5
T0404	55°外圆车刀	2	800	0.2
		0.25	1000	0.1
T0505	外圆车槽刀	—	400	0.05

3. 确定工件坐标系

以工件左、右端面中心为原点，建立工件坐标系，采用刀具偏置法进行对刀。

三、任务实施

1. 编制数控加工程序

根据制定的加工工艺路线和确定的切削参数，对图 10-10 所示的零件编制数控加工程序，如表 10-15 所示。

表 10-15　参考程序

程 序	注 释
O1007;	程序编号
N010　G28;	回参考点
N020　T0101;	调用1号刀以及1号刀设置的工件坐标系
N030　M03 S400;	主轴旋转
N040　G00 X0 Z8.0;	ϕ20mm钻头钻孔
N050　G01 Z-22.0 F0.05;	
N060　G00 Z8.0;	
N070　G28;	
N080　T0202;	调用2号刀以及2号刀设置的工件坐标系

程　序	注　释
N090　G00　X17.0　Z2.0;	N90～N120 为粗车内螺纹底孔
N100　G90　X19.0　Z-22.0　F0.15;	
N110　X20.5;	
N120　X22.0;	
N130　G01　X30.376　Z2.0;	N130～N170 为精车内螺纹底孔
N140　X22.376　Z-2　F0.1;	
N150　Z-22.0;	
N160　X18.0;	
N170　Z2.0;	
N180　G28;	
N190　T0303;	换 3 号刀准备进行车削内孔退刀槽
N200　S400　M04;	
N210　G00　X18.0　Z2.0;	
N220　G01　Z-22.0　F0.2;	车内孔退刀槽
N230　X25.0　F0.08;	
N240　X18.0;	
N250　Z2.0;	
N260　G28;	
N270　T0404;	换 4 号刀准备进行车削内螺纹
N280　G00　X18.0　Z2.0　S720;	
N290　G92　X22.976　Z-19.0　F1.5;	
N300　X23.376;	
N310　X23.676;	N280～N330 为车内螺纹
N320　X23.876;	
N330　X24.0;	
N340　G28;	
N350　T0505;	换 5 号刀准备进行车削外轮廓
N360　M04　S600;	
N370　G00　X52.0　Z2.0;	N370～N480 为粗车外轮廓
N380　G73　U10.0　W2.0　R10;	
N390　G73　P400　Q480　U0.5　W0　F0.2;	
N400　G42　G00　X31.992　Z2.0　S800　F0.12;	
N410　X39.992　Z-2.0;	
N420　Z-28.0;	
N430　X36.0　Z-34.0;	ϕ36mm 台阶处先车成一个倒锥
N440　G02　X32.674　Z-43.782　R8.0;	
N450　G03　X27.984　Z-70.0　R25.0;	
N460　G01　Z-74.0;	
N470　X47.988　Z-86.0;	

续表

程　序	注　释
N480　G40 X52.0;	
N490　G70 P370 Q480;	精车外轮廓
N500　G28;	
N510　T0606;	换 6 号刀准备进行车削 ϕ36 台阶并切断
N520　M04 S400;	
N530　G00 X45.0 Z-27.94;	
N540　G01 X36.2 F0.05;	N530～N590 为车削 ϕ36 台阶
N550　G01 X42.0 F0.2 ;	
N560　G01W-3.	
N570　G01 X35.975 F0.05;	
N580　G01 W3.0 F0.05;	
N590　G01 X50.0 F0.2;	
N600　G00 X52.0 Z-104.0;	N600～N590 为车削工件左端倒角 2×45°
N610　G01 X38.0 F0.08;	车倒角之前先预切一个槽
N620　X52.0;	
N630　X47.988 Z-102.0;	车左端倒角 2×45°
N640　X43.988 Z-104.0;	
N650　X-1.0;	切断
N660　G28;	
N670　M05;	
N680　M30;	程序结束

2. 仿真加工

操作过程同项目四任务二中的相关内容,仿真加工的结果如图 10-11 所示。

3. 机床加工

1) 准备毛坯、刀具、工具、量具

(1) 刀具:93°外圆车刀、ϕ20 钻头、93°内孔镗刀、60°螺纹车刀。

(2) 量具:0～200mm 游标卡尺、螺纹样尺(每组 1 套)。

图 10-11　高级训练零件实体图

(3) 毛坯:45 钢 ϕ50mm×150mm。

① 将 ϕ50mm×150mm 的毛坯正确安装在机床的三爪卡盘上。

② 将各车刀正确安装在刀架上。

③ 正确摆放所需工具、量具。

2) 程序输入与编辑

(1) 开机。

(2) 回参考点。

(3) 输入程序。

(4) 程序图形校验,有必要时修改编辑程序。

3) 零件的数控车削加工

(1) 设置工件坐标系。

① 后置刀架车床主轴反转(前置刀架车床主轴正转)。

② X向对刀,进行相应刀具参数设置。

③ Z向对刀,进行相应刀具参数设置。

(2) 自动加工。

四、零件检测

参考项目十任务三。

五、思考题

(1) G76 和 G92 的作用是什么?各适应什么样的加工场合?

(2) 加工内螺纹时应该注意什么?

(3) 简述一般零件的车削加工工艺路线。

六、扩展任务

加工如图 10-12 所示的零件。

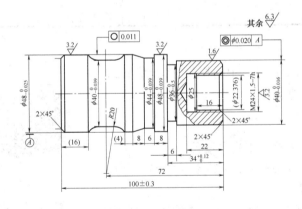

图 10-12 连接轴

任务五 高级职业技能考核综合训练二

一、任务导入

如图 10-13 所示为一配合零件,要求制订合理的数控加工工艺方案,编制数控加工程序并进行加工。

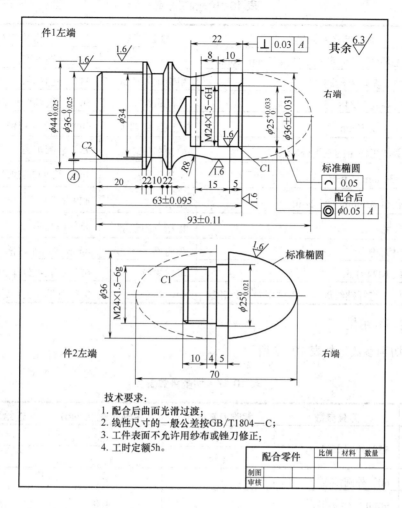

图 10-13 配合零件

二、任务分析并确定加工方案

如图 10-13 所示，本任务为配合零件加工。在加工过程中，除了保证工件的单件精度外，还要保证工件配合后的精度要求。零件外轮廓由圆柱表面、圆锥表面、椭圆弧表面、凹圆弧表面及环形槽组成，M24×1.5 的内外螺纹及螺纹退刀槽，零件两端面及螺纹孔口均有倒角。

1. 加工方案

选用毛坯 $\phi46mm×150mm$，采用三爪卡盘装夹，百分表找正。具体加工方案如表 10-16 所示。

表 10-16　加工方案

加工步骤和内容	加工方法	选用刀具
①粗车止口(毛坯任一端，装夹部件) φ37mm×10mm	粗车外轮廓	93°外圆车刀
②调头，车件 2 左端外轮廓	粗精车外轮廓	93°外圆车刀
③车件 2 左端螺纹 M24×1.5	车削螺纹	60°外圆螺纹车刀
④切断，保证长度 50mm	径向复合切削	4mm 宽外圆切槽刀
⑤不卸件接着加工件 1 的左端外轮廓	粗精车外轮廓	93°外圆车刀
⑥车外沟槽 φ34 mm×5 mm	车槽	4mm 宽外圆切槽刀
⑦调头，钻孔至 φ20mm，深 24mm	钻削	φ20 钻头
⑧车内孔至尺寸	粗精车内轮廓	93°内孔镗刀
⑨加工内孔退刀槽	车内槽	4mm 宽内孔切槽刀
⑩加工内螺纹 M24×1.5	车内螺纹	60°内孔螺纹车刀
⑪将件 2 与件 1 进行螺纹旋合，车削组合件外轮廓	粗、精车	93°外圆车刀(刀尖角 55°)

2. 确定切削用量

各刀具切削参数值如表 10-17 所示。

表 10-17　切削参数表

刀 具 号	刀具参数	背吃刀量/mm	主轴转速/(r/min)	进给率/(mm/r)
T0101	55°外圆车刀	3	800	0.2
		0.25	1200	0.1
T0202	60°外圆螺纹刀	—	720	1.5
T0303	4mm 外圆切槽刀	—	400	0.05
T0404	钻头 φ20	—	300	0.05
T0505	93°内孔车刀	1	800	0.2
		0.25	1200	0.1
T0606	4mm 内孔切槽刀	—	400	0.05
T0707	60°内孔螺纹刀	—	720	1.5

3. 确定工件坐标系

以工件左、右端面中心为原点，建立工件坐标系，采用刀具偏置法进行对刀。

三、任务实施

1. 编制数控加工程序

根据制定的加工工艺路线和确定的切削参数，为如图 10-13 所示的零件编制数控加工程序，如表 10-18～表 10-22 所示。

表 10-18　件 2 左端参考程序

程　序	注　释
O1008;	程序编号
G99　G40　G21;	
T0101;	调用 1 号刀以及 1 号刀设置的工件坐标系
M03　S800;	主轴旋转
G00　X47.0　Z2.0;	快速点定位至循环起点
G71　U2.0　R1.0;	粗加工件 2 左端外轮廓
G71　P10　Q20　U0.5　W0.2　F0.2;	
N10　G01　X21.8　S1200;	
Z0.0;	
X23.8　Z-1.0;	
Z-14.0;	
X25.0;	
Z-19.0;	
N20　X47.0;	
G70　P10　Q20;	精车件 2 左端外轮廓
G00　X100.0　Z100.0;	
T0404;	调用 4 号刀以及 4 号刀设置的工件坐标系
G00　X26.0　Z5.0　S720;	
G76　P020560　Q50　R0.05;	加工内螺纹
G76　X22.2　Z-10.0　P975　Q400　F1.5;	
G00　X100.0　Z100.0;	
T0303;	换切槽刀
G00　X50.　Z-54.	
G01　X-1.0;	切断，保证件 1 长 50mm
G28;	
M05;	
M30;	程序结束

表 10-19　件 1 左端参考程序

程　序	注　释
O1009;	程序编号
G99　G40　G21;	
T0101;	调用 1 号刀以及 1 号刀设置的工件坐标系
M04　S800;	主轴旋转
G00　X47.0　Z2.0;	粗车外圆；粗加工件 1 左端外轮廓
G71　U2.0　R1.0;	

程　　序	注　　释
G71　P10　Q20　U0.3　W0.2　F100;	
N10　G00　X32.0　S1200;	
G01　Z0.0　F0.1;	
X36.0　Z-2.0;	
Z-20.0;	
X44.0;	
Z-35.0;	
N20　X47.0;	精车件2左端外轮廓
G70　P10　Q20;	
G00　X100.0　Z100.0;	
T0303;	调用3号刀以及3号刀设置的工件坐标系
G00　X46.0　Z-27.0　S600;	切槽循环,槽底留0.3mm精加工余量
G75　R0.3;	
G75　X34.3　Z-29.0　P1500　Q1000　F0.05;	切槽的一个侧面
G01　X44.0　Z-25.0　F0.05;	
X34.0　Z-27.0;	
X44.0;	切槽的另一个侧面
Z-31.0;	
X34.0　Z-29.0;	
X46.0;	
G00　X100.0　Z100.0;	
M05;	
M30;	程序结束

表10-20　件1右端螺纹孔参考程序

程　　序	注　　释
O1010;	程序编号
G99　G40　G21;	
T0404;	调用4号刀准备钻孔
M03　S300;	主轴正转
G00　X0　Z8.0;	
G74　R1.0;	钻内孔至ϕ20
G74　Z-24.　Q5000　F0.05;	
G00　Z10.0;	
G28;	
T0505;	换内孔车刀
G00　X19.0　Z2.0;	
G71　U1.0　R0.5;	粗车内孔

续表

程　序	注　释
G71 P30 Q40 U-0.5 W0.2 F100;	
N30 G00 X27.0 F60 S1000;	
G01 Z0.0;	
X25.0 Z-1.0;	
Z-10.0;	
X22.7;	
Z-22.0;	
N40 X19.0;	
G70 P30 Q40;	精车内孔
G28;	
T0606;	转内孔切槽刀
G00 X20.0 Z2.0 S400;	
Z-22.0;	
G01 X25.0 F50;	
X20.0;	
G00 Z2.0;	
X100.0 Z100.0;	
T0707;	换内孔螺纹车刀
G00 X20.0 Z2.0;	
G76 P020560 Q50 R-0.05;	加工内螺纹
G76 X24.1 Z-20.0 P975 Q300 F1.5;	
G00 X100.0 Z100.0;	
M05	
M30;	程序结束

表 10-21　组合件外轮廓加工参考程序

程　序	注　释
O1011;	程序编号
G99 G40 G21;	
T0101;	调用 1 号刀准备加工组合外轮廓
G00 X100.0 Z100.0;	
M04 S800;	
G00 X47.0 Z2.0;	
G71 U2.0 R1.0;	
G71 P10 Q20 U0.5 W0.2 F200;	
N10 G00 X0.0;	
G01 Z0.0;	
G03 X22.4 Z-6.8 R12.5;	用圆弧逼近椭圆轮廓
G03 X32.5 Z-50 R61.6;	

续表

程　序	注　释
G02　X44.0　Z-60.0　R8.0;	
N20　X47.0;	
G00　X100.0　Z100.0;	
G00　X47.0　Z2.0;	
G50　S1800;	限制最高转速为 1800r/min
G01　X0.0　F80　G96　S100;	恒线速度为 100m/min
M98　P0005;	调用宏程序
G02　X44.0　Z-60.0　R8.0;	
G97　G00　X100.0　Z100.0;	恒转速
M05;	
M30;	

表 10-22　椭圆轮廓加工参考程序

程　序	注　释
O1012;	程序编号
#100=0.0;	#101 椭圆公式中的 X 坐标值
#102=0.0;	#102 椭圆编程中的 X 坐标值，其值为椭
N10　G01　X #102　Z #100;	圆公式中的 X 坐标值的 2 倍
#100=#100- 0.1;	
#110=[#100+35.0]*[#100+35.0]/[35.0*35.0];	
#101=SQRT[[1.0-#110]*[18.0*18.0]];	
102=#101*2.0;	
IF　[#102 GE -50.0]　GOTO　10;	
M99;	

2. 仿真加工

操作过程同项目四任务二中的相关内容，仿真加工的结果如图 10-14 所示。

图 10-14　实体图

3. 机床加工

1)　准备毛坯、刀具、工具、量具

(1)　刀具：93°外圆车刀、φ20 钻头、93°内孔镗刀、60°螺纹车刀。将各车刀正确安装在刀架上。

(2) 量具：0~200mm 游标卡尺、螺纹样尺(每组 1 套)。正确摆放所需工具、量具。

(3) 毛坯：45 钢 ϕ50mm×150mm。将 ϕ50mm×150mm 的毛坯正确安装在机床的三爪卡盘上。

2) 输入与编辑程序

(1) 开机。

(2) 回参考点。

(3) 输入程序。

(4) 程序图形校验，有必要时修改编辑程序。

3) 零件的数控车削加工

(1) 设置工件坐标系。

● 后置刀架车床主轴反转(前置刀架车床主轴正转)。

● X 向对刀，进行相应刀具参数设置。

● Z 向对刀，进行相应刀具参数设置。

(2) 自动加工。

四、零件检测

参考项目十任务三。

五、思考题

(1) 加工配套组合件应该注意什么问题？

(2) 加工椭圆曲面时应该注意什么？

(3) 怎么调用用户宏程序？

(4) 加工凹圆弧面时应该选择什么样的刀具？

(5) 怎么检测椭圆曲面的技术参数？

六、扩展任务

加工如图 10-15 所示的零件。

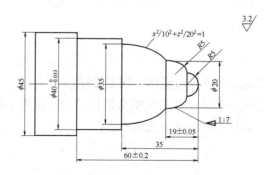

图 10-15　椭圆轴

附录 A 数控车床工中、高级技能鉴定标准

A.1 数控中级车工技能鉴定标准

1. 适用对象

从事编制数控加工程序，并能操作数控车床进行零件车削加工的人员。

2. 申报条件

(1) 文化程度：高中以上(或同等学力)。

(2) 现有技术等级证书(或资格证书)的级别：数控车初级工等级证书。

(3) 本工种工作年限：五年。

(4) 身体状况：健康。

3. 考生与考评员比例

(1) 知识：理论知识考试考评人员与考生配比为 1∶15，每个标准教室不少于 2 名相应级别的考评员。

(2) 技能：技能操作(含软件应用)考核考评员与考生配比为 1∶2，且不少于 3 名相应级别的考评员。

4. 鉴定方式

(1) 知识：理论知识考试采用闭卷方式，满分 100 分，60 分及以上者为合格。

(2) 技能：技能操作(含软件应用)考核采用现场实际操作和计算机软件操作方式，满分100 分，60 分及以上者为合格。

5. 考试要求

(1) 知识要求：理论知识考试为 120 分钟。

(2) 技能要求：技能操作考核中的实操时间不少于 240 分钟；技能操作考核中的软件应用考试时间不超过 120 分钟。

6. 鉴定场所设备

(1) 知识：理论知识考试在计算机机房，网上进行。

(2) 技能：软件技能应用考试在计算机机房进行；技能操作考核在配备必要的数控铣床及必要的刀具、夹具、量具和辅助设备的场所进行。

7. 鉴定要求

职业功能	工作内容	技能要求	相关知识
(1) 加工准备	①读图与绘图	A.能读懂中等复杂程度(如曲轴)的零件图 B.能绘制简单的轴、盘类零件图 C.能读懂进给机构、主轴系统的装配图	A.复杂零件的表达方法 B.简单零件图的画法 C.零件三视图、局部视图和剖视图的画法 D.装配图的画法
	②制定加工工艺	A.能读懂复杂零件的数控车床加工工艺文件 B.能编制简单(轴、盘)零件的数控加工工艺文件	数控车床加工工艺文件的制定
	③零件定位与装夹	能使用通用卡具(如三爪卡盘、四爪卡盘)进行零件装夹与定位	A.数控车床常用夹具的使用方法 B.零件定位、装夹的原理和方法
	④刀具准备	A.能够根据数控加工工艺文件选择、安装和调整数控车床常用刀具 B.能够刃磨常用车削刀具	A.金属切削与刀具磨损知识 B.数控车床常用刀具的种类、结构和特点 C.数控车床、零件材料、加工精度和工作效率对刀具的要求
(2) 数控编程	①手工编程	A.能编制由直线、圆弧组成的二维轮廓数控加工程序 B.能编制螺纹加工程序 C.能够运用固定循环、子程序进行零件的加工程序编制	A.数控编程知识 B.直线插补和圆弧插补的原理 C.坐标点的计算方法
	②计算机辅助编程	A.能够使用计算机绘图设计软件绘制简单(轴、盘、套)零件图 B.能够利用计算机绘图软件计算节点	计算机绘图软件(二维)的使用方法
(3) 数控车床操作	①操作面板	A.能够按照操作规程启动及停止机床 B.能使用操作面板上的常用功能键(如回零、手动、MDI、修调等)	A.熟悉数控车床操作说明书 B.数控车床操作面板的使用方法
	②程序输入与编辑	A.能够通过各种途径(如 DNC、网络等)输入加工程序 B.能够通过操作面板编辑加工程序	A.数控加工程序的输入方法 B.数控加工程序的编辑方法 C. 网络知识

续表

职业功能	工作内容	技能要求	相关知识
(3) 数控车床操作	③对刀	A.能进行对刀并确定相关坐标系 B.能设置刀具参数	A.对刀的方法 B.坐标系的知识 C.刀具偏置补偿、半径补偿与刀具参数的输入方法
	④程序调试与运行	能够对程序进行校验、单步执行、空运行并完成零件试切	程序调试的方法
(4) 零件加工	①轮廓加工	能进行轴、套类零件加工,并达到以下要求。 A.尺寸公差等级:IT6 B.形位公差等级:IT8 C.表面粗糙度:$R_a1.6\mu m$ 能进行盘类、支架类零件加工,并达到以下要求。 A.轴径公差等级:IT6 B.孔径公差等级:IT7 C.形位公差等级:IT8 D.表面粗糙度:$R_a1.6\mu m$	A.内外径的车削加工方法、测量方法 B.形位公差的测量方法 C.表面粗糙度的测量方法
	②螺纹加工	能进行单线等节距的普通三角螺纹、锥螺纹的加工,并达到以下要求。 A.尺寸公差等级:IT6~IT7 级 B.形位公差等级:IT8 C.表面粗糙度:$R_a1.6\mu m$	A.常用螺纹的车削加工方法 B.螺纹加工中的参数计算
	③槽类加工	能进行内径槽、外径槽和端面槽的加工,并达到以下要求。 A.尺寸公差等级:IT8 B.形位公差等级:IT8 C.表面粗糙度:$R_a3.2\mu m$	内、外径槽和端槽的加工方法
	④孔加工	能进行孔加工,并达到以下要求。 A.尺寸公差等级:IT7 B.形位公差等级:IT8 C.表面粗糙度:$R_a3.2\mu m$	孔的加工方法
	⑤零件精度检验	能够进行零件的长度、内外径、螺纹、角度精度检验	A.通用量具的使用方法 B.零件精度检验及测量方法
(5) 数控车床维护与精度检验	①数控车床日常维护	能够根据说明书完成数控车床的定期及不定期维护保养,包括机械、电、气、液压、数控系统检查和日常保养等	A.数控车床说明书 B.数控车床日常保养方法 C.数控车床操作规程 D.数控系统(进口与国产数控系统)使用说明书

续表

职业功能	工作内容	技能要求	相关知识
(5) 数控车床维护与精度检验	②数控车床故障诊断	A.能读懂数控系统的报警信息 B.能发现数控车床的一般故障	A.数控系统的报警信息 B.机床的故障诊断方法
	③机床精度检查	能够检查数控车床的常规几何精度	数控车床常规几何精度的检查方法

8. 各项目比重表

1) 理论知识各项比重表

项目 比重	基本要求		相关知识					合　计
	职业道德	基础知识	加工准备	数控编程	数控车床操作	零件加工	数控车床维护与精度检验	
中级%	5	20	15	20	5	30	5	100

2) 技能要求各项比重表

项目 比重	相关知识						合　计
	加工准备	数控编程	数控车床操作	零件加工	数控车床维护与精度检验	工艺分析与设计,培训与管理	
中级%	10	30	5	50	5	—	100

A.2　数控高级车工技能鉴定标准

1. 适用对象

从事编制数控加工程序,并能操作数控车床进行零件车削加工的人员。

2. 申报条件

具备以下条件之一者。

(1) 取得本职业中级职业资格证书后,连续从事本职业工作 2 年以上,经本职业高级正规培训,达到规定标准学时数,并取得结业证书。

(2) 取得本职业中级职业资格证书后,连续从事本职业工作 4 年以上。

(3) 取得劳动保障行政部门审核认定的,以高级技能为培养目标的职业学校本职业(或相关专业)毕业证书。

(4) 大专以上本专业或相关专业毕业生,经本职业高级正规培训,达到规定标准学时数,并取得结业证书。

3. 考生与考评员比例

(1) 知识：理论知识考试考评人员与考生配比为 1∶15，每个标准教室不少于 2 名相应级别的考评员。

(2) 技能：技能操作(含软件应用)考核考评员与考生配比为 1∶2，且不少于 3 名相应级别的考评员。

4. 鉴定方式

(1) 知识：理论知识考试采用闭卷方式，满分 100 分，60 分及以上者为合格。

(2) 技能：技能操作(含软件应用)考核采用现场实际操作和计算机软件操作方式，满分 100 分，60 分及以上者为合格。

5. 考试要求

(1) 知识要求：理论知识考试为 120 分钟。

(2) 技能要求：技能操作考核中的实操时间不少于 240 分钟；技能操作考核中的软件应用考试时间不超过 120 分钟。

6. 鉴定场所设备

(1) 知识：理论知识考试在计算机机房，网上进行。

(2) 技能：软件技能应用考试在计算机机房进行；技能操作考核在配备必要的数控铣床及必要的刀具、夹具、量具和辅助设备的场所进行。

7. 鉴定要求

职业功能	工作内容	技能要求	相关知识
(1) 加工准备	①读图与绘图	A.能够读懂中等复杂程度(如刀架)的装配图 B.能够根据装配图拆画零件图 C.能够测绘零件 D.能用 CAD 软件绘制零件图	A.根据装配图拆画零件图的方法 B.零件的测绘方法
	②制定加工工艺	能编制复杂零件的数控车床加工工艺文件	复杂零件数控加工工艺文件的制定
	③零件定位与装夹	A.能选择和使用数控车床组合夹具与专用夹具 B.能分析并计算车床夹具的定位误差 C.能够设计与自制装夹辅具(如心轴、轴套、定位件等)	A.数控车床组合夹具和专用夹具的使用、调整方法 B.专用夹具的使用方法 C.夹具定位误差的分析与计算方法
	④刀具准备	A.能够选择各种刀具及刀具附件 B.能够根据难加工材料的特点，选择刀具的材料、结构和几何参数 C.能够刃磨特殊车削刀具	A.专用刀具的种类、用途、特点和刃磨方法 B.切削难加工材料时的刀具材料和几何参数的确定方法

职业功能	工作内容	技能要求	相关知识
（2）数控编程	①手工编程	能运用变量编程编制含有公式曲线的零件数控加工程序	A.固定循环和子程序的编程方法 B.变量编程的规则和方法
	②计算机辅助编程	能用计算机绘图软件绘制装配图	计算机绘图软件的使用方法
	③数控加工仿真	能利用数控加工仿真软件实施加工过程仿真以及加工代码检查、干涉检查、工时估算	数控加工仿真软件的使用方法
（3）零件加工	①轮廓加工	能进行细长、薄壁零件加工，并达到以下要求。 A.轴径公差等级：IT6 B.孔径公差等级：IT7 C.形位公差等级：IT8 D.表面粗糙度：R_a1.6μm	细长、薄壁零件加工的特点及装卡、车削方法
	②螺纹加工	能进行单线和多线等节距的 T 型螺纹、锥螺纹加工，并达到以下要求。 A.尺寸公差等级：IT6 B.形位公差等级：IT8 C.表面粗糙度：R_a1.6μm 能进行变节距螺纹的加工，并达到以下要求。 A.尺寸公差等级：IT6 B.形位公差等级：IT7 C.表面粗糙度：R_a 1.6μm	A. T 型螺纹、锥螺纹加工中的参数计算 B. 变节距螺纹的车削加工方法
	③孔加工	能进行深孔加工，并达到以下要求。 A.尺寸公差等级：IT6 B.形位公差等级：IT8 C.表面粗糙度：R_a1.6μm	深孔的加工方法
	④配合件加工	能按装配图上的技术要求对套件进行零件加工和组装，配合公差达到 IT7 级	套件的加工方法
	⑤零件精度检验	A.能够在加工过程中使用百（千）分表等进行在线测量，并能进行加工技术参数的调整 B.能够进行多线螺纹的检验 C.能进行加工误差分析	A.百（千）分表的使用方法 B.多线螺纹的精度检验方法 C.误差分析的方法
（4）数控车床维护与精度检验	①数控车床日常维护	A.能判断数控车床的一般机械故障 B.能完成数控车床的定期维护保养	A.数控车床机械故障和排除方法 B.数控车床液压原理和常用液压元件

职业功能	工作内容	技能要求	相关知识
(4)数控车床维护与精度检验	②机床精度检验	A.能够进行机床几何精度检验 B.能够进行机床切削精度检验	A.机床几何精度检验内容及方法 B.机床切削精度检验内容及方法

8. 各项目比重表

1) 理论知识各项比重表

项目 比重	基本要求		相关知识					合 计
	职业道德	基础知识	加工准备	数控编程	数控车床操作	零件加工	数控车床维护与精度检验	
高级%	5	20	15	20	5	30	5	100

2) 技能要求各项比重表

项目 比重	相关知识						合 计
	加工准备	数控编程	数控车床操作	零件加工	数控车床维护与精度检验	工艺分析与设计,培训与管理	
高级%	10	30	5	50	5	—	100

附录 B 数控车床工中、高级技能鉴定样题及答案

B.1 数控车床操作工(中级)理论试题

一、判断题(第 1～30 题，满分 30 分)

1. 经试加工验证的数控加工程序就能保证零件加工合格。　　　　　( )
2. 切削用量三要素是指切削速度、切削深度和进给量。　　　　　( )
3. 每一工序中应尽量减少安装次数。因为多一次安装，就会多产生一次误差，而且增加辅助时间。　　　　　( )
4. 数控机床对刀具材料的基本要求是高的硬度、高的耐磨性、高的红硬性和足够的强度与韧性。　　　　　( )
5. 工件材料强度和硬度较高时，为保证刀刃强度，应采取较小的前脚。　　　　　( )
6. 当电源接通时，每一个模态组内的 G 功能维持上一次断电前的状态。　　　　　( )
7. 数控机床按控制坐标轴数分类，可分为两坐标数控机床、三坐标数控机床、多坐标数控机床和五面加工数控机床等。　　　　　( )
8. 使用刀具半径尺寸补偿时，CNC 中自动使用了一个指令寄存器，但刀具半径补偿缓冲寄存器中的内容不能显示，加工中用 CRT 监视程序执行情况时要考虑到这一点。( )
9. 刀位点是指定刀具与工件相对位置的基准点。　　　　　( )
10. 优先选用基孔制，是因为选用基孔制可以减少孔用定值和量具等的数目，而用于加工轴的刀具多不是定值的。　　　　　( )
11. 检查加工零件尺寸时，应选精度高的测量器具。　　　　　( )
12. 背吃刀量的大小由机床、工件和刀具的刚度来决定。　　　　　( )
13. 三爪卡盘装夹工件时，一般不需要找正，装夹速度快。　　　　　( )
14. 车细长轴时，为了减少径向切削力，应选用主偏角小于 75° 的车刀。　　　　　( )
15. 刃磨车削右旋丝杠的螺旋纹车刀时，刀具的左侧工作后角应大于右侧工作后角。　　　　　( )
16. 数控车床程序中所使用的进给量(F 值)在车削螺纹时，是指导程而言。　　　　　( )
17. 固定形状粗车循环方式适合于加工铸造或锻造成型的工作。　　　　　( )
18. 工件坐标系偏移指令 G50 可以平移工件坐标系(G54～G59)。　　　　　( )
19. 加工多线螺纹时，加工完一条螺纹后，加工第二条螺纹的起刀点应和第一条螺纹的起刀点相隔一条螺距。　　　　　( )
20. 偏移轴类零件和阶梯轴类工件的装夹方法完全相同。　　　　　( )
21. 硬质合金是一种具有较高强度、韧性、耐磨性和红硬性的刀具材料。　　　　　( )

22. 卧式数控车床为水平导轨、易于排除切屑。 （　　）

23. 机床进入自动加工状态，屏幕上显示的是加工刀具刀尖在编程坐标系中的坐标值。 （　　）

24. 图样上绘制斜度及锥度的符号时，要注意其方向。 （　　）

25. 数控机床用于加工多品种、中小批量的产品。 （　　）

26. 零件的每一尺寸，一般只标注一次，并应标注在反映该结构最清晰的图形上。 （　　）

27. 标准公差分为 20 个等级，用 IT01,IT0,IT1,IT2…IT18 来表示。等级依次提高，标准公差值依次减小。 （　　）

28. 在数控机床坐标系中，以刀具相对于静止工件而运动的原则，按刀具远离工件的运动方向为坐标的负方向。 （　　）

29. 毛坯直径为 $\phi100mm$ 的 45 号钢棒料，用外圆偏刀粗加工至 $\phi90.5mm$，主轴转速选定为 800r/min，进给量为 0.2mm/r，背吃刀量 a_p 应等于 4.75mm。 （　　）

30. 刀具前脚越大，切屑越不易流出，切削力越大，但刀具的强度越高。 （　　）

二、单项选择题(第 31～80 题，满分 70 分)

31. (　　)的工件不适用于在数控机床上加工。
 A. 普通机床难加工　　　　　　　　B. 毛坯余量不稳定
 C. 精度高　　　　　　　　　　　　D. 形状复杂

32. 编制数控机床加工工序时，为提高加工精度，尽量采用(　　)。
 A. 精密专用夹具　　　　　　　　　B. 一次装夹多工序集中
 C. 流水线作业法　　　　　　　　　D. 工序分散加工法

33. 在数控车削加工时，确定加工顺序的原则是(　　)。
 A. 先粗后精的原则　　　　　　　　B. 先近后远的原则
 C. 内外交叉的原则　　　　　　　　D. 以上都对

34. 下列(　　)性能不属于金属材料的使用性能之一。
 A. 物理　　　　　B. 化学　　　　　C. 力学　　　　　D. 机械

35. 外圆形状简单、内孔形状复杂的工作，应选择(　　)做定位基准。
 A. 外圆　　　　　　　　　　　　　B. 内孔
 C. 外圆或内孔均可　　　　　　　　D. 其他

36. 工件在小锥度芯轴上的定位，可限制(　　)个自由度。
 A. 3　　　　　　　B. 4　　　　　　　C. 5　　　　　　　D. 6

37. YG3 牌号的硬质合金刀具适合加工(　　)材料。
 A. 精加工钢件　　　　　　　　　　B. 粗加工有色金属
 C. 精加工铸件　　　　　　　　　　D. 以上皆错

38. 在刀具磨损的过程中，磨损比较缓慢、稳定的阶段叫作(　　)。
 A. 初期磨损阶段　　　　　　　　　B. 中期磨损阶段
 C. 稳定磨损阶段　　　　　　　　　D. 缓慢磨损阶段

39. 下列代码中，(　　)与 M01 功能相似。

　　A. M00　　　　　　B. M02　　　　　C. M03　　　　　D. M30

40. 数控车床刀具补偿有半径补偿和(　　)。

　　A. 长度补偿　　　B. 位置补偿　　　C. 高度补偿　　　D. 直径补偿

41. 数控车床主轴以 800r/min 转速正转时，其指令应是(　　)。

　　A. M03 S800　　　B. M04 S800　　　C. M05 S800

42. 数控车刀具由 T 后面的两位或四位数字指定，数控铣刀具号由 T 后面的(　　)数字指定。

　　A. 一位　　　　　B. 两位　　　　　C. 四位　　　　　D. 两位或四位

43. FAUNC 系统中，程序段 G04 P1000 中，(　　)用 P 指令表示。

　　A. 缩放比例　　　B. 子程序号　　　C. 循环参数　　　D. 暂停时间

44. 下列 G 指令中，(　　)是非模态指令。

　　A. G00　　　　　B. G01　　　　　C. G04

45. 冲裁模的凹模，通常是选择(　　)进行加工。

　　A. 数控车床　　　B. 数控铣床　　　C. 数据线切割机床

46. CNC 的含义是(　　)。

　　A. 数字控制　　　B. 计算机数字控制　　　　C. 网络控制

47. 机械效率值永远是(　　)。

　　A. 大于 1　　　　B. 小于 1　　　　C. 等于 1

48. 在 MDI 操作面板上，页面的变换键是(　　)。

　　A. PAGE　　　　　B. CURSOR　　　　C. EOB

49. 在 MDI 面板功能键中，参数显示及设定的键是(　　)。

　　A. OFSET　　　　　B. PARAM　　　　C. PRGAM

50. 孔的精度主要有(　　)和同轴度。

　　A. 垂直度　　　　B. 圆度　　　　　C. 平行度　　　　D. 对称度

51. 钢直尺的测量精度一般能达到(　　)。

　　A. 0.2～0.5mm　　　　　　　　　B. 0.5～0.8mm

　　C. 0.1～0.2mm　　　　　　　　　D. 1～2mm

52. 批量加工的内孔，检验时优先选用的量具是(　　)。

　　A. 内径千分尺　　　　　　　　　B. 内径量表

　　C. 游标卡尺　　　　　　　　　　D. 塞规

53. 数控机床如长期不使用时，最重要的日常维护工作是(　　)。

　　A. 清洁　　　　　B. 干燥　　　　　C. 通电

54. 机床上的卡盘、中心架等属于(　　)夹具。

　　A. 通用　　　　　B. 专用　　　　　C. 组合

55. 一般情况下，制作金属切削刀具时，硬质合金刀具的前角(　　)高速钢刀的前角。

　　A. 大于　　　　　B. 等于　　　　　C. 小于　　　　　D. 都有可能

56. 数控车床上，工作坐标系的原点一般多设在(　　)。

　　A. 机床零点　　　B. 换刀点　　　　C. 工作的端面　　D. 卡盘端面

57. 在数控车床上采用试车法 X 方向对刀时，试车削外圆后不可以沿(　　)方向退刀。

    A. X　　　　　　　　　B. Z　　　　　　　　　C. X、Z

58. 螺纹的公称直径是指(　　)。

    A. 螺纹的小径　　　　　　　　　　B. 螺纹的中径

    C. 螺纹的大径　　　　　　　　　　D. 螺纹分度圆直径

59. 20f6、20f7、20f8 三个公差带(　　)。

    A. 上偏差相同且下偏差相同　　　　B. 上偏差相同，下偏差不相同

    C. 上偏差不相同，下偏差相同　　　D. 上、下偏差均不相同

60. 在三爪卡盘上，用反爪装夹零件时，它限制了工件(　　)个自由度。

    A. 三　　　　　　　　　B. 四　　　　　　　　　C. 五

61. 在刀具几何角度中，影响切削力最大的角度是(　　)。

    A. 主偏角　　　　　B. 前角　　　　　C. 后角　　　　　D. 刃倾角

62. 数控车床的主要参数为(　　)。

    A. 最小输入量(或脉冲当量)

    B. 中心高，最大车削长度，主轴内孔直径锥度等

    C. 伺服控制功能

    D. 主轴功能，编程功能

63. 数控车床用于轴类工件的夹具为(　　)。

    A. 快速可调卡盘　　　　　　　　　B. 可调卡爪式卡盘

    C. 自动夹紧拨动卡盘、拨齿顶尖　　D. 主轴功能，编程功能

64. T0305 中的 03 的含义为(　　)。

    A. 刀具号　　　　　　　　　　　　B. 刀偏号

    C. 刀具长度补偿值　　　　　　　　D. 刀补号

65. 程序检验的方法包括(　　)。

    A. 单项校验，综合校验　　　　　　B. 检验计算数值，校验自动补偿量

    C. 自动运行检验，模拟校验　　　　D. 检验程序段格式，校验指令代码

66. 数控机床的耐磨性属于(　　)。

    A. 应用特点　　　　　　　　　　　B. 数控系统特点

    C. 伺服系统特点　　　　　　　　　D. 机构结构特点

67. FANUC-0-T 系统程序段 G98G01X100F50 中，F50 表示(　　)。

    A. 500mm/r　　　　B. 500mm/min　　　C. 50r/min　　　　D. 50m/min

68. 数控车床主轴采用一端定位、一端浮动的结构是为了(　　)。

    A. 便于调整精度　　　　　　　　　B. 便于调整间隙

    C. 便于装配　　　　　　　　　　　D. 防止受温度影响

69. 公制螺纹的牙型角是(　　)。

    A. 55°　　　　　　　B. 30°　　　　　　C. 60°　　　　　　D. 45°

70. G02X50 Z-20 I28 K5 F0.3 中 I28 K5 表示(　　)。

    A. 圆弧的始点坐标

    B. 圆弧的终点坐标

　　C. 圆弧的圆心相对圆弧七点的增量坐标

　　D. 圆弧的半径

71. 数控机床的丝杠一般采用(　　)。

　　A. 滚珠丝杠　　　　　　　　　B. 梯形丝杠

　　C. 矩阵丝杠　　　　　　　　　D. 普通螺纹丝杠

72. 在数控车床精车球形手柄零件时，一般使用(　　)刀具。

　　A. 90°外圆　　　　　　　　　B. 45°外圆

　　C. 圆弧形外圆　　　　　　　　D. 槽形

73. FANUC-0i 系统编辑一个新程序，当输入了新程序的程序号后，需按下(　　)键将其输入。

　　A. INPUT　　　　　　　　　　B. INSERT

　　C. ALTER　　　　　　　　　　D. CAN

74. 半闭环系统的反馈装置一般装在(　　)。

　　A. 导轨上　　　　　　　　　　B. 伺服电机上

　　C. 工作台上　　　　　　　　　D. 刀架上

75. 数控车床主轴无级变速使用最多的方式是(　　)。

　　A. 变频调速　　　　　　　　　B. 交流伺服

　　C. 双速电机　　　　　　　　　D. 电主轴

76. 关于"斜视图"，下列说法错误的是(　　)。

　　A. 画斜视图时，必须在视图的上方标出视图的名称 A，在相应的视图附近用箭头指明投影方向，并注上同样的字母

　　B. 斜视图一般按投影关系配置，必要时也可配置在其他适当位置。在不引起误解时，允许将图形旋转摆正

　　C. 斜视图主要是用来表达机件上倾斜部分的实形，所以其余部分就不必画出而用波浪线断开

　　D. 将机件向平行于任何投影面的平面投影所得的视图称为斜视图

77. 刀具半径补偿存储器中，须送入刀具(　　)值。

　　A. 刀尖的半径　　　　　　　　B. 刀尖的直径

　　C. 刀尖的半径和刀尖的位置　　D. 刀具的长度

78. 车床数控系统中，以下哪组指令是正确的? (　　)

　　A. G00 F_;　　　　　　　　　B. G41 X_Z_;

　　C. G40 G02Z_;　　　　　　　D. G42 G00X_Z_;

79. FMS 的中文含义是(　　)。

　　A. 柔性制造系统　　　　　　　B. 计算机集成制造系统

　　C. 计算机数字控制系统

80. 数控车床有以下特点，其中不正确的是(　　)。

　　A. 具有充分的柔性

　　B. 能加工复杂形状的零件

　　C. 加工的零件精确度高，质量稳定

　　D. 大批量、低精度

B.2 数控车床操作工(高级)理论试题

一、判断题(第1～30题，满分30分)

1. 图样上的角度尺寸必须标注计量单位。 ( )

2. 吃刀深度一般由机床、工件和刀具的刚度来决定。 ( )

3. 选择定位基准时，为了确保外形与加工部位的相对正确，应选已加工表面作为粗基准。 ( )

4. YT类硬质合金适用于铸铁、有色金属加工。 ( )

5. 数控机床只要通过正确的程序编制就可加工出符合形状精度要求的零件。 ( )

6. 在执行主程序的过程中，有调用子程序的指令时，就执行子程序的指令，执行子程序以后，加工就结束了。 ( )

7. 数控机床的加工精度比普通机床高，是因为数控机床的传动铰链较普通机床的传动链长。 ( )

8. 手摇脉冲发生器失灵，肯定是机床处于锁住状态。 ( )

9. 手动资料输入(MDI)时，模式选择钮应置于自动(AUTO)位置上。 ( )

10. 数控机床的机床坐标原点和机床参考点是同一个位置。 ( )

11. 对刀元件用于确定夹具与工件之间所应具有的相互位置。 ( )

12. 数控系统出现故障后，如果了解故障的全过程并确认通电对系统无危险时，就可通电进行观察，检查故障。 ( )

13. 车刀的前角过大和过小都不好，通常取10°～30°。 ( )

14. 车内螺纹前的底孔直径必须大于螺纹标准中规定的螺纹小径。 ( )

15. 高速车削淬硬钢零件时，需要使用冷却液。 ( )

16. 在SIEMENS 802S/C系统中，R0～R33为局部变量。 ( )

17. 在三维CAD造型中，取两个几何元素公共部分的操作是"并"。 ( )

18. 切削用量中，影响切削温度最大的因素是切削速度。 ( )

19. 含碳量小于0.6%的钢称为低碳钢。 ( )

20. 为了保证加工精度，所有的工件必须限制其全部自由度。 ( )

21. 刀具耐热性是指金属切削过程中产生剧烈摩擦的性能。 ( )

22. F值给定的进给速度在执行过G00后就无效。 ( )

23. 设置刀具半径补偿时，CNC中自动使用了一个指令寄存器，但刀具半径补偿缓冲寄存器中的内容不能显示，加工中用CRT观察程序执行情况时要考虑到这一点。 ( )

24. 在数控机床上通常要经过首件试切来调试加工程序。 ( )

25. 公差就是加工零件实际尺寸与图纸尺寸的差值。 ( )

26. 用一个精密的塞规可以检查加工孔的质量。 ( )

27. 由于数控机床具有良好的抗干扰能力，因此电网电压波动不会对其产生影响。 ( )

28. 四爪卡盘与三爪卡盘唯一不同之处是能夹持大型工件。　　　　(　　)

29. 主偏角偏小时，容易引起振动，故通常在 30°～90° 之间选取。　　(　　)

30. 切断刀安装，主刃应略高于主轴中心。　　　　　　　　　　　(　　)

二、单项选择题(第 31～80 题，满分 70 分)

31. 国家标准规定，外螺纹小径的表示方法采用(　　)。

    A. 细实线表示螺纹小径　　　　　　　　B. 虚线表示螺纹小径

32. (　　)是指一个工人在单位时间内生产出合格产品的数量。

    A. 工序时间定额　　　　　　　　　　　B. 生产时间定额

    C. 劳动生产率　　　　　　　　　　　　D. 辅助时间定额

33. 在数控车削加工时，确定加工顺序的原则是(　　)。

    A. 5mm　　　　　B. 0.5mm　　　　　C. 0.01mm　　　　　D. 0.005mm

34. 大批量生产强度要求较高的形状复杂的轴，其毛坯一般选用(　　)。

    A. 砂型铸造的毛坯　　　　　　　　　　B. 自由锻的毛坯

    C. 模锻的毛坯　　　　　　　　　　　　D. 轧制棒料

35. 一般情况下多以(　　)强度作为判别金属强度高低的指标。

    A. 抗拉　　　　　B. 抗压　　　　　C. 抗弯　　　　　D. 抗剪

36. 在下列 3 种钢中，(　　)钢的塑性最好。

    A. T10　　　　　B. 20 钢　　　　　C.65Mn

37. 中碳钢调质处理后，可获得良好的综合力学性能，其中(　　)钢应用最广。

    A. 30#　　　　　B. 50#　　　　　C.35#　　　　　D. 45#

38. 工件在小锥度轴心上的定位，可限制(　　)个自由度。

    A. 3　　　　　　B. 4　　　　　　C. 5　　　　　　D. 6

39. 在磨一个轴套时，先以外圆为基准磨内孔，这是遵守(　　)的原则。

    A. 基准重合　　　B. 基准统一　　　C. 自为基准　　　D. 互为基准

40. 加工一般金属材料用的高速钢，常用牌号有 W18Cr4V 和(　　)两种。

    A. CrWMn　　　B. 9SiCr　　　　C. W12Cr4V4Mo　　D. W6Mo5Cr4V2

41. 刀具切削过程中产生屑瘤后，刀具的实际前角(　　)。

    A. 增大　　　　　B. 减小　　　　　C. 一样　　　　　D. 以上都不是

42. 数控车床中，转速功能字 S 可指定(　　)。

    A. mm/r　　　　B. r/min　　　　C. mm/min

43. 用于车床开关指令的辅助功能的代码是(　　)。

    A. F 代码　　　　B. S 代码　　　　C. M 代码

44. 在数控系统中，(　　)指令在加工过程中是模态的。

    A. G01、F　　　B. G27、G28　　C. G04　　　　　D. M02

45. 程序中指定了(　　)时，刀具半径补偿被撤销。

    A. G40　　　　　B. G41　　　　　C. G42

46. FAUNC 系统中，主程序调用子程序 O1010，其正确的指令是(　　)。

A. M99 O1010　　　　B. M98 O1010　　　　C. M99 P1010　　　　D. M98 P1010

47. 冲裁模的凹模，通常是选择(　　)进行加工。

　　A. 数控车床　　　　B. 数控铣床　　　　C. 数控线切割床

48. 数控机床的主机(机械部件)包括床身、主轴箱、刀架、尾座和(　　)。

　　A. 进给机构　　　　B. 液压系统　　　　C. 冷却系统

49. 机械效率值永远是(　　)。

　　A. 大于1　　　　B. 小于1　　　　C. 等于1

50. 测量与反馈装置的作用是为了(　　)。

　　A. 自动报警　　　　　　　　　　　B. 自动测量工件

　　C. 提高机床的定位精度、加工精度　D. 提高机床的灵活性

51. 在循环加工时，当执行有 M00 指令的程序段后，如果要继续执行下面的程序，必须按下(　　)按钮。

　　A. 循环启动　　　　B. 转换　　　　C. 输出　　　　D. 进给保持

52. 建立数控程序时，必须最先输入的是(　　)。

　　A. 程序段号　　　　B. 刀具号　　　　C. 程序名　　　　D. G 代码

53. 孔的形状精度主要有圆度和(　　)。

　　A. 垂直度　　　　B. 平行度　　　　C. 同轴度　　　　D. 圆柱度

54. 最小实体尺寸是(　　)。

　　A. 测量得到的　　　B. 设计给定的　　　C. 加工形成的

55. 数控系统规定的最小设定单位是(　　)。

　　A. 机床的运动精度　　　　　　　　B. 机床的加工精度

　　C. 脉冲当量　　　　　　　　　　　D. 机床传动精度

56. 对于配合精度要求较高的圆锥加工，在工厂一般采用(　　)校验。

　　A. 圆锥量规涂色　　　　　　　　　B. 游标量角器

　　C. 角度样板　　　　　　　　　　　D. 塞规

57. 零件加工过程中测量的方法称为(　　)测量。

　　A. 直接　　　　B. 间接　　　　C. 主动　　　　D. 被动

58. 数控机床出现故障后，常规的处理方法是(　　)。

　　A. 维持现状、调查现象、分析原因、确定检查方法和步骤

　　B. 切断电源、调查现象、分析原因、确定检查方法和步骤

　　C. 机床复位调查现象、分析原因、确定检查方法和步骤

59. 一般情况下，制作金属切削刀具时，硬质合金刀具的前角(　　)高速钢刀具的前角。

　　A. 大于　　　　B. 等于　　　　C. 小于　　　　D. 都有可能

60. 车铸、锻件的大平面时，宜选用(　　)。

　　A. 90°偏刀　　　B. 45°偏刀　　　C. 75°左偏刀

61. (　　)加工时，应取最大的后角。

　　A. 粗　　　　B. 半精　　　　C. 精

62. 车削圆锥体时，刀尖(　　)工件回转轴线，加工后锥体表面母线将呈曲线。

    A. 高于　　　　　　B. 低于　　　　　　C. 等高　　　　　　D. 高或低于

63. 数控车床 Z 轴的正方向指向(　　)。

    A. 操作者　　　　　B. 主轴轴线　　　　C. 床头箱　　　　　D. 尾座

64. 切断实心工件时，切断刀主削刃必须装得(　　)工作轴线。

    A. 略高于　　　　　B. 等高于　　　　　C. 略低于

65. $\phi 50+0.025$mm 的孔与(　　)mm 相配合，配合间隙为 $0.01\sim0.042$mm。

    A. $\phi 50-0.04$　　B. $\phi 50_{-0.045}^{-0.025}$　　C. $\phi 50_{-0.01}^{-0.025}$　　D. $\phi 50_{-0.02}^{-0.01}$

66. 数控车床液动卡盘夹紧力的大小靠(　　)调整。

    A. 变量泵　　　　　B. 溢流阀　　　　　C. 换向阀　　　　　D. 减压阀

67. 标注尺寸的三要素是尺寸数字、尺寸界线和(　　)。

    A. 箭头　　　　　　B. 尺寸公差　　　　C. 行位公差　　　　D. 尺寸线

68. 形位公差的基准代号不管处于什么方向，圆圈内的字母应(　　)书写。

    A. 水平　　　　　　B. 垂直　　　　　　C. 45° 倾斜　　　　D. 任意

69. 用硬质合金车刀精车时，为提高工件表面光洁程度，应尽量提高(　　)。

    A. 进给量　　　　　B. 切削厚度　　　　C. 切削速度　　　　D. 切削深度

70. 在零件加工时粗加工和精加工主要应改变(　　)。

    A. 切削深度　　　　B. 进给量　　　　　C. 切削速度

71. 对工件进行热处理时，要求某一表面达到的硬度为 HRC60-65，其意义为(　　)。

    A. 布氏硬度 $60\sim65$　　　　　　　B. 维氏硬度 $60\sim65$

    C. 洛氏硬度 $60\sim65$　　　　　　　D. 精度

72. 测量基准是指工件在(　　)时所使用的基准。

    A. 加工　　　　　　B. 装配　　　　　　C. 检验　　　　　　D. 维修

73. 在主轴加工中选用支撑轴作为定位基准磨削锥孔，符合(　　)原则。

    A. 基准统一　　　　B. 基准重合　　　　C. 自为基准　　　　D. 互为基准

74. 工作定位时，被消除的自由度小于六个，且不能满足加工要求的定位称为(　　)。

    A. 欠定位　　　　　B. 过定位　　　　　C. 完全定位　　　　D. 不完全定位

75. W18Cr4V 是(　　)。

    A. 高速钢　　　　　B. 中碳钢　　　　　C. 轴承钢　　　　　D. 不锈钢

76. 闭环系统比开环系统及半闭环系统(　　)。

    A. 稳定性好　　　　B. 故障率低　　　　C. 精度低　　　　　D. 精度高

77. 在(　　)情况下，需要手动返回机床参考点。

    A. 机床电源接通开始工作之前

    B. 机床停电后，再次接通数控系统的电源时

    C. 机床在急停信号或赶超报警信号解除之后，恢复工作时

    D. A、B、C 都是

78. 使用刀具半径补偿功能时，如刀补值设置为负值，则刀具轨迹是(　　)。

    A. 左补　　　　　　B. 右补　　　　　　C. 不能补偿　　　　D. 左补变右补,右补变左补

79. 在机床锁定的方式下，进行自动运行(　　)功能被锁定。

　　A. 进给　　　　　B. 刀架转位　　　　C. 主轴　　　　D. 冷却

80. 工件材料相同，车削时温升基本相等，其热变形伸长量取决于(　　)。

　　A. 工件长度　　　　　　　　　　B. 材料热膨胀系数

　　C. 刀具磨损程度　　　　　　　　D. 工件直径

数控车床操作工(中级)理论试题答案

一、判断题(第 1～30 题，满分 30 分)

1. ×	2. √	3. √	4. √	5. √	6. ×
7. ×	8. √	9. √	10. √	11. ×	12. √
13. √	14. ×	15. √	16. √	17. √	18. √
19. √	20. ×	21. ×	22. √	23. √	24. √
25. √	26. √	27. ×	28. ×	29. √	30. ×

二、单项选择题(第 31～80 题，满分 70 分)

31. B	32. B	33. D	34. D	35. A	36. C
37. C	38. B	39. A	40. A	41. A	42. B
43. D	44. C	45. C	46. B	47. B	48. A
49. A	50. B	51. A	52. D	53. C	54. A
55. C	56. C	57. A	58. C	59. B	60. C
61. B	62. B	63. A	64. A	65. A	66. D
67. B	68. D	69. C	70. C	71. A	72. C
73. B	74. B	75. A	76. D	77. C	78. D
79. A	80. D				

数控车床操作工(高级)理论试题答案

一、判断题(第 1～30 题，满分 30 分)

1. √	2. √	3. √	4. √	5. ×	6. ×
7. ×	8. ×	9. ×	10. ×	11. ×	12. √
13. ×	14. √	15. ×	16. √	17. ×	18. √
19. ×	20. ×	21. ×	22. ×	23. √	24. √
25. ×	26. ×	27. ×	28. ×	29. √	30. ×

二、单项选择题(第 31～80 题，满分 70 分)

31. A	32. C	33. B	34. C	35. A	36. B
37. D	38. C	39. C	40. D	41. A	42. B
43. C	44. A	45. A	46. D	47. C	48. A
49. B	50. C	51. A	52. C	53. D	54. B

55. C	56. A	57. C	58. A	59. C	60. B
61. C	62. D	63. D	64. B	65. D	66. D
67. D	68. A	69. C	70. A	71. C	72. C
73. A	74. A	75. A	76. D	77. D	78. D
79. A	80. A				

附录 C 零件检测

零件检测的相关单据如表 C-1～表 C-3 所示。

表 C-1 零件质量检测结果报告单

单位名称			班级学号		姓名		成绩	
零件图号			零件名称					
项目	序号	考核内容		配分	评分标准	检测结果 学生	检测结果 教师	得分
	1		IT	16	超差 0.01 扣 2 分			
			R_a	8	降一级扣 2 分			
	2		IT	20	超差 0.01 扣 2 分			
			R_a	8	降一级扣 2 分			
	3		IT	20	超差 0.01 扣 2 分			
			R_a	8	降一级扣 2 分			

表 C-2 小组考核结果报告

单位名称		零件名称	零件图号	小组编号
班级学号	姓 名	表 现	零件质量	排 名

表 C-3 零件考核结果报告

单位名称		班级学号		姓名		成绩	
		零件图号		零件名称			
序号	项 目	考核内容		配分标准%	配分	得分	项目成绩
1	零件质量 (40 分)			35%	14		
				35%	14		
				30%	12		

序号	项　目	考核内容	配分标准%	配分	得分	项目成绩
2	工艺方案制订 (20 分)	分析零件图工艺	30%	6		
		确定加工顺序	30%	6		
		选择刀具	15%	3		
		选择切削用量	15%	3		
		确定工件零点，绘制走刀路线图	10%	2		
3	编程仿真 (15 分)	学习环节程序编制	40%	6		
		学习环节仿真操作加工	60%	9		
4	刀、夹、量具使用 (10 分)	游标卡尺的使用	30%	3		
		刀具的安装	40%	4		
		工件的安装	30%	3		
5	安全文明生产 (10 分)	按要求着装	20%	2		
		操作规范，无操作失误	50%	5		
		认真维护机床	30%	3		
6	团队协作 (5 分)	能与小组成员和谐相处，互相学习，互相帮助，互相协作	100%	5		

附录 D 学 习 评 价

学习评价的相关表格如表 D-1～表 D-5 所示。

表 D-1　加工质量分析报告

单位名称		零件名称		零件图号	
班级学号		姓　名		成　绩	
超差形式			原　因		

表 D-2　个人工作过程总结

单位名称		零件名称		零件图号	
班级学号		姓　名		成　绩	
总结					

表 D-3　小组总结报告

单位名称		零件名称	零件图号
班　级		组　名	
总结			

表 D-4　数控加工工序卡片

单位名称		数控加工工序卡片		零件名称			零件图号	材料牌号	材料硬度
工序名称	工序号	程序编号	加工车间		设备名称		设备型号	夹具名称	
工步号	工步内容	刀具号	刀具规格/mm	使用工步号	量具	切削速度/(m/min)	主轴转速/(r/min)	进给量/(mm/r)	进给速度/(mm/min)	背吃刀量/mm	进给次数	备注
编制		审核				批准		共　页		第　页		

表 D-5　数控加工刀具卡片

单位名称		数控加工刀具卡片				零件名称	零件图号	材料牌号	材料硬度	
工序名称		工序号	程序编号	加工车间		设备名称	设备型号	夹具名称		
工步号	刀具号	刀具名称	刀具参数			刀尖方位	偏置号		刀柄型号	备注
			刀具直(半)径/mm	半径补偿量/mm	长度(位置)补偿量/mm		半径	长度		
编制		审核		批准		共　页		第　页		

参 考 文 献

[1] 郭勋德，李莉芳. 数控编程与加工实训教程[M]. 北京：清华大学出版社，2009.

[2] 钱东东. 实用数控编程与操作[M]. 北京：北京大学出版社，2007.

[3] 吴占军. 浅析宏程序在 FANUC 0i 数控系统中的应用[J]. 林业机械与木工设备，2010，38(3).

[4] 数控技能教材编写组. 数控车床编程与操作[M]. 上海：复旦大学出版社，2008.

[5] 上海宇龙软件工程有限公司数控教材编写组. 数控技术应用教程[M]. 北京：电子工业出版社，2008.

[6] 张美荣，常明. 数控机床操作与编程[M]. 北京：北京交通大学出版社，2010.

[7] 周宝牛，黄俊桂. 数控编程与加工技术[M]. 北京：机械工业出版社，2009.

[8] 上海宇龙软件工程有限公司. 数控加工仿真系统使用手册[J]，2004.

[9] 程艳，贾芸. 数控加工工艺与编程[M]. 北京：中国水利水电出版社，2010.

[10] 张超英. 数控车床[M]. 北京：化学工业出版社，2003.

[11] 郑红，等. 数控加工编程与操作[M]. 北京：中国水利水电出版社，2010.

[12] 王双林，等. 数控加工编程与操作[M]. 天津：天津大学出版社，2009.

[13] 袁锋. 数控车床培训教程[M]. 北京：机械工业出版社，2004.

[14] 李华志. 数控加工工艺与装备[M]. 北京：清华大学出版社，2005.

[15] 顾京. 数控加工编程及操作[M]. 北京：高等教育出版社，2003.

[16] 方沂. 数控机床编程及操作[M]. 北京：国防工业出版社，1999.

[17] 张超英，等. 数控机床加工工艺、编程及操作实训[M]. 北京：高等教育出版社，2003.

[18] 周虹，等. 数控车床编程与操作实训教程[M]. 北京：清华大学出版社，2005.

[19] 郑红，等. 数控加工编程与操作[M]. 北京：北京大学出版社，2005.

[20] 胡如祥. 数控加工编程与操作[M]. 大连：大连理工大学出版社，2006.